计算机科学与技术专业核心教材体系建设 —— 建议使用时间

课程系列	基础系列	电类系列	程序系列	系统系列	应用系列	选修系列
四年级下						
四年级上			软件工程综合实践	计算机体系结构	计算机图形学	机器学习 物联网导论 大数据分析技术 数字图像技术
三年级下			软件工程 编译原理		人工智能导论 数据库原理与技术 嵌入式系统	
三年级上			算法设计与分析	计算机网络		
二年级下			数据结构	计算机系统综合实践		
二年级上	离散数学(下)	数字逻辑设计 数字逻辑设计实验	面向对象程序设计 程序设计实践	操作系统		
一年级下	离散数学(上) 信息安全导论	电子技术基础	计算机程序设计	计算机原理		
一年级上	大学计算机基础					

面向新工科专业建设计算机系列教材

鸿蒙OS

智能设备开发基础 微课版

主 编

殷立峰 杨同峰 马敬贺

副主编

杨晓燕 孙庆波

张 茜 董 良 陈婷婷

清華大學出版社

北京

内 容 简 介

本书面向鸿蒙OS智能设备开发，是一本依托C语言，通过简单易学、通俗易懂、丰富多彩、妙趣横生的案例，帮助读者在鸿蒙OS智能设备开发领域实现从0到1、从一窍不通到行家里手的飞跃。

本书内容与时俱进，涵盖鸿蒙操作系统、虚拟机管理、C语言程序设计开发环境、鸿蒙OS智能设备开发交叉编译环境、嵌入式程序设计、数字电路、计算机控制等。本书还包括大量基于鸿蒙操作系统的智能物联设备开发案例，培养信创智能物联开发技能人才。

本书以C语言鸿蒙OS智能设备开发教学为主线，将计算机专业的一些核心知识有机结合，内容编排结合案例驱动的方式合理组织、循序渐进，讲求理论和实践的密切协同。学生可以在学习C语言鸿蒙OS智能设备开发知识的同时，广泛涉猎与计算机程序设计密切相关的操作系统、数字电路、数据采集与系统控制、开发编译环境、嵌入式系统开发等内容，不但能极大提高学生对C语言程序设计课程的学习兴趣，提升学生的专业创新技能，而且有利于学生对后续相关专业课程的理解和掌握以及对计算机专业核心课程内容的融会贯通。本书是一本与C语言程序设计教材搭配得当、相得益彰，专门用于培养学生提升C语言编程技能的教材。

本书可作为高等院校本科及专科学生C语言程序设计实践、实训课程的教材，也可作为教师、自学者的参考用书，还可供各类软件开发设计人员学习参考。

图书在版编目(CIP)数据

鸿蒙OS智能设备开发基础：微课版/殷立峰，杨同峰，马敬贺主编. —北京：清华大学出版社，2023.9(2025.2重印)
面向新工科专业建设计算机系列教材
ISBN 978-7-302-64433-0

Ⅰ. ①鸿… Ⅱ. ①殷… ②杨… ③马… Ⅲ. ①移动终端－操作系统－程序设计－高等学校－教材 Ⅳ. ①TN929.53

中国国家版本馆CIP数据核字(2023)第150256号

责任编辑：白立军
封面设计：刘 键
责任校对：胡伟民
责任印制：宋 林

出版发行：清华大学出版社
网 址：https://www.tup.com.cn，https://www.wqxuetang.com
地 址：北京清华大学学研大厦A座 **邮 编**：100084
社 总 机：010-83470000 **邮 购**：010-62786544
投稿与读者服务：010-62776969，c-service@tup.tsinghua.edu.cn
质量反馈：010-62772015，zhiliang@tup.tsinghua.edu.cn
课件下载：https://www.tup.com.cn,010-83470236
印 装 者：三河市铭诚印务有限公司
经 销：全国新华书店
开 本：185mm×260mm **印 张**：13.5 **插 页**：1 **字 数**：340千字
版 次：2023年9月第1版 **印 次**：2025年2月第3次印刷
定 价：49.80元

产品编号：102595-01

出版说明

一、系列教材背景

人类已经进入智能时代，云计算、大数据、物联网、人工智能、机器人、量子计算等是这个时代最重要的技术热点。为了适应和满足时代发展对人才培养的需要，2017年2月以来，教育部积极推进新工科建设，先后形成了"复旦共识""天大行动"和"北京指南"，并发布了《教育部高等教育司关于开展新工科研究与实践的通知》《教育部办公厅关于推荐新工科研究与实践项目的通知》，全力探索形成领跑全球工程教育的中国模式、中国经验，助力高等教育强国建设。新工科有两个内涵：一是新的工科专业；二是传统工科专业的新需求。新工科建设将促进一批新专业的发展，这批新专业有的是依托于现有计算机类专业派生、扩展而成的，有的是多个专业有机整合而成的。由计算机类专业派生、扩展形成的新工科专业有计算机科学与技术、软件工程、网络工程、物联网工程、信息管理与信息系统、数据科学与大数据技术等。由计算机类学科交叉融合形成的新工科专业有网络空间安全、人工智能、机器人工程、数字媒体技术、智能科学与技术等。

在新工科建设的"九个一批"中，明确提出"建设一批体现产业和技术最新发展的新课程""建设一批产业急需的新兴工科专业"。新课程和新专业的持续建设，都需要以适应新工科教育的教材作为支撑。由于各个专业之间的课程相互交叉，但是又不能相互包含，所以在选题方向上，既考虑由计算机类专业派生、扩展形成的新工科专业的选题，又考虑由计算机类专业交叉融合形成的新工科专业的选题，特别是网络空间安全专业、智能科学与技术专业的选题。基于此，清华大学出版社计划出版"面向新工科专业建设计算机系列教材"。

二、教材定位

教材使用对象为"211工程"高校或同等水平及以上高校计算机类专业及相关专业学生。

三、教材编写原则

(1) 借鉴 *Computer Science Curricula* 2013(以下简称 CS2013)。CS2013 的核心知识领域包括算法与复杂度、体系结构与组织、计算科学、离散结构、图形学与可视化、人机交互、信息保障与安全、信息管理、智能系统、网络与通信、操作系统、基于平台的开发、并行与分布式计算、程序设计语言、软件开发基础、软件工程、系统基础、社会问题与专业实践等内容。

(2) 处理好理论与技能培养的关系,注重理论与实践相结合,加强对学生思维方式的训练和计算思维的培养。计算机专业学生能力的培养特别强调理论学习、计算思维培养和实践训练。本系列教材以"重视理论,加强计算思维培养,突出案例和实践应用"为主要目标。

(3) 为便于教学,在纸质教材的基础上,融合多种形式的教学辅助材料。每本教材可以有主教材、教师用书、习题解答、实验指导等。特别是在数字资源建设方面,可以结合当前出版融合的趋势,做好立体化教材建设,可考虑加上微课、微视频、二维码、MOOC等扩展资源。

四、教材特点

1. 满足新工科专业建设的需要

系列教材涵盖计算机科学与技术、软件工程、物联网工程、数据科学与大数据技术、网络空间安全、人工智能等专业的课程。

2. 案例体现传统工科专业的新需求

编写时,以案例驱动,任务引导,特别是有一些新应用场景的案例。

3. 循序渐进,内容全面

讲解基础知识和实用案例时,由简单到复杂,循序渐进,系统讲解。

4. 资源丰富,立体化建设

除了教学课件外,还可以提供教学大纲、教学计划、微视频等扩展资源,以方便教学。

五、优先出版

1. 精品课程配套教材

主要包括国家级或省级的精品课程和精品资源共享课的配套教材。

2. 传统优秀改版教材

对于已经出版、得到市场认可的优秀教材,由于新技术的发展,计划给图书配上新的教学形式、教学资源的改版教材。

3. 前沿技术与热点教材

反映计算机前沿和当前热点的相关教材,例如云计算、大数据、人工智能、物联网、网络空间安全等方面的教材。

六、联系方式

联系人:白立军

联系电话:010-83470179

联系和投稿邮箱:bailj@tup.tsinghua.edu.cn

面向新工科专业建设计算机系列教材编委会

2019年6月

面向新工科专业建设计算机系列教材编委会

FOREWORD

前言

党的二十大报告指出：教育、科技、人才是全面建设社会主义现代化国家的基础性、战略性支撑。必须坚持科技是第一生产力、人才是第一资源、创新是第一动力，深入实施科教兴国战略、人才强国战略、创新驱动发展战略，这三大战略共同服务于创新型国家的建设。报告同时强调：推动战略性新兴产业融合集群发展，构建新一代信息技术、人工智能、生物技术、新能源、新材料、高端装备、绿色环保等一批新的增长引擎。当前，国产鸿蒙操作系统是一款面向万物互联时代的、全新的分布式操作系统，日益成为引领智能物联产业革命和产业变革的核心技术，在通信、智能家居、智能装备、车机系统等领域的应用场景不断落地，极大改变了既有的生产生活方式。

C语言是从诞生至今经久不衰的一门编程语言。从适用性角度来说，C语言既可用于编写系统软件，也可用于编写应用软件，非常适合用于编写单片机程序、开发嵌入式系统和自动控制系统。从教学角度看，学生学会C语言以后，可以快速掌握其他如C++、Java之类的语言。所以C语言程序设计一直以来都是高等院校计算机科学与技术及相关专业学生的必修课程。

“云将东游，过扶摇之枝，而适遭鸿蒙”。鸿蒙生态已经初步建立，但人才的重大缺口成为制约鸿蒙生态产业快速发展的一道关卡。为促进鸿蒙系统人才生态建设，加大人才供应输出，推动高等院校创新创业型人才发展，培育鸿蒙生态产业链，实现学生高质量就业，为各地区经济的发展提供人才支撑，进一步加快各地区鸿蒙生态产业人才培养的步伐，扩大鸿蒙生态产业的影响力，进一步推动软硬件国产化的浪潮，顺应操作系统国产化的趋势和信创人才培养的潮流，在鸿蒙操作系统3.0发布之际，编者写了这本《鸿蒙OS智能设备开发基础》(微课版)教材。

本书是传统的“C语言程序设计”课程教材的最佳搭档，它紧跟国产鸿蒙操作系统发展的步伐，搭配鸿蒙智联创新开发实验箱和与之配套的丰富多彩、妙趣横生的程序设计案例，与传统的C语言程序设计课程教学相辅相成，既可以极大地提高学生对C语言的学习兴趣，又能传授给学生鸿蒙操作系统C语言设备开发的专业技能，可谓与时俱进，跟上了国产信创人才培养时代的发展需求。

本书内容既包含C语言鸿蒙OS智能设备开发的知识和技能，也包括“鸿蒙操作系统”“Linux操作系统”“虚拟机及其管理”“数字电路”“嵌入式程序设计”“交叉编译”“计算机网络”“计算机控制”等方面的知识,而且这些知识不是孤立的,而是相互联系、相互融合、相辅相成的。计算机及其相关专业的学生通过学习本教材,基本上就会对计算机领域的一些核心知识有一个非常直观的了解,这对于后续如“操作系统”“数字电路”“嵌入式程序设计”“计算机控制”等专业课程的学习,能起到促进理解、融会贯通的作用。

本书内容既专业经典,又通俗易懂。本书集控制、数据采集、跨操作系统平台程序设计开发于一体,具备专业经典的内容和案例;采用通俗易懂的语言、简洁直观的图像予以阐述,保证了初学者可以跟随教材一步步地学会所有的知识,完成所有的实验。即使对嵌入式系统开发一无所知的小白,通过本书的学习也可以成为应用C语言进行鸿蒙OS嵌入式系统开发的行家里手。

本书共11章,各章内容如下。

第1章主要介绍鸿蒙操作系统的发展历史、设计理念、技术架构、技术特点和应用场景等内容。

第2章主要介绍C语言鸿蒙OS设备开发环境,包括设备开发硬件、软件和设备开发环境的搭建、鸿蒙智联创新开发实验箱介绍等内容。

第3章以点亮一个LED灯为例,详细介绍鸿蒙OS设备开发的步骤和方法。

第4章主要介绍网页编译环境的搭建和鸿蒙OS设备开发的串口通信实验等内容。

第5章主要介绍鸿蒙OS设备开发的闪烁的LED灯和呼吸灯实验内容。

第6章主要介绍鸿蒙OS设备开发的跑马灯实验内容。

第7章主要介绍鸿蒙OS设备开发的读取按钮状态实验内容。

第8章主要介绍鸿蒙OS设备开发的电子秤实验内容。

第9章主要介绍鸿蒙OS设备开发的点阵显示、字符显示等实验内容。

第10章主要介绍鸿蒙OS设备开发的四位七段数码管实验内容。

第11章主要介绍直流电动机实验和步进电动机实验等内容。

总之,本书内容与时俱进、鼎力创新,具备如下四方面的特色。

(1) 本书语言平实易懂,采用图文结合的方式对于难以理解的专业知识给予通俗易懂的诠释,让读者可以做到“无师自通”。本书面向编程语言的初学者,每一步操作步骤和操作方法都力求讲解详尽,保证读者可以按图索骥,一步步引导读者完成程序设计实验。编者不但教学经验丰富,而且有多年的C语言嵌入式项目实战工作经验,既了解C语言程序设计的难点和重点,又深谙嵌入式程序设计人员必备的知识和技能,这使得本书既传授知识,又传授技能,使读者做到一书在手、编程无忧。

(2) C语言国产鸿蒙OS设备开发贯穿本书始终。“卡脖子”的现状和我国自主创新的决心导致行业急缺大量国产操作系统的开发人员,本书基于高校编程类基础课程缺乏国产操作系统设备开发教材的背景而编写,书中根据知识的依赖关系精心设计了C语言鸿蒙OS设备开发系列实验,保证C语言基础知识和C语言鸿蒙OS设备开发实验的良好衔接,使读者既学习了传统的C语言程序设计知识,又准备好了物联网时代就业急需的程序设计专业技能。

(3) 全书重视程序设计的趣味性和程序设计的综合能力培养。告别传统C语言教学枯燥的命令行界面程序,拥抱更有趣味的嵌入式实验,让读者真切地感受到计算机语言对现实世界产生的影响。有趣的实验为读者带来更强的学习兴趣和更高的专业能力培养。

(4) 注重理论与实践的结合,着重案例驱动知识的学习,面向各级各类C语言程序设计技能竞赛和创新创业大赛。书中包含了妙趣横生的程序设计和设备开发案例、习题,可以让读者做到活学活用、融会贯通。

本书配有电子教案及相关教学资源,读者可从清华大学出版社官方网站和本书配套网站下载。

本书第1章由张茜编写,第2章由殷立峰、陈婷婷编写,第3～6章由殷立峰、杨晓燕编写,第7～9章由杨同峰编写,第10、11章由杨同峰、孙庆波编写,全书由殷立峰统稿,马敬贺、董良提供全书配套的硬件研发。

虽然编者为本书投入了大量的心血,但因水平有限,书中难免有错误或不足之处,恳请各位专家和读者不吝指正。

编　者

2023年6月

CONTENTS

目录

第1章 鸿蒙OS简介

【本章学习目标】

(1) 了解鸿蒙操作系统(鸿蒙OS)的发展历史。

(2) 掌握鸿蒙OS的设计理念。

(3) 掌握鸿蒙OS的技术架构。

(4) 掌握鸿蒙OS的技术特点。

(5) 了解鸿蒙OS的应用场景。

鸿蒙OS是中国华为技术有限公司在2019年8月9日发布的一款面向全场景的分布式操作系统,它利用分布式软总线技术,将人、设备、场景有机地联系在一起,创造一个万物互联的世界,可帮助智能终端设备实现极速发现、极速连接、硬件互助、资源共享。用最合适的设备提供最佳的场景体验。

1.1 鸿蒙OS的发展历史

2012年,华为开始规划开发自有操作系统鸿蒙OS。

2019年5月17日,由任正非领导的华为操作系统团队,完成了自主产权操作系统鸿蒙OS 1.0的开发。

2019年8月9日,华为正式发布鸿蒙OS。

2020年9月10日,华为鸿蒙OS升级至华为鸿蒙OS 2.0版本,即鸿蒙OS 2.0,并面向128KB～128MB内存的终端设备开源。

2020年12月16日,华为正式发布鸿蒙OS 2.0手机开发者Beta版本。2020年已有美的、九阳、老板电器、海雀科技等公司生产的设备安装鸿蒙OS。

2021年2月22日晚,华为正式宣布鸿蒙OS将于4月上线。

2021年3月,安装鸿蒙OS的物联网设备(手机、平板电脑、手表、智慧屏、音箱等智慧物联产品)有望达到3亿台,其中手机将超过2亿台,鸿蒙OS生态的市场份额有望达到16%。

2021年4月22日,华为鸿蒙OS应用开发在线体验网站上线。

2021年5月18日,华为宣布华为HiLink将与鸿蒙OS统一为“鸿蒙OS Connect”。

1.2

1.2 鸿蒙 OS 的设计理念

鸿蒙 OS 的设计理念是实现万物智能互联,依托基于网络通信的软总线技术,将人类生产和生活中孤立的、功能相对单一的、各种各样的设备有机联系起来,实现不同设备的资源融合、资源共享。通过智能化的设备管理、任务管理、数据处理,针对不同类型的业务,为业务匹配和选择最恰当的执行硬件,让业务在不同设备间按设备能力匹配、流转和处理,充分发挥不同设备各自的能力优势,例如摄像能力、显示能力、传感能力、控制能力、交互能力、数据处理能力等。针对不同设备在屏幕尺寸、交互方式、使用场景、用户人群存在的差异性,进行专门的差异性设计,从而给用户提供最合适的使用体验。针对纷繁复杂的设备和使用场景,尽可能在界面设计和交互方式上保持一致性和人性化,使用户方便学习、易于使用,从而创造一个智慧化的万物互联的世界。

鸿蒙 OS 系统功能设计按照:系统→子系统→功能→模块逐级展开。可根据实际需求裁剪某些非必要的子系统或功能/模块。

1.3

1.3 鸿蒙 OS 的技术架构

鸿蒙 OS 技术架构如图 1-1 所示,系统采用分层设计,从下往上分别为内核层、系统服务层、框架层和应用层。各层组成及功能如下所示。

1. 内核层

内核层主要由内核子系统和驱动子系统构成。

(1) 内核子系统:鸿蒙 OS 采用多内核设计,针对不同的设备会选用与其匹配的操作系统内核。为了屏蔽多内核差异对上层的影响,设计采用内核抽象层(Kernel Abstract Layer,KAL)实现对上层一致的进程/线程管理、内存管理、文件系统、网络管理和外设管理。

(2) 驱动子系统:由硬件驱动框架(HDF)构成,提供统一的外设访问能力、驱动开发及管理框架,是鸿蒙 OS 对不同种类的硬件提供支持的基础。

2. 系统服务层

系统服务层是鸿蒙 OS 的核心,它通过框架层对应用层程序提供服务。该层由以下几个部分组成。

(1) 基本能力子系统集:由分布式任务调度、分布式数据管理、分布式软总线,以及方舟多语言运行时、公共基础库、多模输入、图形、安全和 AI 等子系统组成。为分布式应用业务在多设备上的运行、调度、迁移等操作提供基础支撑。其中,方舟多语言运行时子系统不但为 C/C++ /JS (JavaScript)等多语言运行提供支持和基础的系统类库,而且也为使用方舟编译器静态化编译的 Java 程序(即应用程序或框架层中使用 Java 语言开发的部分)提供运行支持。

(2) 基础软件服务子系统集:由事件通知、电话、多媒体、DFX(面向产品生命周期各环节的设计)、MSDP&DV(组播源发现协议 & 数字视频)等子系统组成,使鸿蒙 OS 能提供公共的、通用的软件服务。

(3) 增强软件服务子系统集：由智慧屏专有业务、穿戴专有业务、物联网(Internet of Things, IoT)专有业务服务等子系统组成，使鸿蒙 OS 能提供针对不同设备的、差异化的能力增强型软件服务。

(4) 硬件服务子系统集：由位置服务、生物特征识别、穿戴专有硬件服务、IoT 专有硬件服务等子系统组成，为鸿蒙 OS 提供硬件服务。

鸿蒙 OS 能根据不同设备形态配置不同的部署环境，可根据需要对基础软件服务子系统集、增强软件服务子系统集、硬件服务子系统集进行裁剪，每个子系统内部又可以按业务功能粒度裁剪。

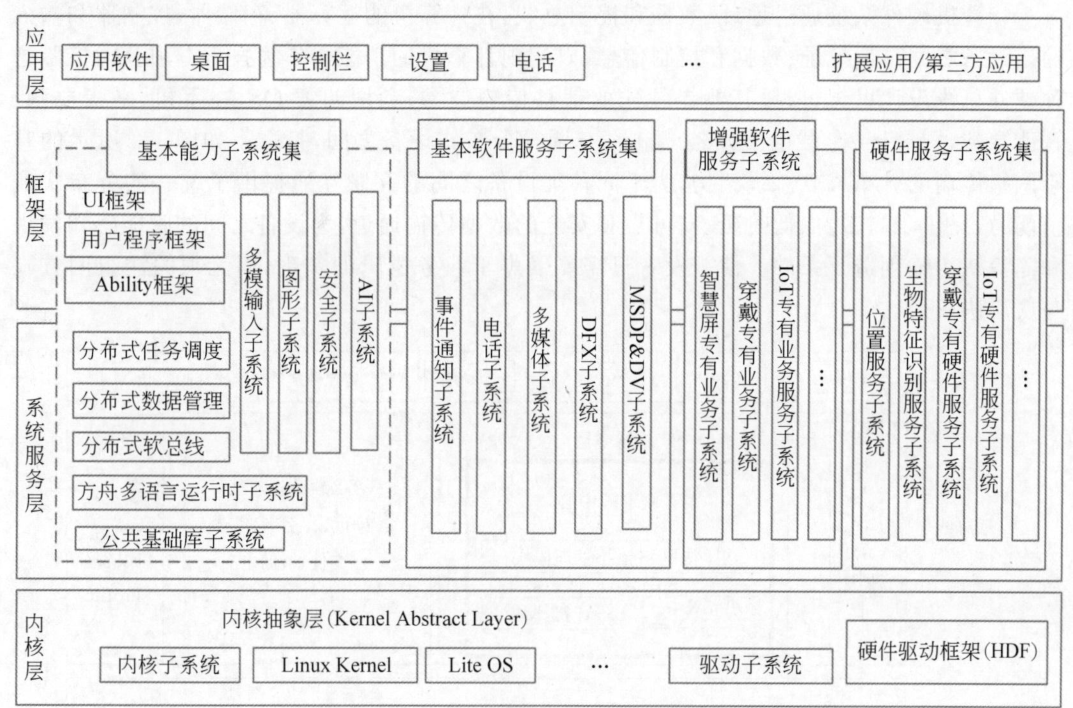

图 1-1　鸿蒙 OS 技术架构图

3. 框架层

框架层为鸿蒙 OS 应用开发提供 Java/C/C++/JS 等多语言的用户程序框架、Ability 框架、两种 UI 框架(包括适用于 Java 语言的 Java UI 框架和适用于 JS 语言的 JS UI 框架)，以及各种软硬件服务对外开放的多语言框架 API，根据系统的组件化裁剪程度，鸿蒙 OS 设备支持的 API 也有所不同。

4. 应用层

应用层包括系统应用和第三方非系统应用。鸿蒙 OS 的应用由一个或多个 FA (Feature Ability)或 PA(Particle Ability)组成。其中，FA 有 UI(User Interface)界面，提供与用户交互能力，而 PA 没有 UI 界面，提供后台运行任务的能力以及统一的数据访问抽象。FA 在进行用户交互时所需的后台数据访问也需要由对应的 PA 提供支撑。基于 FA/PA 开发的应用能够实现特定的业务功能，支持跨设备调度与分发，为用户提供一致、高效的应用体验。

1.4

1.4 鸿蒙 OS 的技术特点

鸿蒙 OS 支持不同种类设备之间的硬件互助、资源共享，具备分布式软总线、分布式数据管理和分布式安全三大核心能力。依托分布式软总线、分布式设备虚拟化、分布式数据管理、分布式任务调度等关键技术，鸿蒙 OS 可以做到一次开发，多终端部署以及系统统一，弹性部署。

1. 分布式软总线

计算机硬件系统通过地址、数据和控制总线，在计算机的运算器、存储器、控制器和输入输出设备之间传递地址、数据和控制信息，以实现计算机的功能。华为技术有限公司借鉴这种硬件总线设计思想，依托其业界领先的信息传输技术，利用鸿蒙 OS，在手机、平板电脑、智能穿戴、智慧屏、车载电子设备、音响、空调等分布式设备之间，打造了如图 1-2 所示的基于网络传输的分布式软总线架构，为不同种类设备之间的互联互通提供了统一的分布式通信能力，提供了高带宽、低时延、高可靠和安全的数据传输通道，为设备之间的智能感知发现和零等待传输创造了条件。使开发者只需要聚焦于业务逻辑的实现，而无须关注组网方式与底层协议。

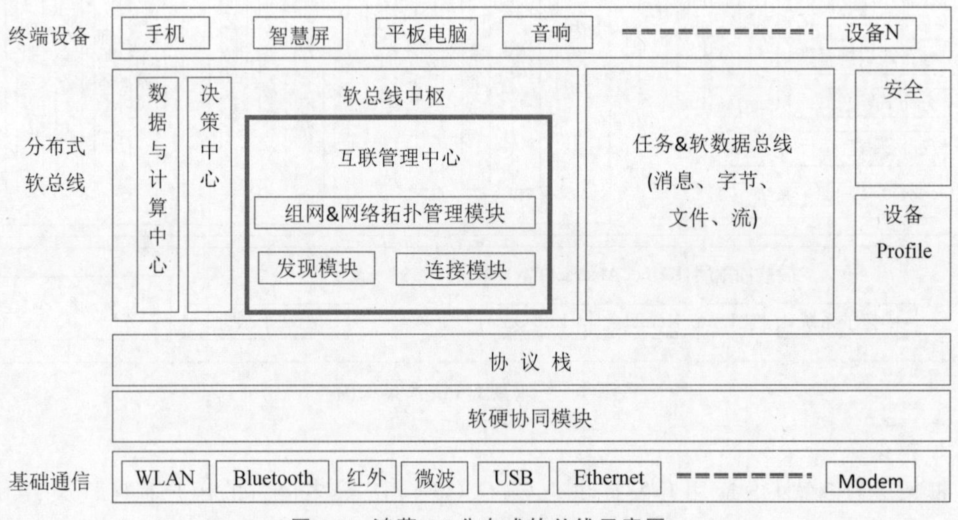

图 1-2 鸿蒙 OS 分布式软总线示意图

利用这种数据软总线技术，可以轻松实现手机与智能家用电器设备的智能互联。例如，无须烦琐的设置，只需通过碰一碰就可以实现手机与微波炉、电烤箱、电灯、电视、空调、空气净化器、油烟机、加湿器、音响等家用电器的即连即用，控制这些设备完成其各自的任务。根据自己的喜好，播放预先设定的音乐或者电视节目，或者自动按照设定好的菜谱和烹调参数，烹制出自己喜欢的美味佳肴。

2. 分布式设备虚拟化

分布式设备虚拟化是在鸿蒙 OS 的支持下，将功能单一的不同设备虚拟化成功能多样的一体设备，然后根据具体业务的功能实现需求，自动调用和管理适合处理这种业务的设备资源，使其进行高效的数据处理。就是针对不同类型的任务，鸿蒙 OS 为其选择能力合适的执行硬件，使业务在不同设备间按处理需求自动流转，充分发挥不同设备的能力优势，如显示能力、摄像能力、音频能力、交互能力以及传感器能力等。

例如，边做家务边接打视频电话，此时会将手机自动与智慧屏、摄像头、音响连接，并将其虚拟化为手机资源，替代手机自身的屏幕、摄像头、听筒，实现一边做家务、一边通过智慧屏、音响、摄像头来进行视频通话。

3. 分布式数据管理

分布式数据管理是鸿蒙OS利用分布式软总线技术，对应用程序和用户数据实现分布式管理。使特定数据既不再与特定软件绑定处理，也不再与特定设备绑定存储。例如，正在摄录的视频数据不一定就存储于正在摄录的摄像机上；正在播放的音乐也不一定就存储在正在播放的音响上；可以将其存储在适合存储它们的大容量存储器上。使业务处理逻辑与数据存储分离。使跨设备的数据处理如同处理本地数据一样方便快捷，使开发者、用户能够轻松实现全场景、多设备下的数据分布式存储、共享和访问。

例如，将手机上的文档自动传送到平板电脑，在平板电脑上对文档进行编辑、查阅、删除等操作，文档的最新状态可以在平板电脑同步显示。

4. 分布式任务调度

分布式任务调度是鸿蒙OS利用分布式软总线、分布式数据管理、分布式Profile等技术，提供的分布式设备服务统一管理(发现、同步、注册、调用)机制，支持应用进程在不同设备之间的远程启动、远程调用、远程连接以及迁移等操作。任务分配与调度根据不同设备的能力、位置、业务运行状态、资源使用情况，以及用户的习惯和意图进行精准分配。

例如，用户驾车出行，上车前，在手机上规划好导航路线，上车后，导航自动迁移到车载导航设备，下车后，导航自动迁移回手机；用户骑车出行，在手机上规划好导航路线，骑行时手表可以接续导航；在手机上点外卖后，可以将订单信息迁移到手表上，随时查看外卖的配送状态。

5. 一次开发，多终端部署

鸿蒙OS提供用户程序框架、Ability框架以及UI(用户界面)框架，支持多种设备终端业务逻辑和界面逻辑的复用，能够实现应用程序的一次开发、多种设备部署，提升了跨设备应用的开发效率。

其中，UI框架支持Java和Java script两种开发语言，并提供丰富的多态控件，可以在手机、平板电脑、智能穿戴设备、智慧屏、车机上显示不同的UI效果；UI采用业界主流设计方式，提供多种自适应式布局方案，支持栅格化布局，具备不同屏幕的界面自动匹配能力。

6. 系统统一，弹性部署

鸿蒙OS采用组件化设计方法，根据不同终端设备的硬件资源和功能需求，按需安装鸿蒙OS组件；支持通过编译链关系自动生成组件化的依赖关系，形成组件树依赖图；支持产品系统的便捷开发，降低硬件设备的开发门槛。

1.5　鸿蒙OS的应用场景

1.5

目前，尽管我国的信息技术应用已经普及到各个领域，但“缺心少魂”现象非常严峻。在手机、计算机等信息技术硬件方面，关键芯片受制于人。在操作系统方面，“Windows系列操作系统”“Linux 操作系统”“Mac 苹果操作系统”等一直垄断着计算机领域;“安卓系统”“iOS 苹果操作系统”一直霸占着手机领域。近期频发的卡脖子现象,严重制约着我国信息技术产业的健康发展,危及信息安全,给个人隐私、社会稳定、国家安全埋下严重的隐患。在此关键时刻,混沌初开、“鸿蒙”出世,华为技术有限公司攻坚克难,终于在 2019 年发布了具有国家自主知识产权的鸿蒙 OS。鸿蒙 OS 虽因华为手机而生,但并不仅仅是代替安卓系统应用于华为手机,它是为万物互联而诞生的,可以应用于包括手机在内的很多设备。

1. “1+8+N”的多场景战略

与应用于单一领域的安卓手机操作系统、苹果手机操作系统,Linux 计算机操作系统不同,鸿蒙 OS 的应用秉持“1+8+N”战略,其中,“1”是指以华为手机和用户为中心和起点;“8”是指鸿蒙 OS 可以应用于 8 种常用的电子设备:计算机、大屏幕、耳机、音响、平板、手表、车载电子设备、眼镜;“N”是指万物互联,也就是物联网。就是在鸿蒙 OS 支持下,实现智能家居、运动健康、影音娱乐、智慧出行、移动办公、生产制造等众多领域电子设备的智能互联。

2. 面向人工智能的操作系统

鸿蒙 OS 融合 AI(人工智能)和 loT(物联网)两种技术,目的是打造电子产品和机械产品的智能化和互联互通,任何电子产品和机械产品只要安装了它,就会变成智能化的硬件,相互间很容易实现数据共享、任务互助。例如,可以将手机的导航信息显示到手表上,并且以图示和语音信息进行导航提示,这在用户双手提着行李不方便看手机时就非常有用;或者将手机的视频信息自动映射到大屏幕上,就可以有更好的视觉享受。诸如此类,可以打破设备壁垒,扩展设备能力,实现多端互助。

3. 与安卓生态兼容并蓄,无缝对接

鸿蒙 OS 兼容安卓手机操作系统,包含安卓系统所拥有的功能,非常便于安卓生态资源的迁移。如同在平板电脑或者计算机上可以同时安装多个操作系统一样,用户需要使用哪个操作系统时,就可以切换到对应操作系统并进行相应的操作。例如,用户在电脑上安装了 Windows 和 Linux 双系统,当前正在使用 Linux,突然用户要使用某个 Linux 系统没有的软件,那么这个时候,用户只要利用某种方法切换到 Windows 系统即可。类似地,借助“仿真器”(EMU),华为手机也可以非常方便地从安卓系统无缝地切换为鸿蒙 OS。

4. 传承过去、引领未来

鸿蒙 OS 传承过去,融合传统操作系统的已有特点;引领未来,朝着万物智能互联不断地发展突破。

1.6 习　　题

一、单项选择题

1. 鸿蒙 OS 系统功能设计按照下列(　　)顺序从整体到局部逐级展开。

   A. 系统→功能→子系统→模块　　B. 模块→功能→子系统→系统

   C. 系统→子系统→功能→模块　　D. 模块→子系统→功能→系统

2. 鸿蒙 OS 技术架构从下往上分别为(　　)。

   A. 应用层→系统服务层→框架层→内核层

   B. 内核层→系统服务层→框架层→应用层

C. 系统服务层→框架层→应用层→内核层

D. 框架层→内核层→系统服务层→应用层

3. 鸿蒙OS具备(　　)三大核心能力。

A. 分布式软总线、分布式设备虚拟化、分布式数据管理

B. 分布式设备虚拟化、分布式数据管理、分布式任务调度

C. 分布式软总线、分布式数据管理、分布式安全

D. 分布式设备虚拟化、分布式数据管理、分布式安全

二、问答题

1. 鸿蒙OS的设计理念是什么?

2. 如何理解鸿蒙OS应用的“一次开发,多终端部署”?

3. 如何理解鸿蒙OS的“系统统一,弹性部署”?

4. 什么是鸿蒙OS的“1+8+N”的多场景战略?

第2章

C语言鸿蒙OS设备开发环境

【本章学习目标】

(1) 了解C语言鸿蒙操作系统(鸿蒙OS)设备开发实验套件。

(2) 掌握虚拟机管理软件VMware Workstation的使用。

(3) 掌握Linux操作系统(Ubuntu)虚拟机的安装。

(4) 学会如何搭建C语言鸿蒙OS设备开发编译环境。

(5) 掌握DevEco Device Tool工具的安装与使用。

(6) 掌握Windows工作台C语言鸿蒙OS设备程序开发环境的安装。

(7) 掌握虚拟机的制作及还原。

(8) 掌握如何安装和配置C语言鸿蒙OS设备可执行程序烧录工具。

(9) 了解鸿蒙智联创新开发实验箱的功能。

2.1

2.1 C语言鸿蒙OS设备开发实验套件

与本书配套的C语言鸿蒙OS设备开发实验,是利用鸿蒙智联创新开发套件进行的,本套件包括一个集成了海思Hi3861模组的核心底板,一个集成光照强度传感器的炫彩灯案例板,一个数码管、点阵板实验案例板,一个电子秤案例板,一个直流电动机、步进电动机案例板,一个NFC柔性电子标签等,如图2-1所示。核心底板是Hi3861 WLAN模组,它是一片大约115mm×72mm大小的开发板,核心底板主要包括部件:Hi3861模组、CH340USB转串口芯片、USB Type-C接口、复位按键、可编程的自定义按键,LED电源指示灯、MicroBit案例板扩展接口、杜邦线扩展排针等,具体功能描述如下。

- Hi3861芯片内置Flash用于存放二进制文件代码与配置参数等静态数据,CPU用于执行程序,内置SRAM用于保存程序运行时的数据,内置WiFi功能为应用程序提供网络连接的能力;
- CH340USB转串口芯片和USB Type-C接口用于提供和PC连接、固件烧录、运行调试的外设接口;
- 用户交互按键的复位按钮用于整板复位,另外一个按键用于功能自定义,可以通过用户程序进行功能控制或触发中断;

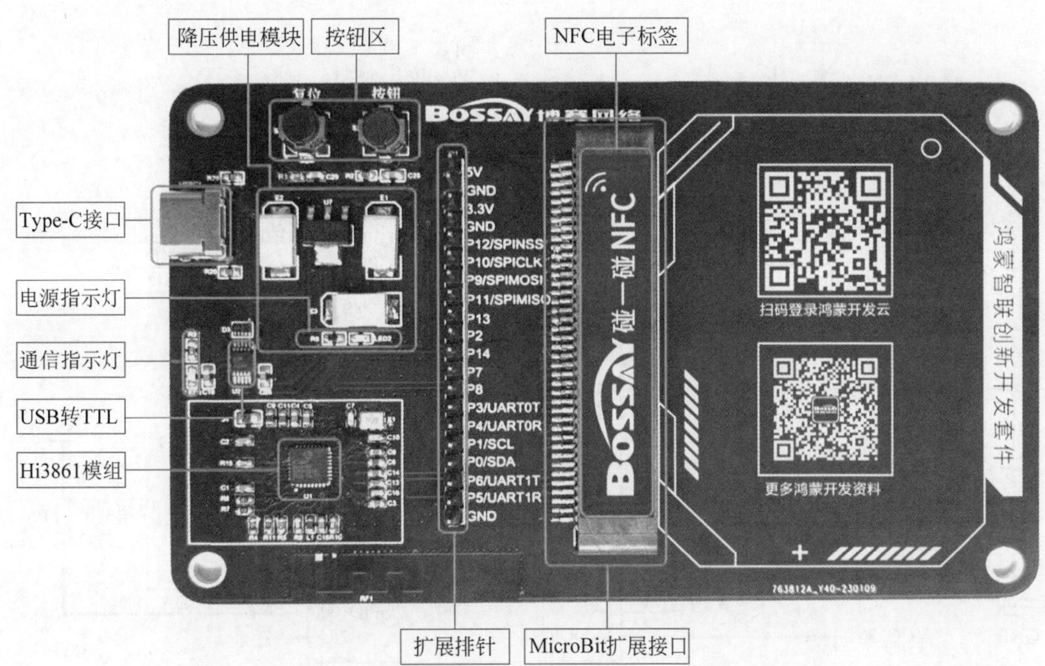

图 2-1　Bossay C 语言鸿蒙 OS 程序设计实验套件核心版

- 板载的两个 LED 指示灯，位于 Type-C 接口附近，标号 LED2 的用于整板供电指示，另外一个 LED，标号 LED1，通过闪烁指示和 PC 的通信数据传输；
- MicroBit 案例板扩展接口用于扩展丰富的外设案例板，对标行业应用，除本教材配套的案例板外，如学生有创新需求，可以登录博赛网络案例板商城下单购买或提出定制需求；
- 板载的 20pin 杜邦线扩展排针，方便用户扩展非标准接口的外设传感器模组或执行器模组；
- MicroBit 插槽上粘贴的 NFC 电子标签，用户用其写入自定义标签数据后，可通过鸿蒙系统碰一碰功能，调取指定的手机端 APP，并完成无感 WiFi 配网。

板载的 Hi3861 WLAN 模组是一款高度集成的 2.4GHz WLAN SoC 芯片，其芯片外设接口如图 2-2 所示[1]。列出了 Hi3861 芯片外设接口的详细信息，该芯片支持鸿蒙 OS，通过了 HarmoyOS Connect 认证，并配套提供开放、易用的开发和调试运行环境。其中，Hi3861V100 MCU（微控制单元）是海思半导体生产的一款高度集成的 2.4GHz System on Chip WiFi 芯片，集成 IEEE 802.11b/g/n 基带和 RF 电路，RF 电路包括功率放大器 PA、低噪声放大器 LNA、RF balun（射频巴伦变压器）、天线、开关以及电源管理等模块；支持 20MHz 标准带宽和 5MHz/10MHz 窄带宽，提供最大 72.2Mbit/s 物理层速率。Hi3861V100 WiFi 基带支持正交频分复用（OFDM）技术，并向下兼容直接序列扩频（DSSS）和补码键控（CCK）技术，支持 IEEE 802.11 b/g/n 协议的各种数据速率。Hi3861V100 芯片集成高性能 32bit 微处理器、硬件安全引擎以及丰富的外设接口，外设接口包括 SPI（串行外设接口）、UART（通用异步收发传输器）、I2C（Philips 公司开发的一种简单、双向二线制同步串行总线）、PWM（脉冲宽度调制）、GPIO（通用输入输出）和多路 ADC（模数转换器），同时支持高

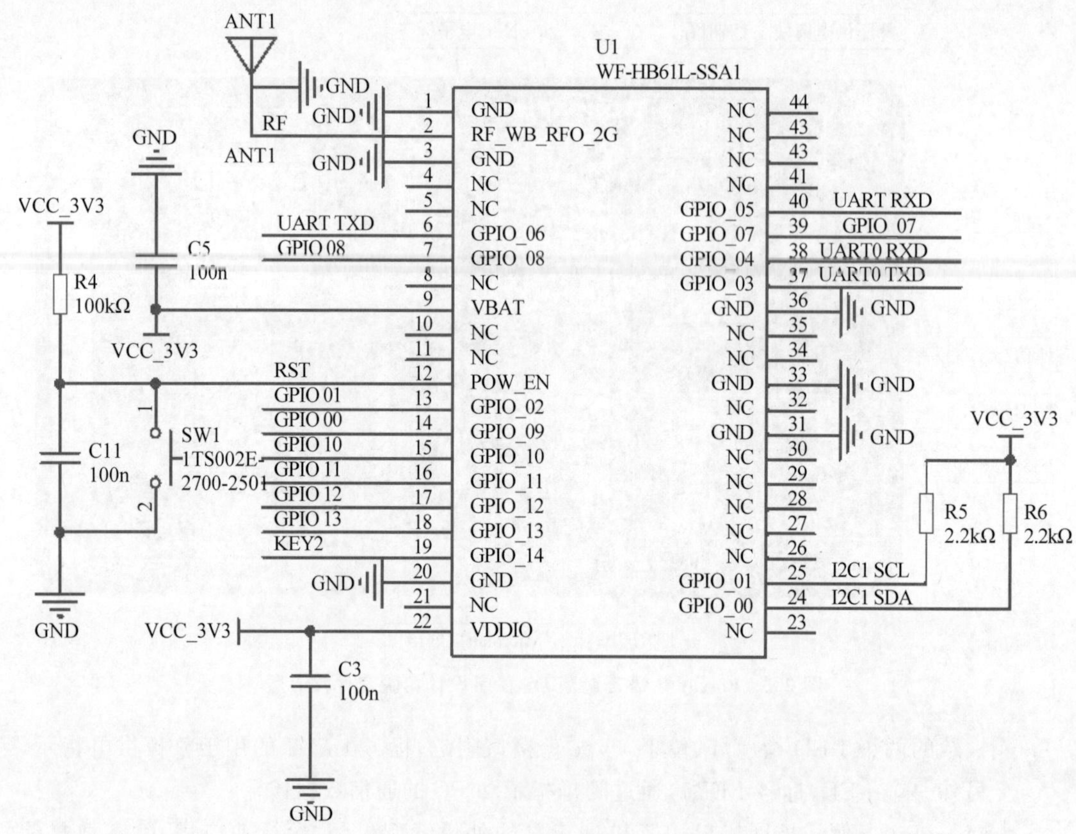

图 2-2 Hi3861 芯片外设接口示意图

速 SDIO2.0 Slave 接口,最高时钟可达 50MHz,芯片内置 SRAM 和 Flash,可独立运行,并支持在 Flash(闪存)上运行程序,具体接口信息如表 2-1 所示。Hi3861V100 支持 HUAWEI LiteOS 和第三方组件,并配套提供开放、易用的开发和调试运行环境。Hi3861V100 芯片适应于智能家电等物联网智能终端领域。

表 2-1 Hi3861 芯片外设接口一览表

序号	名 称	功 能	序号	名 称	功 能
1	GND	接地	10	NC	空连接
2	RF_WB_RFO_2G	射频接口	11	NC	空连接
3	GND	接地	12	RST/POW_EN	复位
4	NC	空连接	13	GPIO_02	输入输出
5	NC	空连接	14	GPIO_09	输入输出
6	UART1_TXD/GPIO_06	异步传输	15	GPIO_10	输入输出
7	GPIO_08	输入输出	16	GPIO_11	输入输出
8	NC	空连接	17	GPIO_12	输入输出
9	VBAT	电池工作模式专用引脚	18	GPIO_13	输入输出

续表

序号	名　称	功　能	序号	名　称	功　能
19	KEY2/GPIO_14	按键	32	GND	接地
20	GND	接地	33	NC	空连接
21	NC	空连接	34	GND	接地
22	VCC_3V3/VDDIO	电源	35	NC	空连接
23	NC	空连接	36	NC	空连接
24	NC	空连接	37	GND	接地
25	GPIO0/I2CI SDA	输入输出	38	GPIO_03/UART0 TXD	输入输出
26	GPIO1/I2CI SCL	输入输出	39	GPIO_04/UART0 RXD	输入输出
27	NC	空连接	40	GPIO_07	输入输出
28	NC	空连接	41	GPIO_05/UART1 RXD	输入输出
29	NC	空连接	42	NC	空连接
30	NC	空连接	43	NC	空连接
31	NC	空连接	44	NC	空连接

2.2　C 语言鸿蒙 OS 设备开发环境

注意：扫描本书封底页面的二维码，或者直接登录清华大学出版社官方网站、济南博赛网络技术有限公司的官方网站，完成注册并登录后，可以获得与本书配套的搭建 C 语言鸿蒙 OS 设备开发环境所需要的有关软件，以及配套的软件安装配置文档和软件安装教学视频。

工欲善其事，必先利其器，要想利用 C 语言进行基于鸿蒙 OS 的应用开发，首先必须要掌握 C 语言鸿蒙 OS 设备开发环境。C 语言鸿蒙 OS 设备开发环境如图 2-3 所示，由以下硬件和软件组成。

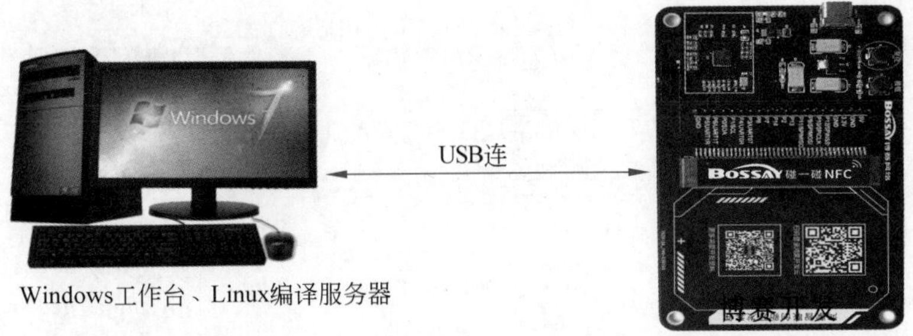

图 2-3　C 语言鸿蒙 OS 设备开发环境

2.2.1

2.2.1 C 语言鸿蒙 OS 设备开发硬件环境

C 语言鸿蒙 OS 设备开发硬件由下列 4 部分组成。

1. Windows 工作台

由 1 台安装 Windows 操作系统(Win10 以上版本)的计算机组成。其作用如下。

(1) 编辑 C 语言源程序代码

(2) 烧录二进制文件,也就是将编译好的可执行程序(二进制目标代码)写入支持鸿蒙操作系统的硬件设备(例如,鸿蒙智联创新开发实验板、智能电视、智能空调、智能音响等)。

2. Linux 编译服务器

Linux 编译服务器既可以由在 Windows 工作台上安装的 Linux 虚拟机(安装 Ubuntu 版本的操作系统)组成,也可以由一台独立的安装 Linux 操作系统(Ubuntu 版本)的计算机组成。主要用于编译 C 语言源程序代码,将使用 Windows 工作台编辑的 C 语言源程序代码,编译成可以在鸿蒙操作系统支持的硬件设备上运行的 C 语言可执行程序(二进制目标代码)。

3. C 语言鸿蒙 OS 开发实验设备

鸿蒙智联创新开发与本书配套的 C 语言鸿蒙 OS 开发实验设备,是由济南博赛网络技术有限公司研发的 Bossay 实验套件或实验箱。

4. USB Type-C 线

使用 USB Type-C 线将 Windows 工作台和 C 语言鸿蒙 OS 开发实验设备连接起来,将可执行代码从 Windows 工作台烧录到 C 语言鸿蒙 OS 开发实验设备。

2.2.2

2.2.2 C 语言鸿蒙 OS 设备开发软件环境

Linux 编译服务器和 Windows 工作台需要的开发环境及工具软件如表 2-2 所示。

表 2-2 C 语言鸿蒙 OS 设备开发环境及工具软件

硬 件	需要安装的软件	软件安装程序	说 明
Windows 工作台	Windows 操作系统	Win 10 以上	
	Visual Studio Code	VS Code1.66,2	C 语言源代码编辑工具
	DevEco Device Tool Beyta1	devicetool-windows-tool-3. 1. 0. 300.zip	Windows 版 C 语言鸿蒙 OS 程序集成开发工具软件
	Python	Python 3.8.10	C 语言源代码编译依赖工具
	HiBurn 烧录工具软件	HiBurn.exe	V2.4 及以上版本
Linux 编译服务器	虚拟机管理软件 VMware-workstation	Oracle VM VirtualBox 16.2.3 版本或者以上版本	与本教材配套安装的是 VMware-workstation-full-16.2.3-19376536.exe
	Linux 操作系统软件 Ubuntu20.04	ubuntu-20.04.2.0-desktop-amd64.iso	Shell 使用 bash
	DevEco Device Tool Beyta1	devicetool-linux-tool-3.1.0.300.zip	Linux 版 C 语言鸿蒙 OS 程序集成开发工具软件,该软件是 gn、ninja、gcc_riscv32、Scons、Python Node.js、hpm 等软件的集合

续表

硬 件	需要安装的软件	软件安装程序	说 明
Linux 编译服务器	安装包管理工具 apt	与 Ubuntu-20.04 配套版本	在线网络下载安装
	网络管理软件 net-tools	与 Ubuntu-20.04 配套版本	在线网络下载安装
	开源文件传输工具软件 curl	与 Ubuntu-20.04 配套版本	在线网络下载安装
	开源的分布式版本控制系统 git	与 Ubuntu-20.04 配套版本	在线网络下载安装
	VIM 编辑工具	与 Ubuntu-20.04 配套版本	在线网络下载安装
	文件共享服务器 Samba	与 Ubuntu-20.04 配套版本	Samba 是在 Linux 和 UNIX 系统上实现 SMB 协议的一个免费软件；为局域网内的不同计算机之间提供文件及打印机等资源的共享服务
	远程登录的服务器 openssh-server	与 Ubuntu-20.04 配套版本	提供远程登录服务

2.3 安装配置 C 语言鸿蒙 OS 设备程序开发的编译环境

2.3

在 Windows 工作台上安装配置 C 语言鸿蒙 OS 设备程序开发的编译环境，就是指安装编译 C 语言程序的下列软件，并配置软件运行环境。

(1) 安装 Windows 操作系统(最好 Win10 版本以上)，如何安装 Windows 操作系统本书从略。

(2) 安装虚拟机管理软件 VMware-workstation。

(3) 安装 Linux(Ubuntu 版本)操作系统的虚拟机。

(4) 在安装 Linux 操作系统的虚拟机上，安装配置 C 语言鸿蒙 OS 设备程序集成开发环境所需的 DevEco Device Tool 3.1 Beta1 Linux(编译服务端)软件。DevEco Device Tool 3.1 Beta1 Linux(编译服务端)软件由配置 C 语言鸿蒙 OS 程序编译环境所需的 Python、Samba、Gn、Ninja、gcc_riscv32、Node.js、hpm 等软件组成。

2.3.1 安装虚拟机管理软件 VMware-workstation

2.3.1

安装虚拟机管理软件 VMware-workstation 的方法和步骤如下。

(1) 如图 2-4 所示，在计算机硬盘上找到下载好的 VMware-workstation 的安装程序，这里使用的安装程序是 Vmware-workstation-full-16.2.3-19376536.exe，存放在笔者计算机的 D:\HarmoyOS C SETUP\Ubuntu Server Setup 文件夹下。读者可以从虚拟机管理软件 VMware-workstation 的官方网站上下载该程序到自己的计算机，也可以从与本书配套的网站上下载该程序。双击该程序，程序开始执行，弹出如图 2-5 所示的“VMware 产品安装”窗口，稍等片刻，接着出现如图 2-6 所示的“VMware Workstation Pro 安装”窗口。

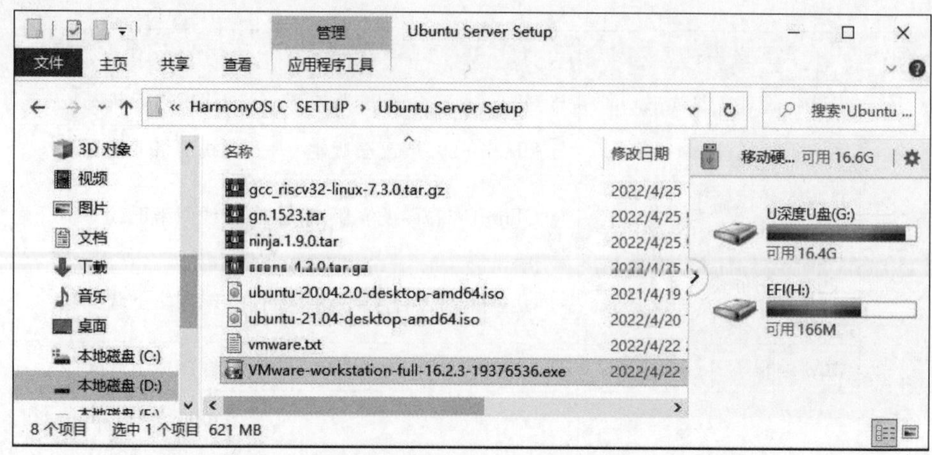

图 2-4 VMware-workstation 安装程序

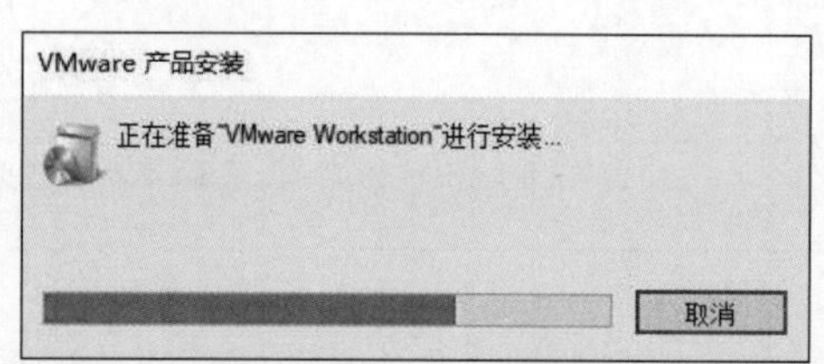

图 2-5 VMware 产品安装

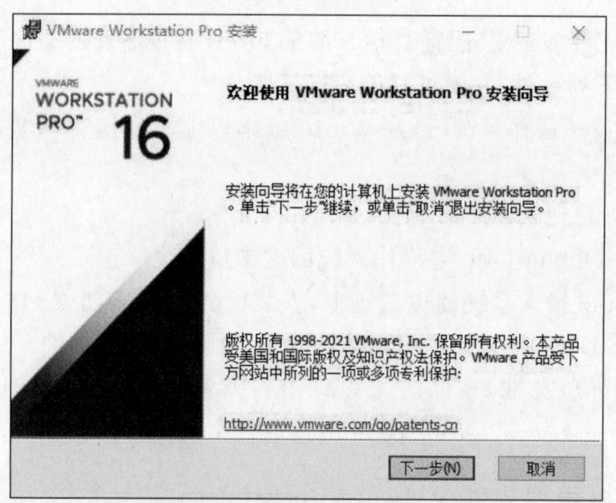

图 2-6 VMware Workstation Pro 安装

(2) 单击图 2-6 所示窗口右下角的"下一步"按钮,出现如图 2-7 所示的"VMware 最终用户许可协议"窗口。

(3) 勾选图 2-7 所示窗口左下角的"我接受许可协议中的条款(A)"前面的复选方框,此时窗口中右下角的"下一步"按钮由虚变实,单击"下一步"按钮,出现如图 2-8 所示的"自定义安装"窗口。

(4) 在如图 2-8 所示的窗口中,软件的安装位置默认为"C:\Program Files(x86)\

VMware\VMware Workstation\"，此时可以单击窗口中的"更改…"按钮更改安装位置，也可以保持此安装位置不变，设置好安装位置后，单击窗口右下角的"下一步"按钮，出现如图 2-9 所示的"用户体验设置"窗口。为避免安装后的虚拟机每次启动时都更新，单击窗口中部的"启动时检查产品更新"和"加入 VMware 客户体验提升计划"前面的复选方框，将方框中的对号去掉，此时窗口如图 2-10 所示。

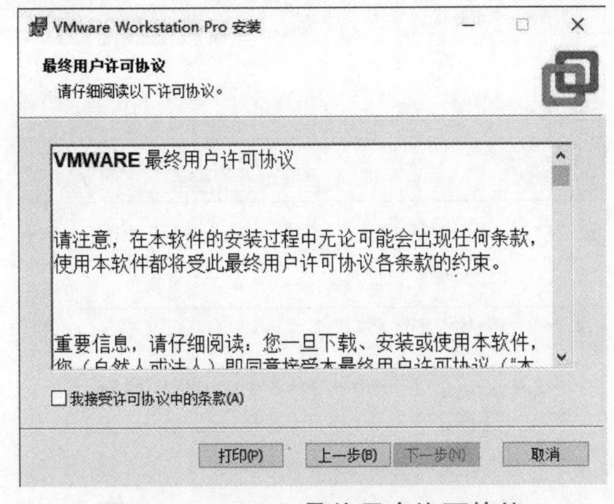

图 2-7　VMware 最终用户许可协议

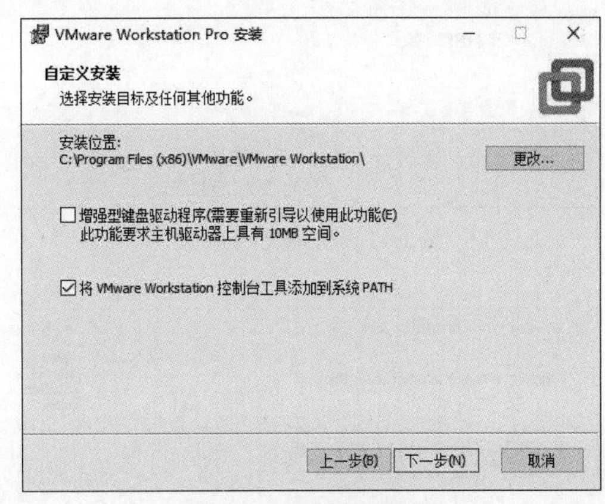

图 2-8　自定义安装

（5）单击图 2-10 所示窗口右下角的"下一步"按钮，出现如图 2-11 所示的"快捷方式"窗口。勾选该窗口中部的"桌面"和"开始菜单程序文件夹"前面的复选框，此时窗口如图 2-11 所示。

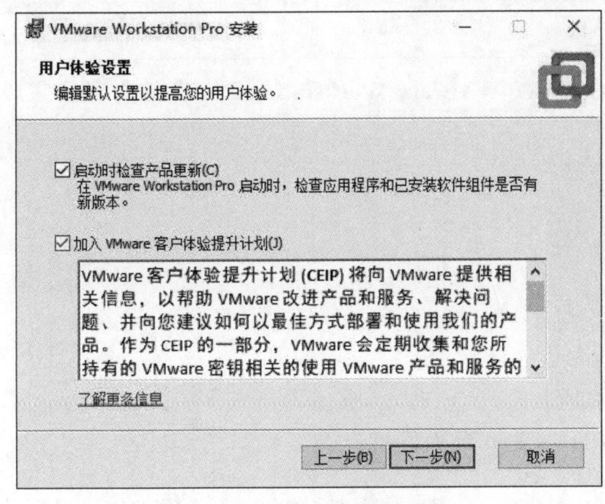

图 2-9　用户体验设置

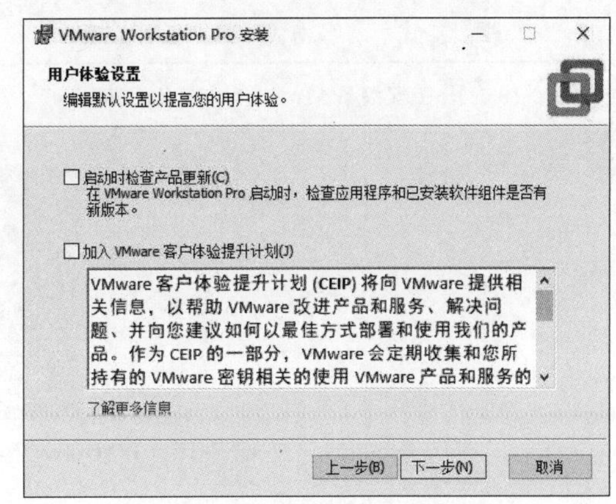

图 2-10　用户体验设置

（6）单击图 2-11 所示窗口右下角的"下一步"按钮，出现如图 2-12 所示的"已准备好安装 VMware Workstation Pro"窗口。单击该窗口右下角的"安装"按钮，出现如图 2-13 所示的"正在安装 WMware Workstation Pro"窗口，表示安装程序正在将程序文件复制到计算机上并完成程序配置。等安装完成后出现如图 2-14 所示的"VMware Workstation Pro 安装向导已完成"窗口。在此窗口中可以单击"许可证"按钮，在弹出的窗口中输入许可证密钥完成正版认证，也可以单击窗口右下角的"完成"按钮，先结束程序安装。安装完成后，在 Windows10 操作系统桌面上会出现如图 2-15 所示的"VMware Workstation Pro"快捷图标。

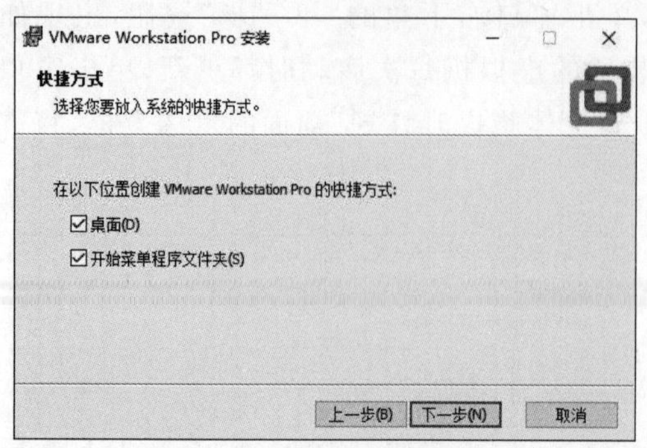

图 2-11 快捷方式设置

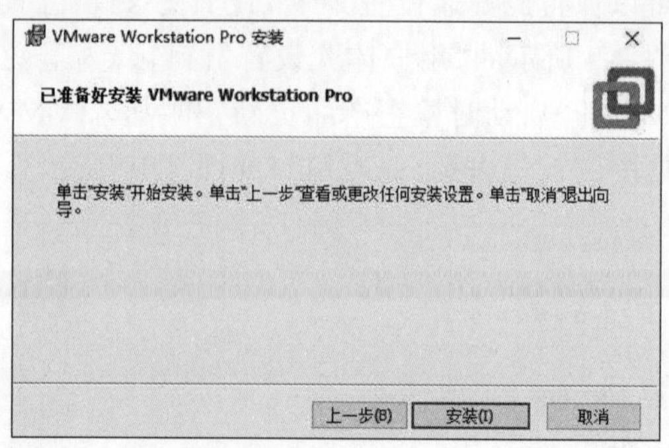

图 2-12 已准备好安装 VMware Workstation Pro

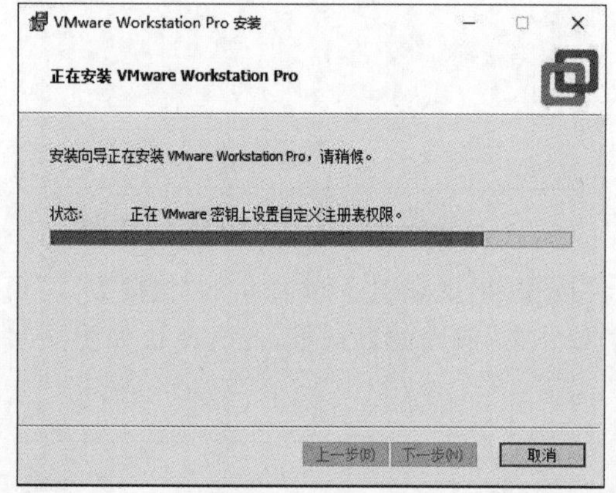

图 2-13 正在安装 VMware Workstation Pro

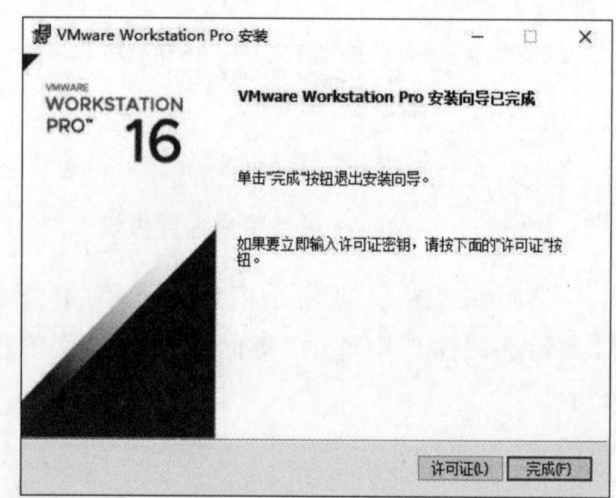

图 2-14 WMware Workstation Pro 安装向导已完成

图 2-15 WMware Workstation Pro 桌面图标

(7) 如果上一步操作没有输入 WMware Workstation Pro 程序的许可证密钥，程序即使安装了，也只是试用版，试用时间有限，要想正常使用，还需要输入许可证密钥，方法是在 Windows 操作系统桌面上，找到如图 2-15 所示的 VMware Workstation Pro 图标，双击该图标启动运行 VMware Workstation Pro 程序，然后如图 2-16 所示，在程序窗口中单击“帮助”菜单，在下拉菜单中继续单击“输入许可证密钥”子菜单，弹出如图 2-17 所示的“输入许可证密钥”窗口，在此输入由 25 个字符组成的许可证密钥，输入正确的许可证密钥后，单击“确定”按钮，程序即可获得认证，成为正版程序，可以永久正常使用了。

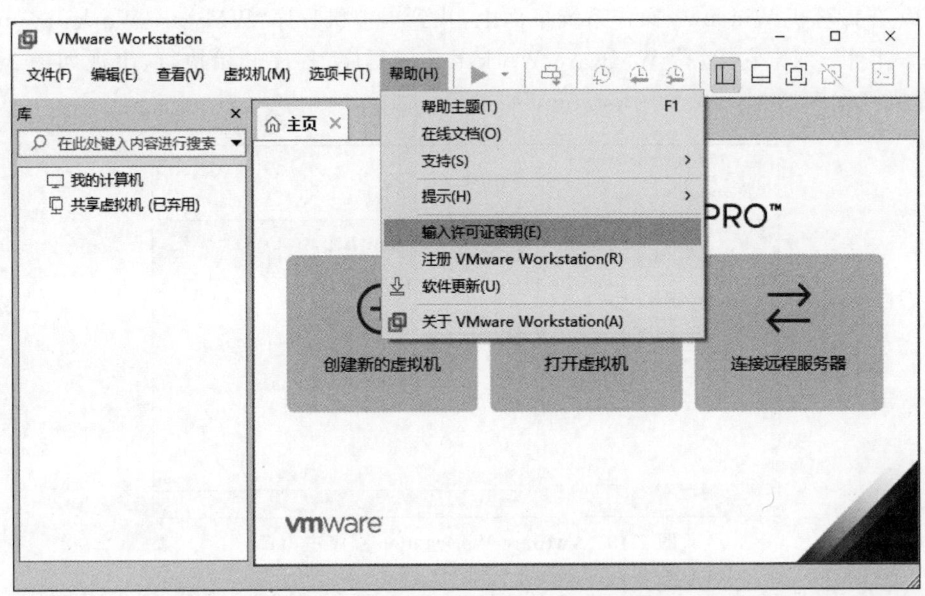

图 2-16　WMware Workstation Pro 程序窗口

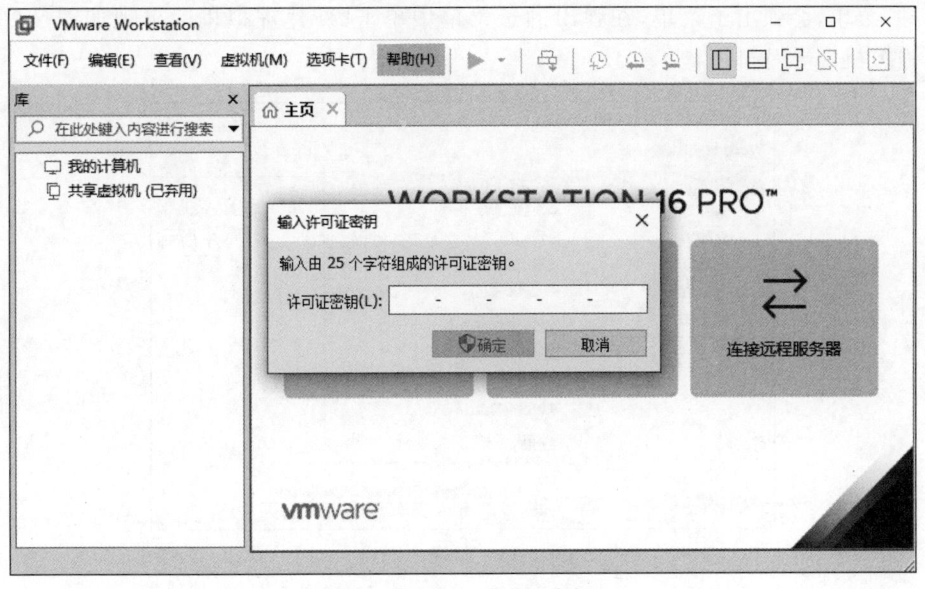

图 2-17　输入许可证密钥

2.3.2　使用 WMware 软件创建 Linux 虚拟机

2.3.2

注意：创建安装 Linux(Ubuntu 版本)操作系统的虚拟机时，因为需要从网站上下载内容更新 Ubuntu，所以要确保计算机连接互联网，处于正常上网状态。

使用 WMware Workstation 软件，创建安装 Linux(Ubuntu 版本)操作系统的虚拟机的步骤和方法如下。

(1) 在计算机Windows操作系统桌面上,找到虚拟机程序"WMware Workstation Pro"快捷方式图标,双击它,运行WMware Workstation程序,程序开始执行,出现如图2-18所示的虚拟机程序"VMware Workstation"主窗口。

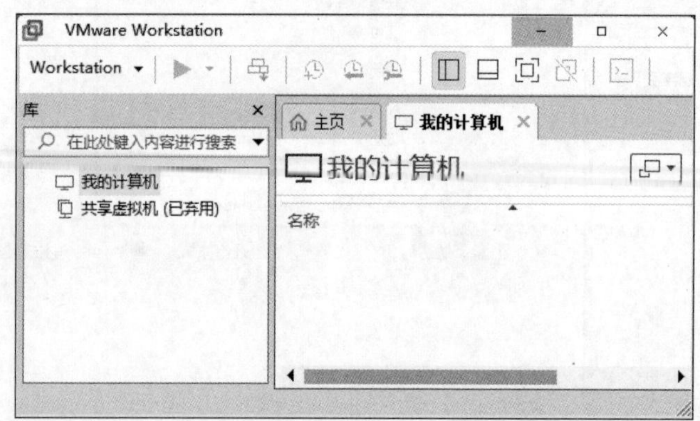

图 2-18 VMware Workstation 程序主窗口

(2) 在虚拟机程序"VMware Workstation"主窗口中,单击该窗口左上角的"Workstation",会出现如图2-19所示的窗口,该窗口出现弹出的菜单,在弹出的菜单中单击"文件"菜单,会弹出子菜单,在弹出的子菜单中单击"新建虚拟机",出现如图2-20所示"新建虚拟机向导"窗口。

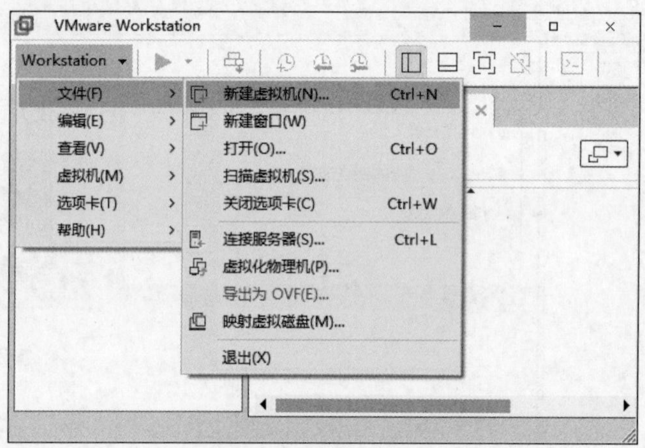

图 2-19 新建虚拟机

(3) 在如图2-20所示的"新建虚拟机向导"窗口中,保持窗口中的"典型(推荐)"前面的单选按钮选中,使用典型安装方式安装虚拟机,单击该窗口右下角的"下一步"按钮,出现如图2-21所示的"安装客户机操作系统"窗口。

(4) 在如图2-21所示的"安装客户机操作系统"窗口中,单击选中窗口中部的"安装程序光盘映像文件(iso)"前面的单选按钮,然后单击其右侧的"浏览"按钮,找到在计算机硬盘上保存的,提前下载准备好的Linux操作系统Ubutu版本的安装映像文件,并双击打开(注:本书使用的Linux操作系统Ubutu版本的安装映像文件是ubuntu-20.04.2.0-desktop-amd64.iso,该文件保存于本书作者的计算机中的D:\HarmoyOS C SETTUP\Ubuntu Server Setup文件夹中)。

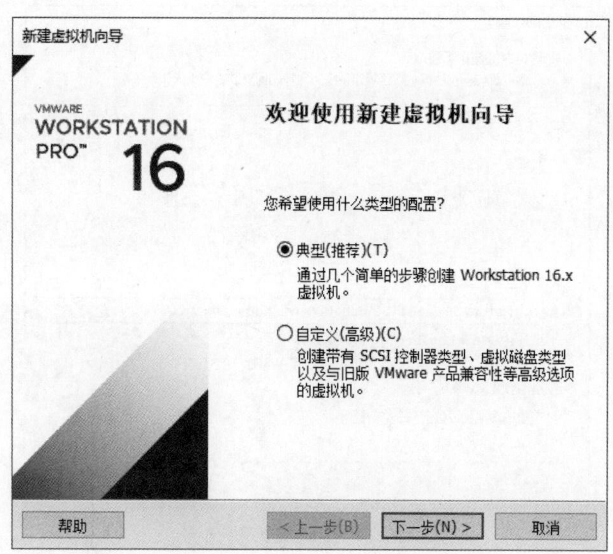

图 2-20　新建虚拟机向导

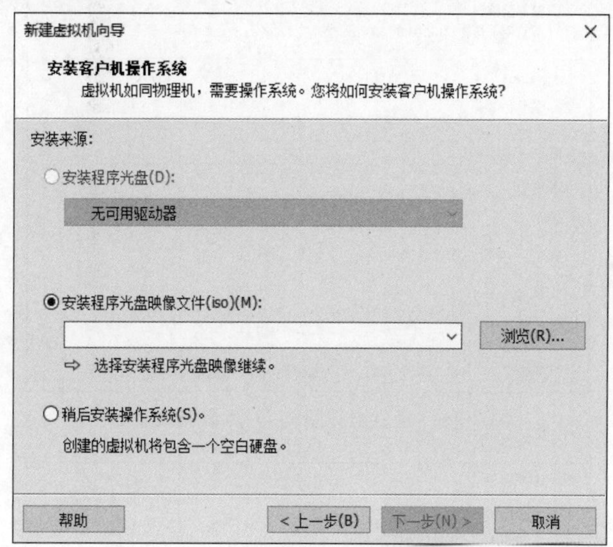

图 2-21　安装客户机操作系统

(5) 双击打开该安装映像文件后，出现如图 2-22 所示的"新建虚拟机向导"窗口。然后单击该窗口右下角的"下一步"按钮，出现如图 2-23 所示的"新建虚拟机向导-简易安装信息"窗口。

(6) 在如图 2-23 所示的"新建虚拟机向导-简易安装信息"窗口中，在"全名""用户名""密码"和"确认"右侧的文本输入框中都输入"bossay"。然后单击窗口右下角的"下一步"按钮，出现如图 2-24 所示的"新建虚拟机向导-命名虚拟机"窗口。

(7) 在如图 2-24 所示的"新建虚拟机向导-命名虚拟机"窗口中，使用键盘输入的方式将"虚拟机名称"下方的文本输入框中内容修改为"BossayUbuntu"。将"位置"下方的文本输入框中内容修改为"F:\BossayUbuntu"(也可以是 D:\BossayUbuntu 或者其他)。如此操作

新建虚拟机向导
安装客户机操作系统
虚拟机如同物理机，需要操作系统。您将如何安装客户机操作系统?
安装来源:
安装程序光盘(D):
无可用驱动器
安装程序光盘映像文件(iso)(M):
D:\HarmonyOS C SETTUP\Ubuntu Server Setup\ubuntu
浏览(R)...
已检测到 Ubuntu 64 位 20.04.2.0。
该操作系统将使用简易安装。(这是什么?)
稍后安装操作系统(S)。
创建的虚拟机将包含一个空白硬盘。
帮助
< 上一步(B)
下一步(N) >
取消

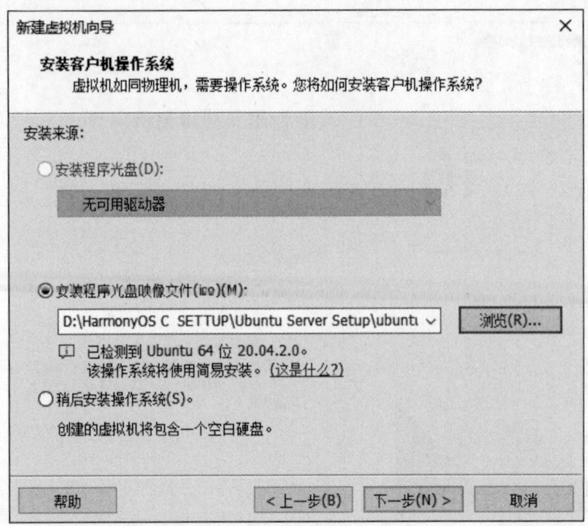

图 2-22 新建虚拟机向导

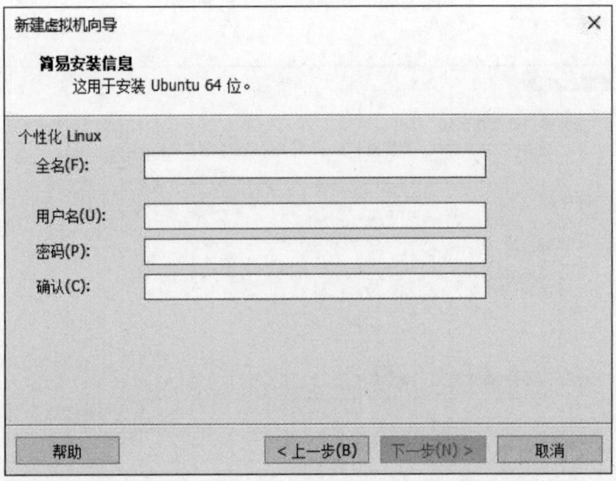

新建虚拟机向导
简易安装信息
这用于安装 Ubuntu 64 位。
个性化 Linux
全名(F):
用户名(U):
密码(P):
确认(C):
帮助
< 上一步(B)
下一步(N) >
取消

图 2-23 新建虚拟机向导-简易安装信息

新建虚拟机向导
命名虚拟机
您希望该虚拟机使用什么名称?
虚拟机名称(V):
Ubuntu 64 位
位置(L):
C:\Users\Administrator\Documents\Virtual Machines\Ubuntu 64 位
浏览(R)...
在"编辑">"首选项"中可更改默认位置。
< 上一步(B)
下一步(N) >
取消

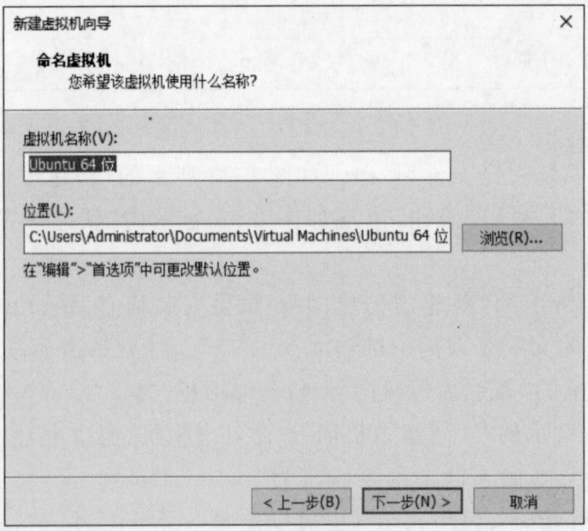

图 2-24 新建虚拟机向导-命名虚拟机

意味着给建立的虚拟机起名为“BossayUbuntu”，将虚拟机程序放置在计算机 F 盘的 BossayUbuntu 文件夹下。需要说明的是，虚拟机的名称和将虚拟机程序的文件放在哪个磁盘的哪个文件夹下，可由安装者自己确定。然后，单击“新建虚拟机向导-命名虚拟机”窗口右下角的“下一步”按钮，出现如图 2-25 所示的“新建虚拟机向导-指定磁盘容量”窗口。

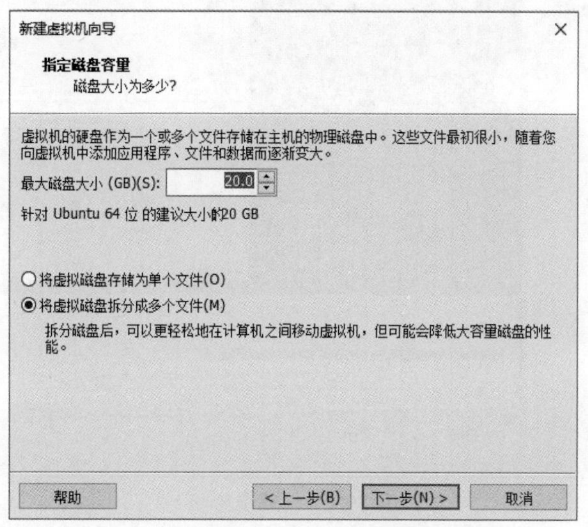

图 2-25 新建虚拟机向导-指定磁盘容量

(8) 在如图 2-25 所示的“新建虚拟机向导-指定磁盘容量”窗口中，用键盘输入的方式将“最大磁盘大小(GB)”右侧的容量由 20 修改为“80”。然后单击窗口右下角的“下一步”按钮。出现如图 2-26 所示的“新建虚拟机向导-已准备好创建虚拟机”窗口(注：为保证虚拟机容量够用，一般设置虚拟机硬盘空间不小于 60GB，最好大于 80GB)。

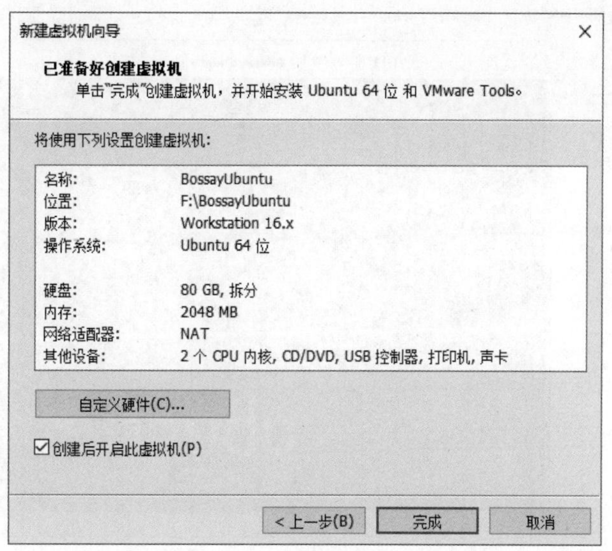

图 2-26 新建虚拟机向导-已准备好创建虚拟机

(9) 在如图 2-26 所示的“新建虚拟机向导-已准备好创建虚拟机”窗口中，单击窗口右下角的“完成”按钮，开始创建虚拟机，出现如图 2-27 所示的“创建虚拟机”窗口。

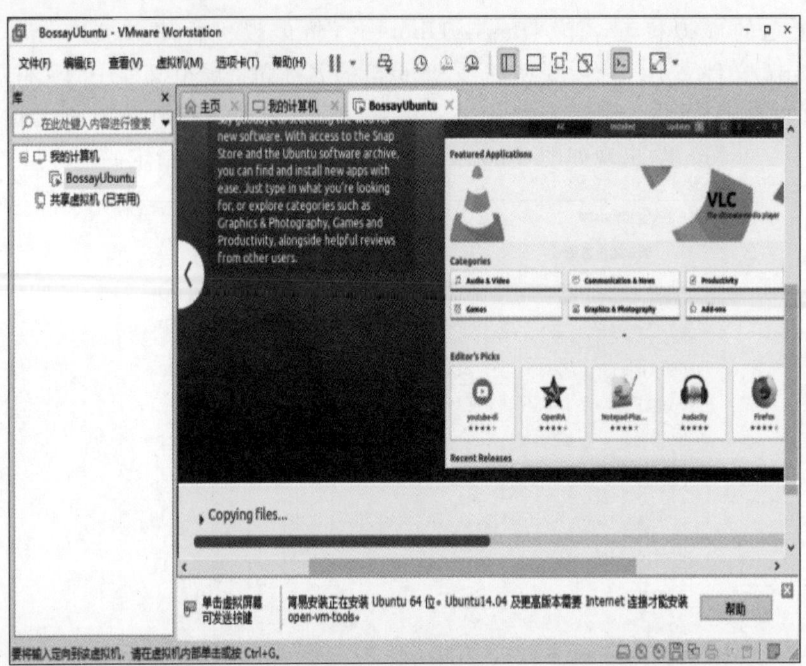

图 2-27　创建虚拟机

(10) 在如图 2-27 所示的“创建虚拟机”窗口中,一方面复制安装文件到虚拟机的安装路径 F:\BossayUbuntu 下,另一方面会从网络上下载 Ubuntu 的更新内容,同时还要对 Ubuntu 进行系统配置,因此安装过程需要较长时间,要耐心等待,直到出现如图 2-28 所示的窗口,表示虚拟机已经基本安装完毕。

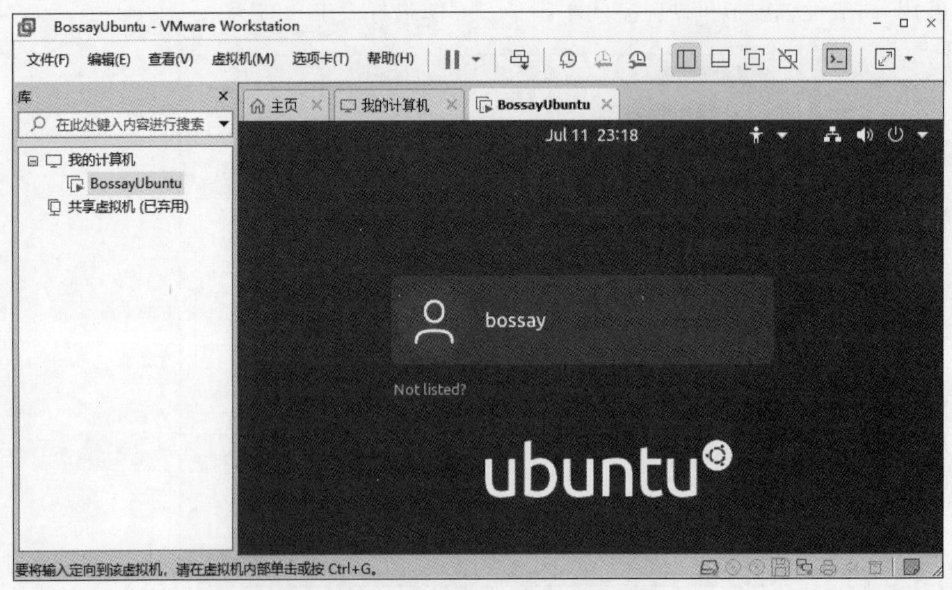

图 2-28　虚拟机安装完毕并且运行

(11) 在如图 2-28 所示的“虚拟机运行”窗口中,双击窗口中间的 bossay 用户,出现如图 2-29 所示的输入密码窗口,然后在窗口中显示有“password”的密码输入框中用键盘输入密码 bossay(注：需要说明的是，为了方便初学者，这里的用户名和密码都是“bossay”，这对于用户和系统安全来说是非常不利的，等有了经验以后，为安全考虑，应该将用户密码尽量设置得复杂一些)，然后按回车键，出现如图 2-30 所示的“Online Accounts”在线账号窗口。

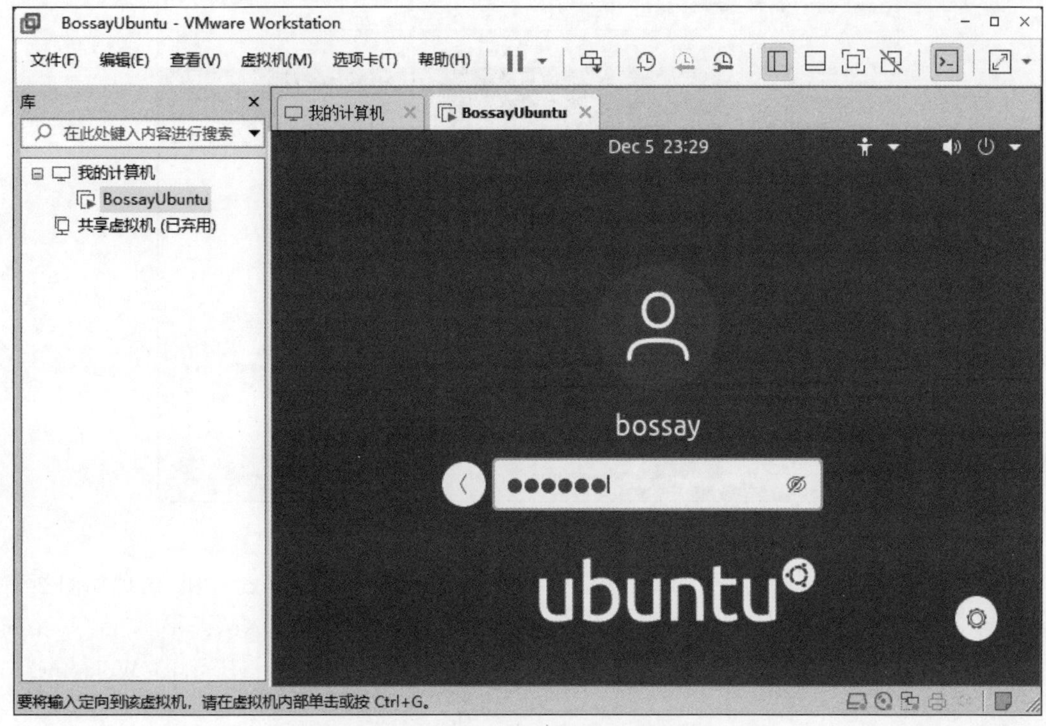

图 2-29　虚拟机启动——输入密码

图 2-30　Online Accounts

(12) 在如图 2-30 所示的"Online Accounts"窗口中,单击窗口右上角的"Skip"按钮,出现如图 2-31 所示的"Livepatch"窗口。

图 2-31　Livepatch

(13) 在如图 2-31 示的 Livepatch 窗口中,单击窗口右上角的 Next 按钮,出现如图 2-32 所示的 Help improve Ubuntu 窗口,在此窗口中单击选中窗口中部"No,don't send system info"单选按钮,然后单击窗口右上角的 Next 按钮,出现如图 2-33 所示的 Welcome to Ubuntu 窗口。

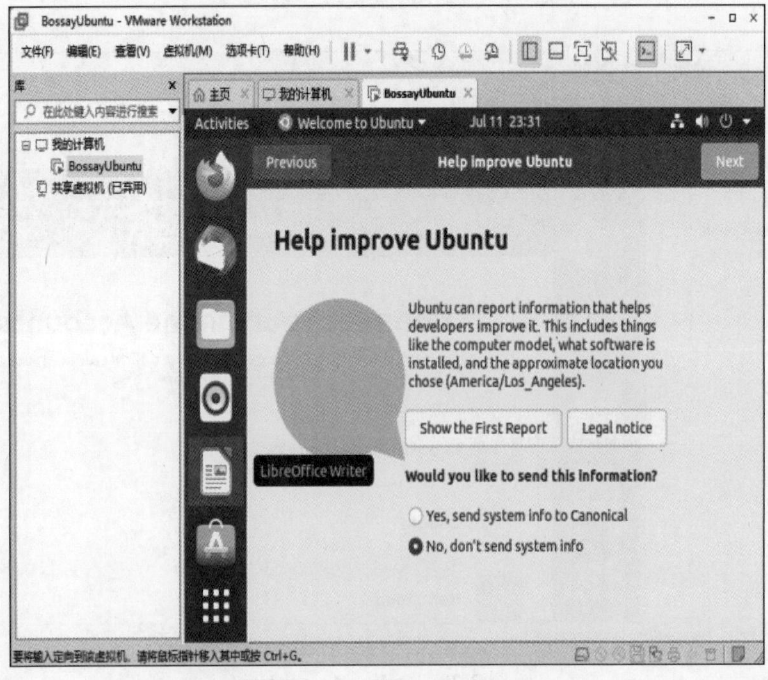

图 2-32　Help improve Ubuntu

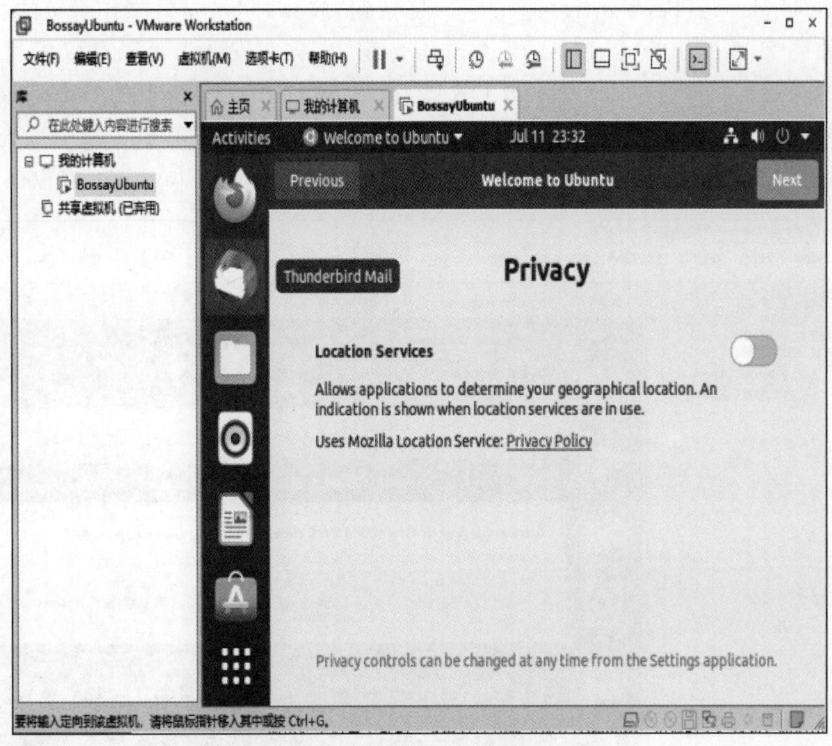

图 2-33　Welcome to Ubuntu

(14) 在如图 2-33 所示的 Welcome to Ubuntu 窗口中，单击窗口右上角的 Next 按钮，出现如图 2-34 所示的 Ready to to 窗口，单击窗口右上角的 Done 按钮，出现如图 2-35 所示

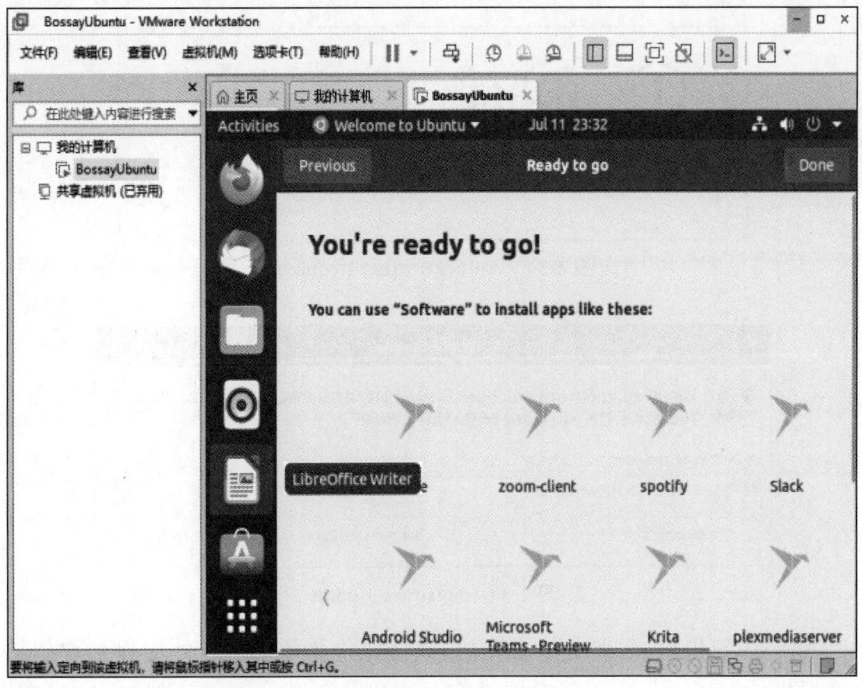

图 2-34　Ready to go

的 Software Update 窗口,单击 Don't Upgrade 按钮,放弃对 Ubuntu 操作系统的版本更新。接着弹出如图 2-36 所示的 declined the upgrade 窗口,告知安装者可以在以后通过软件的 Upgrade 功能更新软件版本,此时单击 OK 按钮,出现如图 2-37 所示的 Software Updater 窗口,此时单击右上角的"×"关闭该窗口,出现如图 2-38 所示的 Linux 操作系统(Ubuntu 版本)虚拟机桌面,表示已经成功创建了安装有 Linux 操作系统 Ubuntu 的虚拟机。

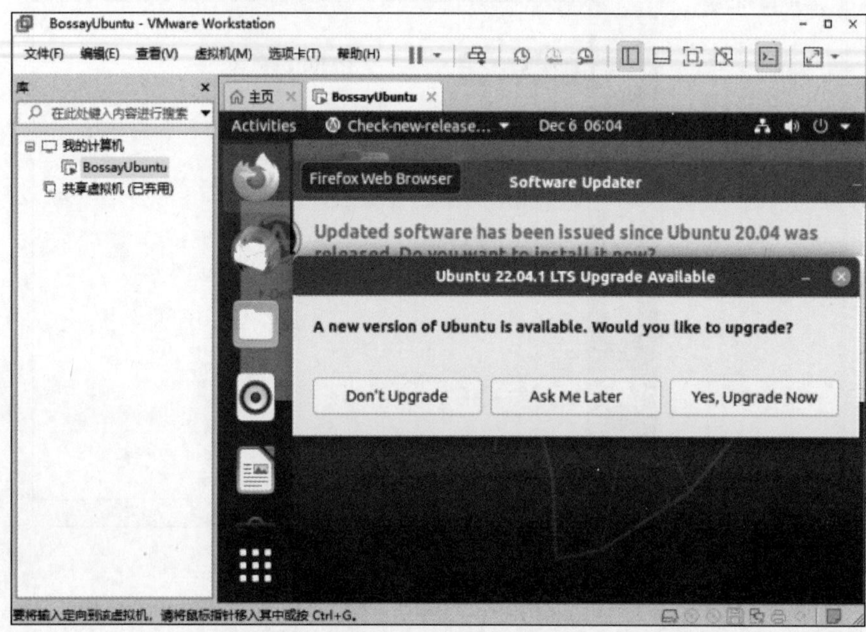

图 2-35 Software Update

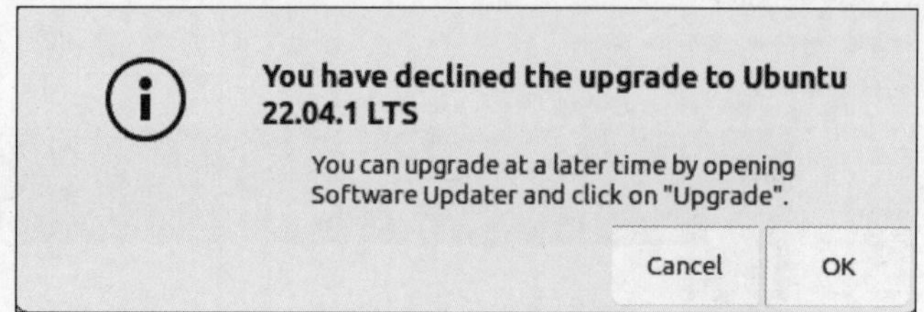

图 2-36 Authentication Required

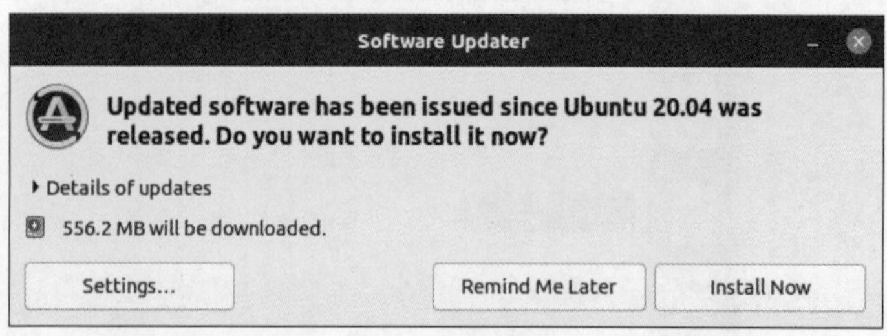

图 2-37 Software Update

(15) 使用完虚拟机后,需要关闭虚拟机,只有正常关闭虚拟机才能保护虚拟机,否则很容易导致虚拟机的损坏。正常关闭虚拟机的办法如图 2-39 所示,右键单击窗口左上角的虚

图 2-38　Linux 操作系统(Ubuntu 版本)虚拟机桌面

图 2-39　关闭虚拟机

拟机名称 Bossay Ubuntu，然后在弹出的菜单中单击“电源”，此时会弹出子菜单，在弹出的子菜单中单击“关闭客户机”，出现如图 2-40 所示的窗口，表示虚拟机已经正常关闭了。

图 2-40 虚拟机关闭

另一种关闭虚拟机的方法如图 2-41 所示,单击窗口菜单栏的"虚拟机"选项,然后在弹出的子菜单中单击"电源",再单击"关机",稍等片刻出现如图 2-40 所示的窗口,虚拟机也就正常关闭了。

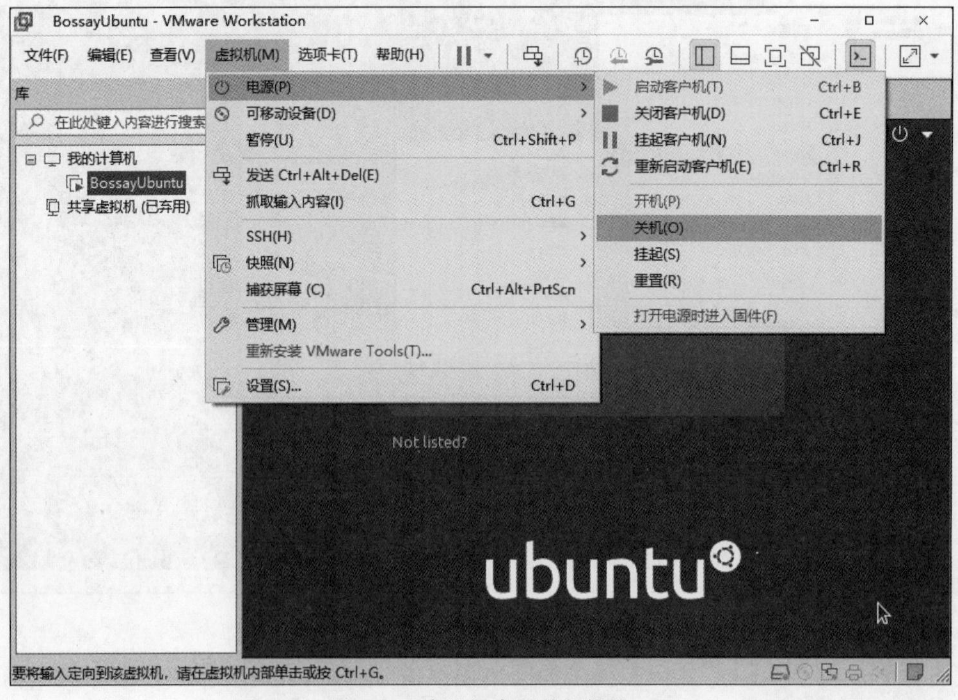

图 2-41 虚拟机电源关闭操作

关闭虚拟机后，单击如图 2-41 所示窗口右上角的“×”，关闭 VMware 虚拟机管理软件。

2.3.3　配置虚拟机操作系统环境，安装工具软件

2.3.3

配置虚拟机操作系统环境，安装工具软件的步骤如下。

1）启动 VMware Workstation

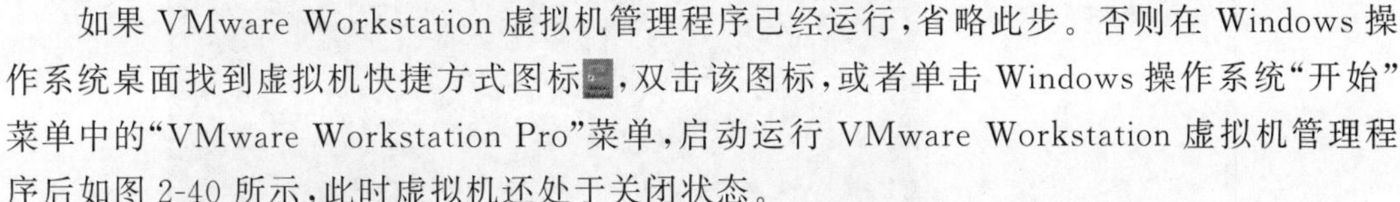

如果 VMware Workstation 虚拟机管理程序已经运行，省略此步。否则在 Windows 操作系统桌面找到虚拟机快捷方式图标，双击该图标，或者单击 Windows 操作系统“开始”菜单中的“VMware Workstation Pro”菜单，启动运行 VMware Workstation 虚拟机管理程序后如图 2-40 所示，此时虚拟机还处于关闭状态。

2）启动并且登录虚拟机

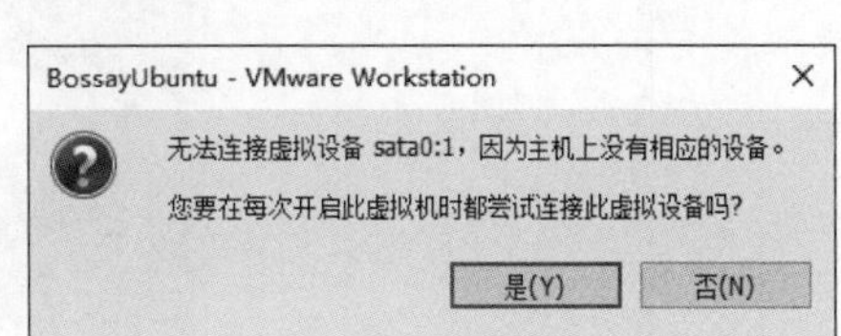

图 2-42　虚拟设备连接

在如图 2-40 所示的窗口中，单击选中窗口左上角的“我的计算机”下面已经安装好的虚拟机，这里安装的虚拟机名称是“BossayUbuntu”，选中它后单击窗口中的“开启此虚拟机”选项，此时若出现如图 2-42 所示的窗口，单击“否”按钮，取消每次开机时连接虚拟设备的尝试，启动虚拟机如图 2-43 所示。双击“bossay”用户，出现 bossay 用户密码输入界面，在密码输入区输入系统安装时为 bossay 用户设置的密码“bossay”，此时窗口如图 2-44 所示，然后按回车键，如果密码输入无误，用户 bossay 完成登录，此时窗口如图 2-45 所示。如果用户已经启动并且登录了虚拟机，此步可省略。

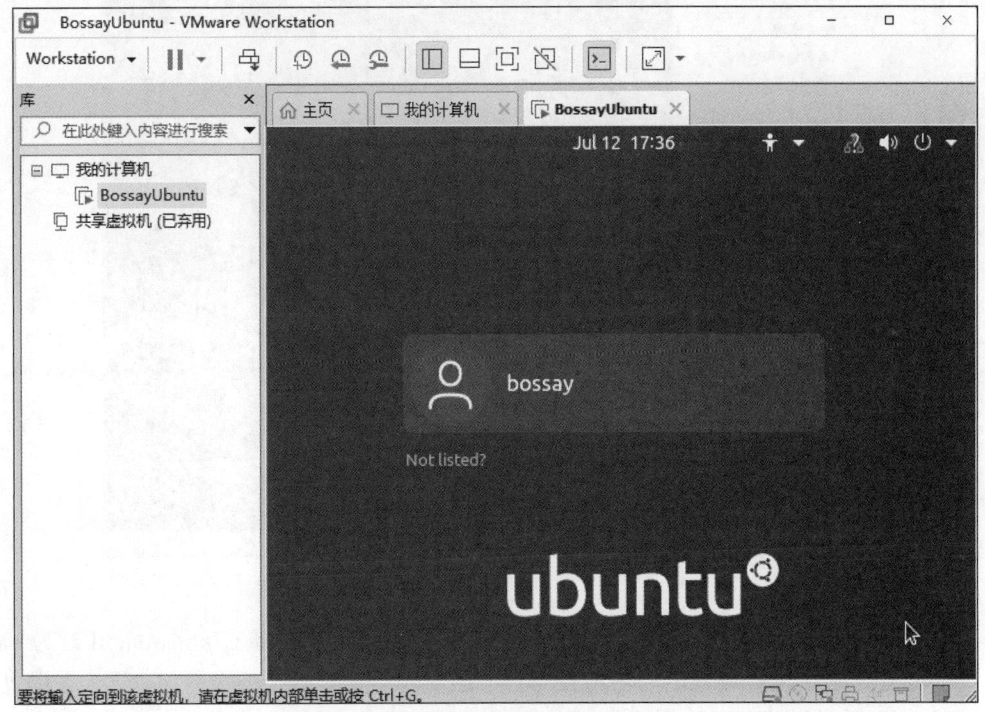

图 2-43　虚拟机启动

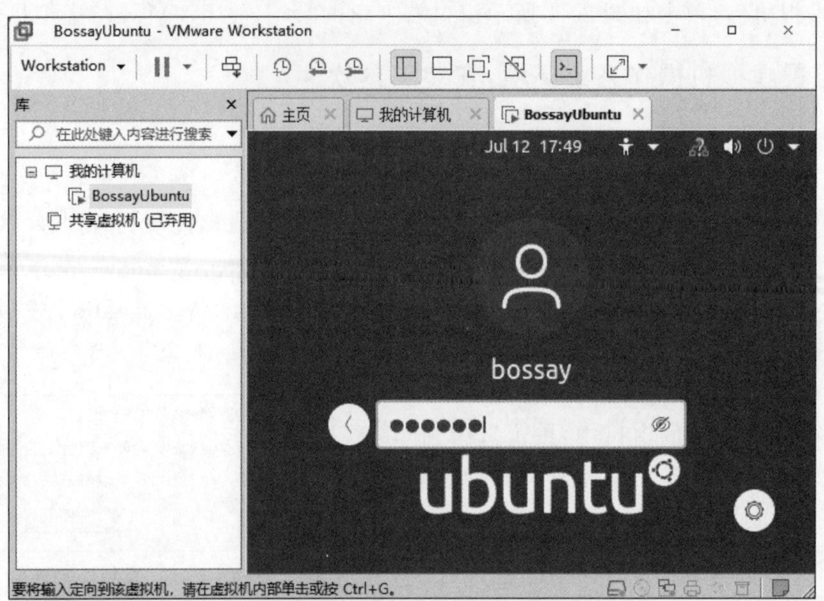

图 2-44 用户输入密码登录虚拟机

图 2-45 虚拟机操作系统 Ubuntu 图形界面窗口

3）执行操作系统 Linux 的命令 sudo dpkg-reconfigure dash 将 Ubuntu shell 改为 bash

Shell 是使用 C 语言编写的一种应用程序，是 Linux 操作系统的命令解释器，它提供了一个操作系统命令输入界面，用户通过这个界面输入 Linux 操作系统的命令，访问和操作 Linux 操作系统，实现操作系统命令的功能。Linux 操作系统的 shell 有很多种，为了构建 C 语言鸿蒙 OS 程序编译环境，需要将 Linux 操作系统 Ubuntu 的内核 shell 由默认的“dash”

改为“bash”，操作方法如下。

在如图2-45所示的Ubuntu图形界面窗口，同时按下键盘的Ctrl＋Alt＋T键，打开Ubuntu的用户终端命令输入窗口如图2-46所示，窗口中绿色字符“bossay@ubuntu:～$”是Linux操作系统命令行输入提示符，其中，@字符前面的内容bossay是当前登录操作系统的用户名称，@字符后面的内容ubuntu是操作系统的名称，字符～是用户bossay的主目录，字符～后面的内容是用户的子目录，字符$代表登录的用户是操作系统的普通用户，如果字符$的位置显示的是字符#，则代表登录的用户是操作系统的超级用户。需要说明的是，Linux操作系统用户终端命令输入窗口中的命令提示符“bossay@ubuntu:～$”会随着当前用户、操作系统名称和系统当前用户目录的不同而发生改变，例如，用户harmony登录了一台操作系统名称为linux64的机器，如果当前用户工作在share目录下，则绿色的命令提示符将随之变为“harmony@linux64～/share$”。

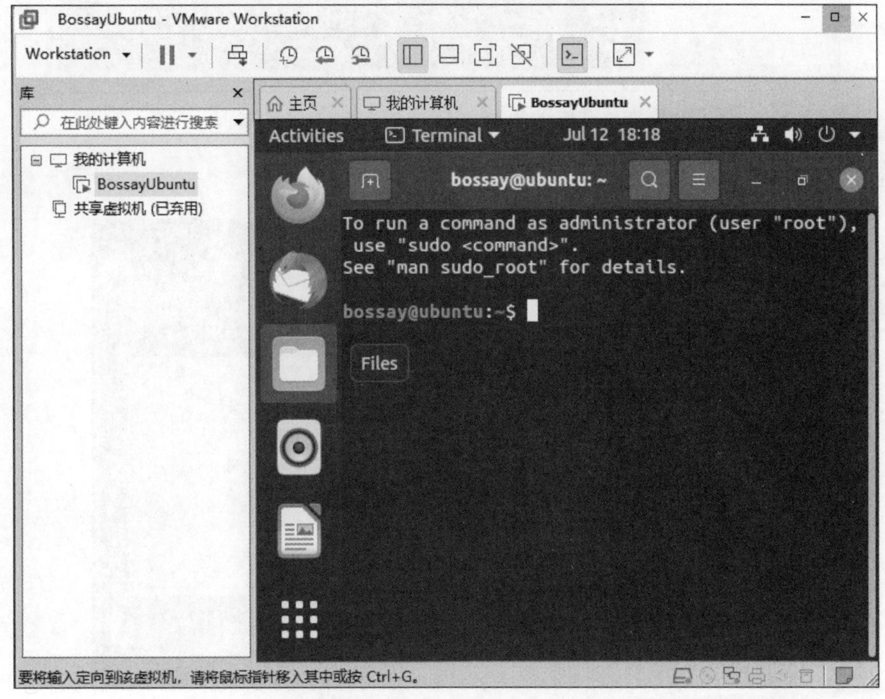

图2-46　虚拟机操作系统Ubuntu终端命令输入窗口

后面安装配置C语言鸿蒙OS程序编译环境的各步操作，基本上都是在Ubuntu版Linux操作系统bossay用户的命令提示符“bossay@ubuntu:～$”的后面输入相关命令完成的。

将Ubuntu shell改为bash的操作如图2-47所示，在Ubuntu版Linux操作系统bossay用户的终端命令提示符“bossay@ubuntu:～$”的后面输入命令sudo dpkg-reconfigure dash，如下所示。

```
bossay@ubuntu:~$ sudo dpkg-reconfigure dash
```

输入上述命令后，按键盘的回车键，出现“[sudo]password for boaay:”提示，要求输入密码，在此输入密码“bossay”，注意密码输入后并不显示，因此输入的密码必须正确，然后按

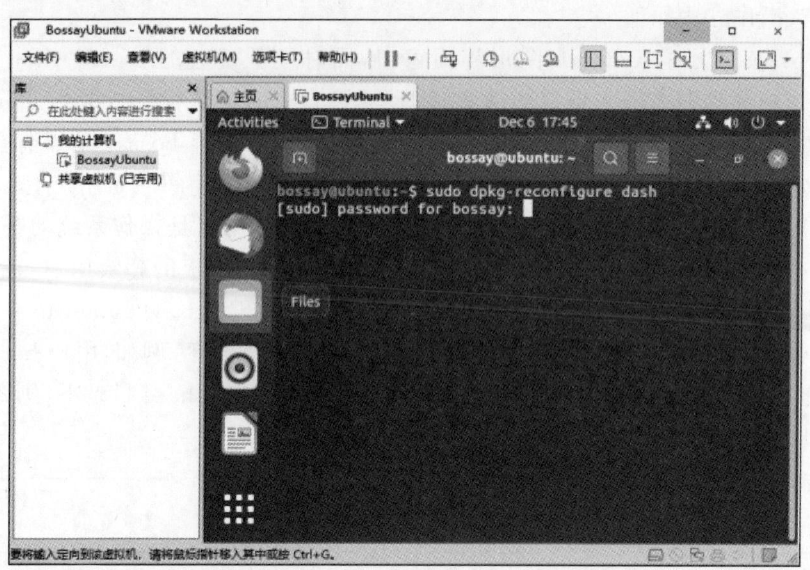

图 2-47　输入命令 sudo dpkg-reconfigure dash

回车键,出现如图 2-48 所示的窗口。

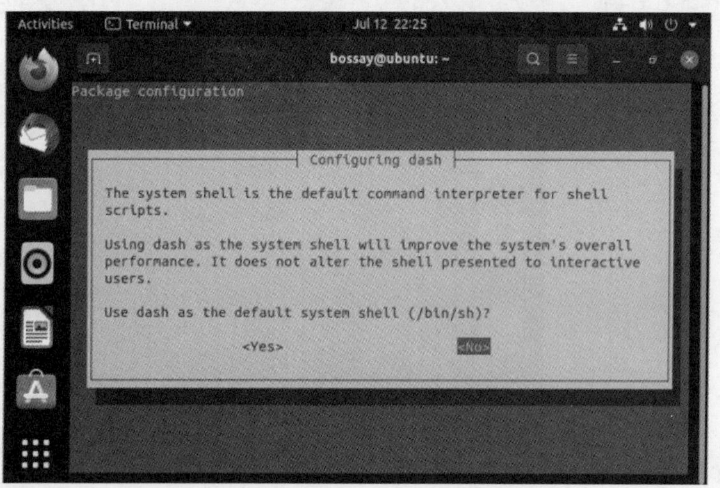

图 2-48　Configuring dash 选择

在如图 2-48 所示的窗口中,出现“configuration dash”对话框,询问是否使用 dash 作为 Ubuntu 版 Linux 操作系统默认的命令解释器,此时选择对话框中的“＜No＞”按钮表明不选择 dash,而是选择 bash 作为 Linux 操作系统默认的 shell(命令解释器),如图 2-48 所示。然后按键盘的回车键(Enter),此时“configuration dash”对话框消失,返回操作系统命令提示窗口,回到命令提示符“bossay@ubuntu:~＄”,如图 2-49 所示。

4) 执行操作系统 Linux 的命令 ls -l /bin/sh 检查 Ubuntu shell 是否改为了 bash

如图 2-50 所示,在 Ubuntu 版 Linux 操作系统 bossay 用户的终端命令提示符“bossay@ubuntu:~＄”的后面输入命令 ls -l /bin/sh,如下所示。

```
bossay@ubuntu:~$ls -l /bin/sh
```

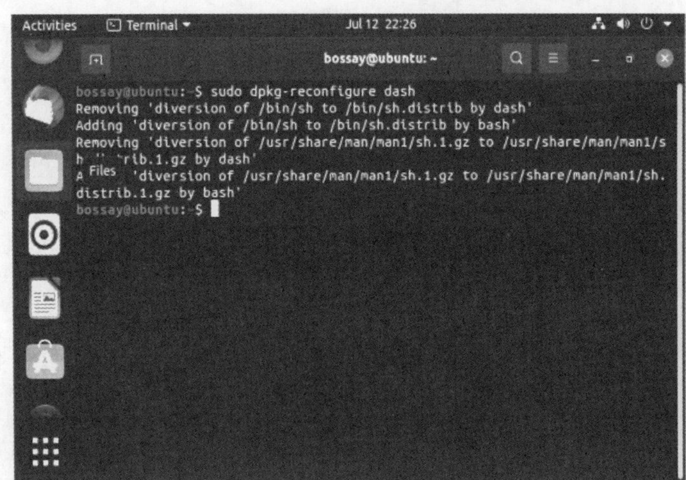

图 2-49　Ubuntu shell 改为 bash

```
bossay@ubuntu:~$ sudo dpkg-reconfigure dash
Removing 'diversion of /bin/sh to /bin/sh.distrib by dash'
Adding 'diversion of /bin/sh to /bin/sh.distrib by bash'
Removing 'diversion of /usr/share/man/man1/sh.1.gz to /usr/share/man/man1/s
h.distrib.1.gz by dash'
Adding 'diversion of /usr/share/man/man1/sh.1.gz to /usr/share/man/man1/sh.
distrib.1.gz by bash'
bossay@ubuntu:~$ ls -l /bin/sh
lrwxrwxrwx 1 root root 4 Jul 12 22:26 /bin/sh -> bash
bossay@ubuntu:~$
```

图 2-50　检查 Ubuntu shell 是否为 bash

输入上述命令后，按键盘的回车键，显示 Ubuntu shell 已经改为 bash。

5）修改 Ubuntu 组件的在线安装源（修改安装包管理工具 apt 的源）

为了安装 C 语言鸿蒙 OS 编译开发环境，还必须从网上下载和安装 Ubuntu 版 Linux 操作系统的一些组件，这些组件默认是从 Ubuntu 官方网站下载，但 Ubuntu 官方网站访问人数多，下载安装这些组件耗时过长，因此有必要将下载这些组件的来源网站修改为华为云网站。为此，执行以下 3 行命令，如图 2-51 所示。

```
bossay@ubuntu:~$ sudo cp -a /etc/apt/sources.list /etc/apt/sources.list.bak
bossay@ubuntu:~$ sudo sed -i "s@http://.*archive.ubuntu.com@http://repo.huaweicloud.com@g" /etc/apt/sources.list
bossay@ubuntu:~$ sudo sed -i "s@http://.*security.ubuntu.com@http://repo.huaweicloud.com@g" /etc/apt/sources.list
bossay@ubuntu:~$
```

图 2-51　修改 Ubuntu 组件的在线安装源

在命令行提示符 bossay@ubuntu：~ $ 的后面输入下面命令，然后按回车键，备份 sources.list 文件。

```
sudo cp -a /etc/apt/sources.list /etc/apt/sources.list.bak
```

在命令行提示符 bossay@ubuntu：~ $ 的后面输入下面命令，然后按回车键，修改 sources.list 文件，将源站修改为华为云。

```
sudo sed -i "s@http://.*archive.ubuntu.com@http://repo.huaweicloud.com@
g" /etc/apt/sources.list
```

在命令行提示符 bossay@ubuntu：~ $ 的后面输入下面命令，然后按回车键，修改

sources.list 文件,将源站修改为华为云。

```
sudo  sed  -i  "s@http://.*security.ubuntu.com@http://repo.huaweicloud.com@g"  /etc/apt/sources.list
```

输入并执行完上述 3 条命令后,可以在命令行提示符 bossay@ubuntu:~$的后面输入下面命令,然后按回车键,查看一下 sources.list 文件中相关内容是否已被修改。

```
cat  /etc/apt/sources.list
```

6)更新安装包管理工具 apt 的缓存,确保网络下载源站转到华为云

如图 2-52 所示,在命令行提示符 bossay@ubuntu:~$的后面输入下面命令,然后按回车键,更新 apt 缓存。

```
sudo apt update
```

```
bossay@ubuntu:~$ sudo apt update
Get:1 http://repo.huaweicloud.com/ubuntu focal InRelease [265 kB]
G Thunderbird Mail po.huaweicloud.com/ubuntu focal-updates InRelease [114 kB]
G                  po.huaweicloud.com/ubuntu focal-backports InRelease [108 kB]
Get:4 http://repo.huaweicloud.com/ubuntu focal-security InRelease [114 kB]
Get:5 http://repo.huaweicloud.com/ubuntu focal/main i386 Packages [718 kB]
Get:6 http://repo.huaweicloud.com/ubuntu focal/main amd64 Packages [970 kB]
Get:7 http://repo.huaweicloud.com/ubuntu focal/main Translation-en [506 kB]
Get:8 http://repo.huaweicloud.com/ubuntu focal/main amd64 DEP-11 Metadata [494 kB]
Get:9 http://repo.huaweicloud.com/ubuntu focal/main DEP-11 48x48 Icons [98.4 kB]
Get:10 http://repo.huaweicloud.com/ubuntu focal/main DEP-11 64x64 Icons [163 kB]
Get:11 http://repo.huaweicloud.com/ubuntu focal/main DEP-11 64x64@2 Icons [15.8 kB]
```

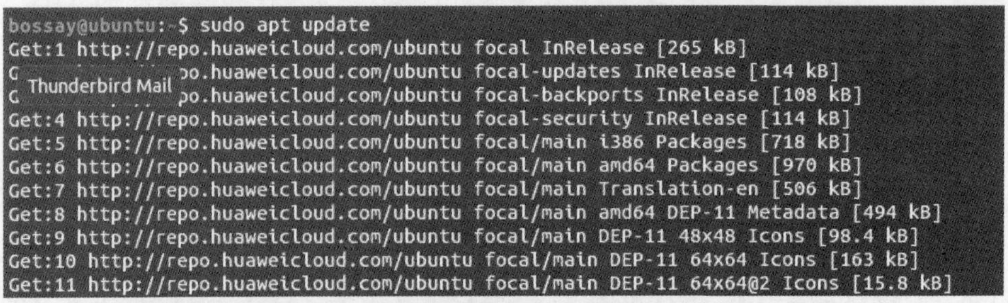

图 2-52 更新 apt 缓存

在执行 sudo apt update 命令更新 apt 缓存时,输入上述命令后,按键盘的回车键,如果出现"[sudo]password for boaay:"提示,要求输入密码,在此正确输入密码"bossay"后按回车键,命令被执行。在执行过程如果遇到提问,输入"y",如果命令执行结果如图 2-52 所示,表示命令被成功执行,apt 缓存更新完成,接着做第 7 步即可。

如果命令执行结果如图 2-53 所示,表示有些需要被更新 apt 缓存的内容被 4755 号进程占用,导致 apt 缓存不能被正常更新。要解决这个问题,需要先参照下面第 7 步杀死 4755 号进程的方法,先将 4755 号进程杀死,然后如图 2-53 所示,在命令提示符 bossay@ubuntu:~$的后面输入下面命令,然后按回车键,删除/var/lib/apt/lists/文件夹下面的所有内容。

```
sudo  rm  /var/lib/apt/lists/* -vf
```

```
Reading package lists... Done
E: Could not get lock /var/lib/apt/lists/lock. It is held by process 4755 (aptd)
N: Be aware that removing the lock file is not a solution and may break your system.
E: Unable to lock directory /var/lib/apt/lists/
harmony@harmony-virtual-machine:~$ sudo rm /var/lib/apt/lists/* -vf
```

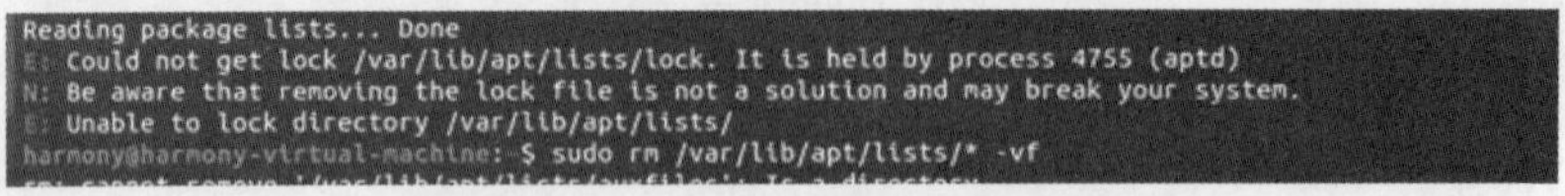

图 2-53 更新 apt 缓存时出现问题

然后再在命令提示符 bossay@ubuntu:~$的后面输入下面命令,然后按回车键,更新 apt 缓存。

```
sudo  apt  update
```

如果还是不能更新 apt 的缓存,则必须找到问题的原因,解决问题,直到成功更新 apt 缓存。

7)升级 apt

如图 2-54 所示,在命令行提示符 bossay@ubuntu:~$的后面输入下面命令,然后按

回车键，升级 apt。

```
sudo apt upgrade
```

```
bossay@ubuntu:~$ sudo apt upgrade
Reading package lists... Done
Building dependency tree
Reading state information... Done
Calculating upgrade... Done
The following packages were automatically installed and are no longer required:
  libfwupdplugin1 libllvm11
Use 'sudo apt autoremove' to remove them.
```

图 2-54　升级 apt 缓存

在执行 sudo apt upgrade 命令升级 apt 时，输入上述命令后，按键盘的回车键，出现“[sudo]password for boaay:”提示，要求输入密码，在此正确输入密码“bossay”后按回车键，命令被执行。在执行过程如果遇到提问，输入“y”。如果命令执行结果如图 2-54 所示，表示命令被成功执行，apt 升级完成，接着做第 8 步即可。

如果命令执行结果如图 2-55 所示，表示有些需要被升级的 apt 内容被 4755 号进程占用，导致 apt 升级失败，要解决这个问题，需要先在命令提示符 bossay@ubuntu:～$ 的后面输入下面命令，如图 2-56 所示，然后按回车键，查看进程。

```
ps  afx | grep  apt
```

```
ne:~$ sudo  apt upgrade
 not get lock /var/lib/dpkg/lock-frontend. It is held by process 4755 (aptd)... 92s
ne:~$
```

图 2-55　升级 apt 缓存时出现问题

```
harmony@harmony-virtual-machine:~$ ps afx|grep apt
   7944 pts/2    S+     0:00          \_ grep --color=auto apt
   4755 ?        SNl    0:05 /usr/bin/python3 /usr/sbin/aptd
   4814 ?        SN     0:13  \_ /usr/lib/apt/methods/http
   5261 ?        SN     0:00  \_ /usr/lib/apt/methods/http
harmony@harmony-virtual-machine:~$ sudo kill -9 7944
kill: (7944): No such process
harmony@harmony-virtual-machine:~$ sudo kill -9 4755
harmony@harmony-virtual-machine:~$ ps afx|grep apt
   7951 pts/2    S+     0:00          \_ grep --color=auto apt
```

图 2-56　解决升级 apt 缓存问题

然后再在命令提示符 bossay@ubuntu:～$ 的后面输入下面命令，如图 2-56 所示，按回车键，杀死 4755 号进程。

```
sudo  kill  -9  4755
```

当然具体安装时，进程号不一定就是 4755，也可能是别的进程在作祟，具体杀死哪个进程要视具体情况确定。

然后再在命令提示符 bossay@ubuntu:～$ 的后面输入下面命令，然后按回车键，升级 apt。

```
sudo apt upgrade
```

如果上面命令执行结果如图 2-54 所示，则表示 apt 成功得到升级，可以继续做下一步了。如果 apt 升级还是出现问题,则必须找到问题原因,解决问题,直到 apt 成功升级方能进行下一步。

8) 安装 net-tools 网络管理软件

如图 2-57 所示,在命令行提示符 bossay@ubuntu:~$ 的后面输入下面命令,然后按回车键,从网上下载并安装网络工具 net-tools,安装过程中遇到提问时,输入"y"。

```
sudo  apt  install  net-tools
```

输入上述命令后,按回车键执行该命令,就成功安装了 net-tools 软件。

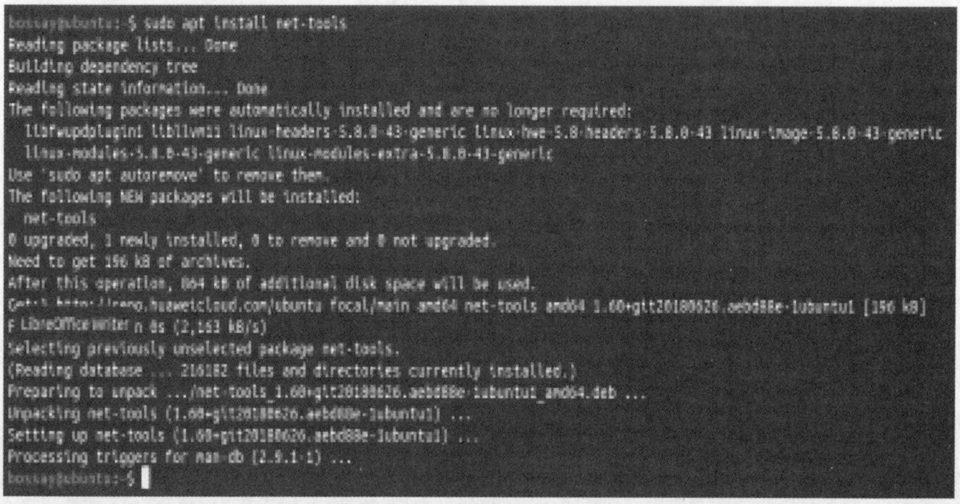

```
bossay@ubuntu:~$ sudo apt install net-tools
Reading package lists... Done
Building dependency tree
Reading state information... Done
The following packages were automatically installed and are no longer required:
  libfwupdplugin1 libllvm11 linux-headers-5.8.0-43-generic linux-hwe-5.8-headers-5.8.0-43 linux-image-5.8.0-43-generic
  linux-modules-5.8.0-43-generic linux-modules-extra-5.8.0-43-generic
Use 'sudo apt autoremove' to remove them.
The following NEW packages will be installed:
  net-tools
0 upgraded, 1 newly installed, 0 to remove and 0 not upgraded.
Need to get 196 kB of archives.
After this operation, 864 kB of additional disk space will be used.
Get:1 http://repo.huaweicloud.com/ubuntu focal/main amd64 net-tools amd64 1.60+git20180626.aebd88e-1ubuntu1 [196 kB]
F LibreOffice Writer n 0s (2,163 kB/s)
Selecting previously unselected package net-tools.
(Reading database ... 216182 files and directories currently installed.)
Preparing to unpack .../net-tools_1.60+git20180626.aebd88e-1ubuntu1_amd64.deb ...
Unpacking net-tools (1.60+git20180626.aebd88e-1ubuntu1) ...
Setting up net-tools (1.60+git20180626.aebd88e-1ubuntu1) ...
Processing triggers for man-db (2.9.1-1) ...
bossay@ubuntu:~$
```

图 2-57 安装 net-tools

9) 安装开源文件传输工具软件 curl

如图 2-58 所示,在命令行提示符 bossay@ubuntu:~$ 的后面输入下面命令,然后按回车键,从网上下载并安装工具软件 curl,安装过程中遇到提问时,输入"y"。

```
sudo  apt  install  curl
```

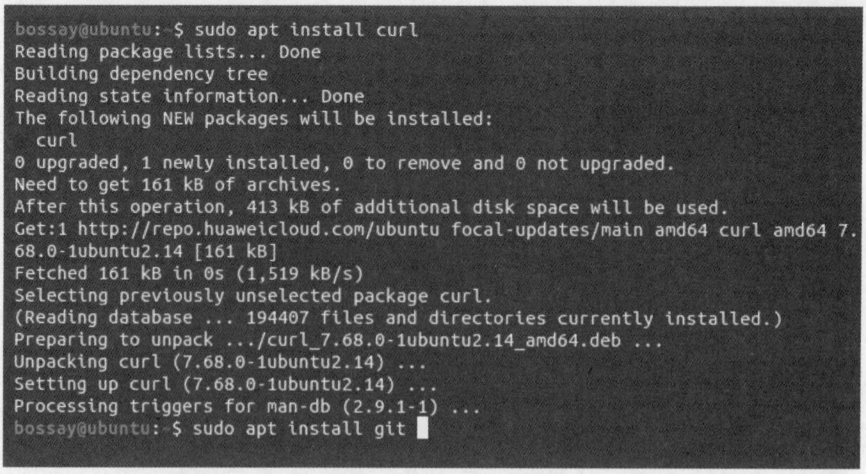

```
bossay@ubuntu:~$ sudo apt install curl
Reading package lists... Done
Building dependency tree
Reading state information... Done
The following NEW packages will be installed:
  curl
0 upgraded, 1 newly installed, 0 to remove and 0 not upgraded.
Need to get 161 kB of archives.
After this operation, 413 kB of additional disk space will be used.
Get:1 http://repo.huaweicloud.com/ubuntu focal-updates/main amd64 curl amd64 7.
68.0-1ubuntu2.14 [161 kB]
Fetched 161 kB in 0s (1,519 kB/s)
Selecting previously unselected package curl.
(Reading database ... 194407 files and directories currently installed.)
Preparing to unpack .../curl_7.68.0-1ubuntu2.14_amd64.deb ...
Unpacking curl (7.68.0-1ubuntu2.14) ...
Setting up curl (7.68.0-1ubuntu2.14) ...
Processing triggers for man-db (2.9.1-1) ...
bossay@ubuntu:~$ sudo apt install git
```

图 2-58 安装 curl、git

输入上述命令后，按回车键，如果出现“[sudo]password for boaay:”提示，要求输入密码，在此正确输入密码“bossay”后按回车键，命令被执行，在执行过程如果遇到提问，输入“y”，命令执行后就安装了 curl 软件。

10）安装开源的分布式版本控制系统 git

如图 2-58 所示，在命令行提示符 bossay@ubuntu:～$ 的后面输入下面命令，然后按回车键，从网上下载并安装工具软件 git，安装过程中遇到提问时，输入“y”。

```
sudo  apt  install  git
```

输入上述命令后，按键盘的回车键，如果出现“[sudo]password for boaay:”提示，要求输入密码，在此正确输入密码“bossay”后按回车键，在执行过程如果遇到提问，输入“y”，命令被执行后就安装了 git 软件。

11）安装 VIM 编辑工具

如图 2-59 所示，在命令行提示符 bossay@ubuntu:～$ 的后面输入下面命令，然后按回车键，从网上下载并安装编辑工具软件 VIM。

```
sudo  apt  install  vim
```

```
bossay@ubuntu:~$ sudo apt install vim
Reading package lists... Done
Building dependency tree
Reading state information... Done
The following packages were automatically installed and are no longer required:
  libfwupdplugin1 libllvm11 linux-headers-5.8.0-43-generic linux-hwe-5.8-headers-5.8.0-43 linux-image-5.8.0-43-generic
  linux-modules-5.8.0-43-generic linux-modules-extra-5.8.0-43-generic
Use 'sudo apt autoremove' to remove them.
The following additional packages will be installed:
  vim-runtime
Suggested packages:
  ctags vim-doc vim-scripts
The following NEW packages will be installed:
  vim vim-runtime
0 upgraded, 2 newly installed, 0 to remove and 0 not upgraded.
Need to get 7,110 kB of archives.
After this operation, 34.6 MB of additional disk space will be used.
D          continue? [Y/n] y
C Ubuntu Software po.huaweicloud.com/ubuntu focal-updates/main amd64 vim-runtime all 2:8.1.2269-1ubuntu5.7 [5,872 kB]
Get:2 http://repo.huaweicloud.com/ubuntu focal-updates/main amd64 vim amd64 2:8.1.2269-1ubuntu5.7 [1,238 kB]
Fetched 7,110 kB in 1s (9,642 kB/s)
Selecting previously unselected package vim-runtime.
(Reading database ... 216231 files and directories currently installed.)
Preparing to unpack .../vim-runtime_2%3a8.1.2269-1ubuntu5.7_all.deb ...
Adding 'diversion of /usr/share/vim/vim81/doc/help.txt to /usr/share/vim/vim81/doc/help.txt.vim-tiny by vim-runtime'
Adding 'diversion of /usr/share/vim/vim81/doc/tags to /usr/share/vim/vim81/doc/tags.vim-tiny by vim-runtime'
Unpacking vim-runtime (2:8.1.2269-1ubuntu5.7) ...
Selecting previously unselected package vim.
Preparing to unpack .../vim_2%3a8.1.2269-1ubuntu5.7_amd64.deb ...
Unpacking vim (2:8.1.2269-1ubuntu5.7) ...
Setting up vim-runtime (2:8.1.2269-1ubuntu5.7) ...
Setting up vim (2:8.1.2269-1ubuntu5.7) ...
update-alternatives: using /usr/bin/vim.basic to provide /usr/bin/vim (vim) in auto mode
update-alternatives: using /usr/bin/vim.basic to provide /usr/bin/vimdiff (vimdiff) in auto mode
update-alternatives: using /usr/bin/vim.basic to provide /usr/bin/rvim (rvim) in auto mode
update-alternatives: using /usr/bin/vim.basic to provide /usr/bin/rview (rview) in auto mode
update-alternatives: using /usr/bin/vim.basic to provide /usr/bin/vi (vi) in auto mode
update-alternatives: using /usr/bin/vim.basic to provide /usr/bin/view (view) in auto mode
update-alternatives: using /usr/bin/vim.basic to provide /usr/bin/ex (ex) in auto mode
Processing triggers for man-db (2.9.1-1) ...
bossay@ubuntu:~$
```

图 2-59　安装编辑工具 VIM

输入上述命令后，按键盘的回车键，如果出现“[sudo]password for boaay:”提示，要求输入密码，在此正确输入密码“bossay”后按回车键，命令被执行，在执行过程如果遇到提问，输入“y”，命令执行后就安装了 VIM 软件。

12）安装 openssh-server 服务器并启动 SSH 服务

（1）在 Ubuntu 系统中，终端工作模式下，执行如下命令安装 SSH 服务。

如图 2-60 所示,在命令行提示符 bossay@ubuntu:~ $ 的后面输入下面命令,然后按回车键,从网上下载并安装用于远程登录的服务器 openssh-server。openssh-server 是专为远程登录会话和其他网络服务提供具有安全性保障的服务器,它利用 SSH 协议,有效地防止远程管理和客户端与服务端之间传输数据过程中的信息泄露问题。

```
sudo  apt  install  openssh-server
```

```
bossay@ubuntu:~$ sudo apt install openssh-server
Reading package lists... Done
Building dependency tree
Reading state information... Done
The following packages were automatically installed and are no longer required:
  libfwupdplugin1 libllvm11 linux-headers-5.8.0-43-generic linux-hwe-5.8-headers-5.8.0-43 linux-image-5.8.0-43-generic
  linux-modules-5.8.0-43-generic linux-modules-extra-5.8.0-43-generic
Use 'sudo apt autoremove' to remove them.
The following additional packages will be installed:
  ncurses-term openssh-sftp-server ssh-import-id
Suggested packages:
  molly-guard monkeysphere ssh-askpass
The following NEW packages will be installed:
  ncurses-term openssh-server openssh-sftp-server ssh-import-id
0 upgraded, 4 newly installed, 0 to remove and 0 not upgraded.
Need to get 688 kB of archives.
After this operation, 6,010 kB of additional disk space will be used.
D              continue? [Y/n] y
G Ubuntu Software po.huaweicloud.com/ubuntu focal/main amd64 ncurses-term all 6.2-0ubuntu2 [249 kB]
Get:2 http://repo.huaweicloud.com/ubuntu focal-updates/main amd64 openssh-sftp-server amd64 1:8.2p1-4ubuntu0.5 [51.5 kB]
Get:3 http://repo.huaweicloud.com/ubuntu focal-updates/main amd64 openssh-server amd64 1:8.2p1-4ubuntu0.5 [377 kB]
Get:4 http://repo.huaweicloud.com/ubuntu focal/main amd64 ssh-import-id all 5.10-0ubuntu1 [10.0 kB]
Fetched 688 kB in 0s (6,404 kB/s)
Preconfiguring packages ...
```

图 2-60　安装用于远程登录的服务器 openssh-server

输入上述命令后,按键盘的回车键,如果出现"[sudo]password for boaay:"提示,要求输入密码,在此正确输入密码"bossay"后按回车键,命令被执行,在执行过程如果遇到提问,输入"y",命令执行完毕后就安装了 openssh-server 软件。

(2) 执行如下命令,启动 SSH 服务。

```
sudo systemctl start ssh
```

输入上述命令后,按键盘的回车键执行该命令,执行完该命令后就启动了 ssh 服务。

13) 创建共享目录 share 并对用户授权

如图 2-61 所示,在命令行提示符 bossay@ubuntu:~ $ 的后面输入下面命令,然后按回车键,在当前用户的根目录下创建共享目录 share,然后对该目录授予全部用户可读、可写、可执行的权限。

```
bossay@ubuntu:~$ sudo mkdir ~/share
bossay@ubuntu:~$ sudo chmod 777 ~/share
bossay@ubuntu:~$
```

图 2-61　创建共享目录 share 并授权

下面命令在当前用户的根目录下创建共享目录 share。

```
sudo  mkdir  ~/share
```

下面命令授予该目录全部用户可读、可写、可执行的权限。

```
sudo  chmod  777  ~/share
```

14) samba 服务器的安装与配置

samba 服务器的安装与配置分为以下 4 步。

(1) 安装 samba 服务器。

如图 2-62 所示,在命令行提示符 bossay@ubuntu:～$ 的后面输入下面命令,然后按回车键,安装 samba 服务器,安装过程中遇到提问时,输入“y”。

```
bossay@ubuntu:~$ sudo apt install samba
Reading package lists... Done
Building dependency tree
Reading state information... Done
The following packages were automatically installed and are no longer required:
  libfwupdplugin1 libllvm11 linux-headers-5.8.0-43-generic linux-hwe-5.8-headers-5.8.0-43 linux-image-5.8.0-43-generic
  x-modules-5.8.0-43-generic linux-modules-extra-5.8.0-43-generic
U   udo apt autoremove' to remove them.
The following additional packages will be installed:
  attr ibverbs-providers libcephfs2 libibverbs1 librados2 librdmacm1 python3-crypto python3-dnspython python3-gpg python3-markdown
  python3-packaging python3-pygments python3-pyparsing python3-samba python3-tdb samba-common samba-common-bin samba-dsdb-modules
  samba-vfs-modules tdb-tools
Suggested packages:
  python-markdown-doc python-pygments-doc ttf-bitstream-vera python-pyparsing-doc bind9 bind9utils ctdb ldb-tools ntp | chrony
  smbldap-tools winbind heimdal-clients
The following NEW packages will be installed:
  attr ibverbs-providers libcephfs2 libibverbs1 librados2 librdmacm1 python3-crypto python3-dnspython python3-gpg python3-markdown
  python3-packaging python3-pygments python3-pyparsing python3-samba python3-tdb samba samba-common samba-common-bin
  samba-dsdb-modules samba-vfs-modules tdb-tools
0 upgraded, 21 newly installed, 0 to remove and 0 not upgraded.
Need to get 10.2 MB of archives.
After this operation, 68.1 MB of additional disk space will be used.
Do you want to continue? [Y/n] y
Get:1 http://repo.huaweicloud.com/ubuntu focal/main amd64 python3-dnspython all 1.16.0-1build1 [89.1 kB]
```

图 2-62 安装 samba 服务器

下面命令安装 samba 服务器。

```
sudo apt install samba
```

samba 服务器既可以充当文件共享服务器,也可以充当一个 samba 的客户端,在 Linux 操作系统环境下安装 samba 服务器后,Windows 客户端就可以通过 SMB 协议共享 samba 服务器上的资源文件,同时,samba 服务器也可以访问网络中其他 Windows 系统或者 Linux 系统共享的文件。

(2) 创建 samba 服务器的用户。

如图 2-63 所示,在命令行提示符 bossay@ubuntu:～$ 的后面输入下面命令创建 samba 服务器的用户,这里是将 Ubuntu 版 Linux 操作系统虚拟机的用户 bossay 设定为 samba 服务器的一个用户。-a 后面的 bossay 为安装虚拟机时的用户名称。

```
sudo  smbpasswd  -a  bossay
```

```
bossay@ubuntu:~$ sudo smbpasswd -a  bossay
New SMB password:
Retype new SMB password:
Added user bossay.
bossay@ubuntu:~$
```

图 2-63 创建 samba 服务器的用户

执行上面命令时需要输入 samba 服务器的用户密码和确认密码,这里密码和确认密码都输入“bossay”。

(3) 修改 samba 服务器的配置文件。

如图 2-64 所示,在命令行提示符 bossay@ubuntu:～$ 的后面输入下面命令并按回车键修改 samba 服务器的配置文件 smb.conf。

```
sudo vim /etc/samba/smb.conf
```

执行上述命令时,会要求输入用户的密码,此时输入密码“bossay”,就会使用 VIM 编辑器打开 samba 服务器的配置文件 smb.conf,然后利用键盘上的“箭头”键将光标移动到文件内容的最后面,然后按下键盘的字符 a 键,将文件设为输入编辑状态,然后在文件末尾处用

```
# Uncomment to allow remote administration of Windows print drivers.
# You may need to replace 'lpadmin' with the name of the group your
# admin users are members of.
# Please note that you also need to set appropriate Unix permissions
# to the drivers directory for these users to have write rights in it
;   write list = root, @lpadmin
[share]
comment = share folder
browseable = yes
path = /home/bossay/share
create mask = 0700
directory mask = 0700
valid users = bossay
force user = bossay
force group = bossay
public = yes
available = yes
writable = yes
```

图 2-64　修改 samba 服务器的配置文件

键盘输入或者复制粘贴等方式添加如下代码(代码中的具体内容依据安装虚拟机时创建的用户名称和共享目录名称而定,如本书作者使用的用户名是 bossay,共享目录名称是 share)。

```
[share]
comment = share folder
browseable = yes
path = /home/bossay/share
create  mask = 0700
directory  mask = 0700
valid users =bossay
force user = bossay
force group = bossay
public = yes
available = yes
writable = yes
```

在文件 smb.conf 的末尾处添加完上述代码后,按一下键盘的 Esc 键,此时文件编辑处于命令输入状态,然后先按下键盘的 Shift 键,然后按下":"键输入":",然后释放 Shift 键,接着按下 w 键和 q 键,就会保存 smb.conf 文件并退出。

(4) 重启 samba 服务器。

如图 2-65 所示,在命令行提示符 bossay@ubuntu:~$ 的后面输入下面命令并按回车键。

```
service  smbd  restart
```

```
bossay@ubuntu:~$ sudo  vim  /etc/samba/smb.conf
bossay@ubuntu:~$ service  smbd  restart
bossay@ubuntu:~$ exit
```

图 2-65　重启 samba 服务器

重启 samba 服务器,此时会弹出如图 2-66 所示的身份认证对话窗口,在认证对话窗口的密码输入框中正确输入用户 bossay 的密码"bossay"(需要说明的是,这里用户 bossay 的密码也是"bossay"。当然,用户名和密码可以由用户在安装虚拟机和安装 samba 服务器时自己确定)，然后按回车键，完成 samba 服务器的重新启动。

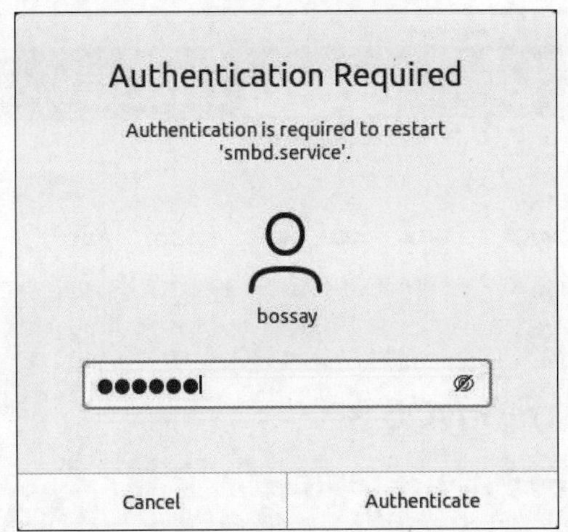

图 2-66　身份认证对话

到这里为止，配置虚拟机 Linux 操作系统命令环境、安装工具软件的工作就完成了，接下来将详细叙述如何安装配置虚拟机 Ubuntu 版 Linux 操作系统的 C 语言鸿蒙 OS 设备程序开发的编译工具——HUAWEI DevEco Device。

2.3.4　安装编译环境构建工具——HUAWEI DevEco Device

2.3.4

利用虚拟机操作系统 Ubuntu，下载 Linux 版 C 语言鸿蒙 OS 设备程序开发的编译环境构建工具 HUAWEI DevEco Device 并安装它，其步骤如下：

1）退出 Ubuntu 命令终端

如图 2-65 所示，在命令行提示符 bossay@ubuntu:～$ 的后面输入命令 exit 并按回车键，退出 Ubuntu 版 Linux 操作系统的命令终端模式，回到操作系统图形桌面。

```
bossay@ubuntu:~ $ exit
```

2）下载 HUAWEI DevEco Device Tool 3.1 Beta1 软件

打开鸿蒙操作系统官网(www.harmoyos.com)，如图 2-67 所示。单击“开发”选项，在子菜单单击“设备开发”会打开设备开发网页，如图 2-68 所示，在此页面中继续单击“开发”以及子菜单的“DevEco Device Tool”选项，会出现如图 2-69 所示的网页，继续单击此页面左下侧的“立即下载”按钮，出现如图 2-70 所示的网页(注意：随着华为公司对 DevEco Device Tool 版本的更新，在如图 2-70 所示的网页中出现的 DevEco Device Tool 版本会发生变化，这时应该到该网站的历史版本中找到文件 devicetool-linux-tool-3.1.0.300.zip 并下载，切不可下载其他版本，否则会造成搭建编译环境的失败)。

3）下载安装软件

在如图 2-70 所示的鸿蒙操作系统设备开发官网上，单击网页下方的 Linux(64-bit)平台所需的 HUAWEI DevEco Device Tool 安装软件的压缩文件 devicetool-linux-tool-3.1.0.300.zip 右侧的下载按钮⬇，弹出“HUAWEI DevEco Device Tool 使用协议”窗口如图 2-71 所示。

图 2-67　鸿蒙 OS 官网

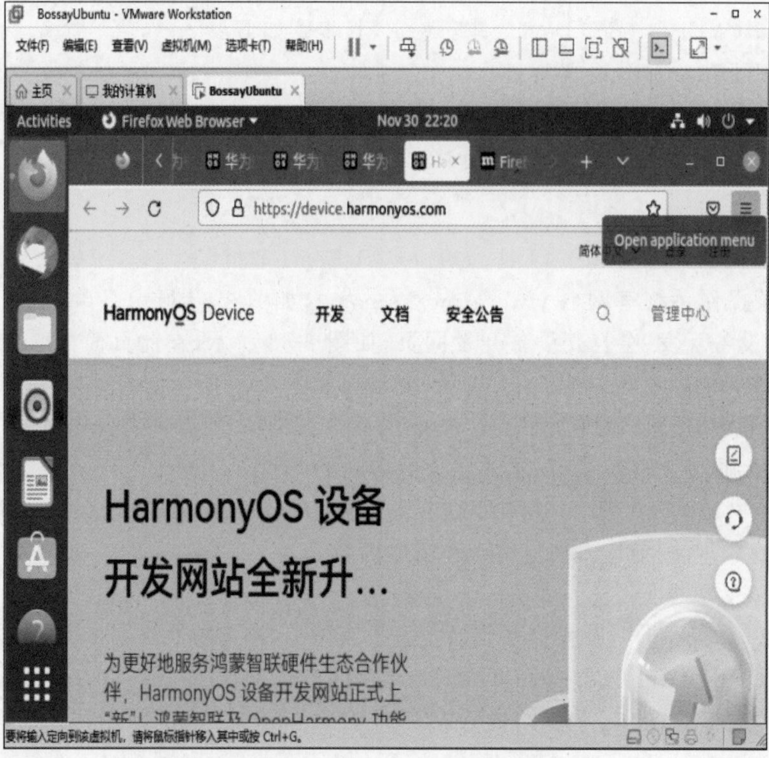

图 2-68　鸿蒙 OS 设备开发网页

图 2-69　HUAWEI DevEco Device Tool 网页

图 2-70　HUAWEI DevEco Device Tool Beta1

图 2-71 HUAWEI DevEco Device Tool 使用协议

在如图 2-71 所示的页面中，勾选该页面左下侧的"我已阅读并同意 HUAWEI DevEco Device Tool 使用协议"前面的复选框，表示接受协议条款，然后单击该网页中的"同意"按钮，出现如图 2-72 所示的下载 devicetool-linux-tool-3.1.0.300.zip 的进度窗口。

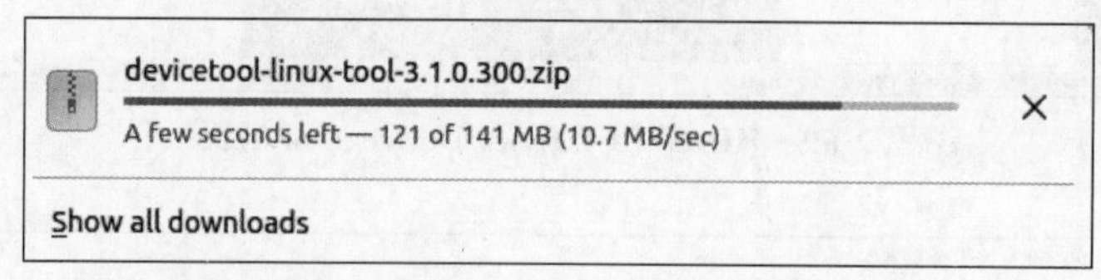

图 2-72 下载 devicetool-linux-tool-3.1.0.300.zip

4）进入 Ubuntu 命令终端模式，转到 Downloads 目录

进入 Ubuntu 操作系统桌面，按 Ctrl＋Alt＋T 快捷键，进入 Ubuntu 的命令终端模式，然后如图 2-73 所示执行下述命令。

在命令提示符 bossay@ubuntu:～$ 的后面输入下面命令，进入保存下载的 devicetool-linux-tool-3.1.0.300.zip 文件的 Downloads 目录下。

```
bossay@ubuntu:~$cd  Downloads
```

进入 Downloads 目录后可用 ls -l 命令检查下载的文件 devicetool-linux-tool-3.1.0.300.zip。

```
bossay@ubuntu:/Downloads~$ls  -l
```

5）安装 devicetool-linux-tool-3.1.0.300.zip 软件包

安装 devicetool-linux-tool-3.1.0.300.zip 软件包的步骤可分为以下 3 步，执行的命令如图 2-73 所示。

（1）解压 DevEco Device Tool 软件压缩包。

进入 DevEco Device Tool 软件压缩包所保存的目录，对软件包 devicetool-linux-tool-3.1.0.300.zip 进行解压，具体解压的文件名要由实际下载的文件名来决定，执行解压的命令如下。

```
bossay@ubuntu: ~/Downloads
bossay@ubuntu:~$ cd Downloads
bossay@ubuntu:~/Downloads$ ls -l
total 144120
-rw-rw-r-- 1 bossay bossay 147575989 Dec  6 22:55 devicetool-linux-tool-3.1.0.300.zip
bossay@ubuntu:~/Downloads$ unzip  devicetool-linux-tool-3.1.0.300.zip
Archive:  devicetool-linux-tool-3.1.0.300.zip
  inflating: devicetool-linux-tool-3.1.0.300.sh
bossay@ubuntu:~/Downloads$ chmod  u+x  devicetool-linux-tool-3.1.0.300.sh
bossay@ubuntu:~/Downloads$ sudo  ./devicetool-linux-tool-3.1.0.300.sh
[sudo] password for bossay:
```

图 2-73 第 5 步安装软件包执行的命令

```
unzip  devicetool-linux-tool-3.1.0.300.zip
```

将压缩文件 devicetool-linux-tool-3.1.0.300.zip 解压缩后，会在 Downloads 文件夹下得到解压缩后的文件 devicetool-linux-tool-3.1.0.300.sh。

(2) 赋予解压后的文件可执行权限。

执行如下命令对文件 devicetool-linux-tool-3.1.0.300.sh 赋予可执行权限。

```
chmod  u+x  devicetool-linux-tool-3.1.0.300.sh
```

(3) 安装 DevEco Device Tool。

执行如下命令，安装 DevEco Device Tool。

```
sudo  ./devicetool-linux-tool-3.1.0.300.sh
```

执行该命令时，要求输入用户的密码，正确输入密码“bossay”并按回车键后，出现如图 2-74 所示的协议提示窗口，此窗口是用户协议和隐私声明签署界面，请详细阅读用户协议和隐私声明，需签署同意用户协议和隐私声明才能进行下一步的安装，可通过键盘的上下按键进行选择。移动选择第 1 项“I agree to sign the user agreement and privacy statement”，然后按下回车键继续安装，直到出现“DevEco Device Tool successfully installed”时，表示 DevEco Device Tool 安装成功。

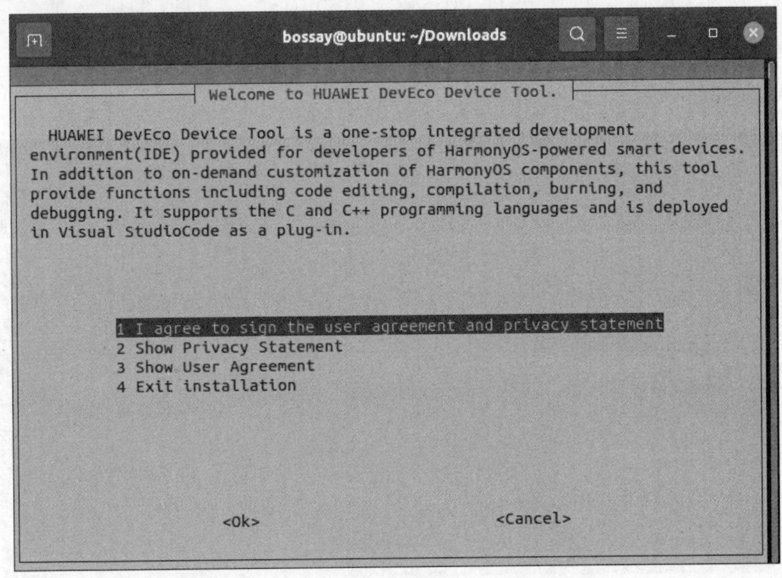

图 2-74 用户协议和隐私声明签署界面

6）建立 Python 的软连接

因为在编译 C 语言鸿蒙 OS 程序时，需要用到 Python，而安装的 Python 程序的名字是 python3，所以需要执行下面的命令给 python3 建立一个名字为 python 的软连接，相当于给 python3 创建了一个名字为 python 的快捷方式。

```
bossay@ubuntu:~$sudo  ln  -s  /usr/bin/python3  /usr/bin/python
```

建立 Python 的软连接的操作如图 2-75 所示。

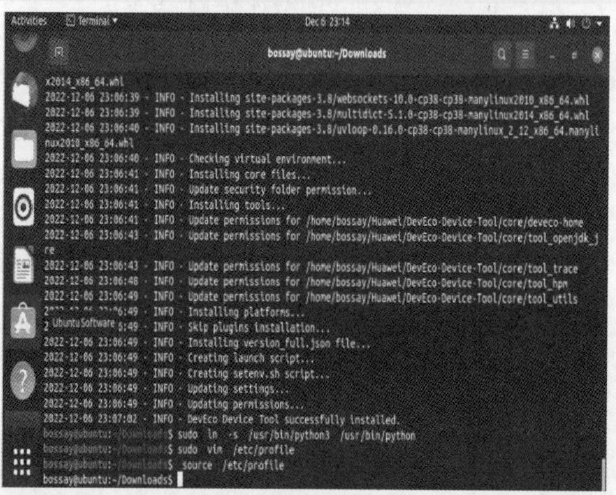

图 2-75　建立 Python 连接

7）给编译程序 riscv32-unknown-elf-gcc 设置路径

在编译 C 语言鸿蒙 OS 设备程序时，需要使用程序 riscv32-unknown-elf-gcc.exe 进行编译，为了让计算机知道该编译程序的存储位置，从而在编译时找到和使用它编译程序，就必须给它设置路径。设置方法如下。

如图 2-76 所示，在命令行提示符 bossay@ubuntu:～$ 的后面输入命令“sudo vim /etc/profile”并按回车键打开和编辑、修改 Ubuntu 操作系统的配置文件 profile。

```
bossay@ubuntu:~$sudo  vim  /etc/profile
```

```
# /etc/profile: system-wide .profile file for the Bourne shell (sh(1))
# and Bourne compatible shells (bash(1), ksh(1), ash(1), ...).

if [ "${PS1-}" ]; then
  if [ "${BASH-}" ] && [ "$BASH" != "/bin/sh" ]; then
    # The file bash.bashrc already sets the default PS1.
    # PS1='\h:\w\$ '
    if [ -f /etc/bash.bashrc ]; then
      . /etc/bash.bashrc
    fi
  else
    if [ "`id -u`" -eq 0 ]; then
      PS1='# '
    else
      PS1='$ '
    fi
  fi
fi

if [ -d /etc/profile.d ]; then
  for i in /etc/profile.d/*.sh; do
    if [ -r $i ]; then
      . $i
    fi
  done
  unset i
fi
export PATH=/home/bossay/.deveco-device-tool/tool_chains/compilers/riscv32-unknown-elf-gcc/7.3.0/gcc_riscv32/bin:$PATH
```

图 2-76　环境配置文件 profile

执行上述命令，使用 VIM 编辑器打开配置文件 profile 如图 2-76 所示。首先，利用键盘上的方向键将光标移动到文件内容的最后一个字符；接着，按下 A 键，将文件设为追加输入编辑状态；然后，按一下回车键，在 profile 文件的最后添加一空白行；最后，在 profile 文件的最后的空白行添加如下代码（添加的代码行用来设置 riscv32-unknown-elf-gcc 路径）。

```
export  PATH=/home/bossay/.deveco-device-tool/tool_chains/compilers/riscv32
-unknown-elf-gcc/7.3.0/gcc_riscv32/bin:$PATH
```

添加上述代码后环境配置文件 profile 的内容如图 2-76 所示。

保存 profile 文件并退出，执行命令“source /etc/profile”使上边的路径设置起作用。

```
bossay@ubuntu:~$  source  /etc/profile
```

到这里为止，C 语言鸿蒙 OS 设备程序开发虚拟机的操作系统环境和编译环境就已经准备好了，接下来要准备的是 Windows 工作台的 C 语言鸿蒙 OS 设备程序开发集成环境。

2.4　安装 Windows 工作台 C 语言鸿蒙 OS 设备程序开发环境

注意：在安装配置 Windows 工作台 C 语言鸿蒙 OS 设备程序开发集成开发环境的整个过程中，要确保虚拟机 BossayUbuntu 处于开机状态。

Windows 工作台的 C 语言鸿蒙 OS 设备程序开发集成开发环境由 C 语言编辑软件（VS Code）、C 语言鸿蒙 OS 设备程序开发集成开发环境构建软件（DevEco Device Tool）、Python 软件、远程连接服务软件（Remote SSH）4 个软件构成，其中，DevEco Device Tool 软件和 Remote SSH 软件是 VS Code 软件的插件。除了上述 4 个软件外，还需要鸿蒙 OS 源码和设备开发套件支持源码。因此，在 Windows 工作台上安装和配置 C 语言鸿蒙 OS 设备程序开发的集成开发环境，需要完成下列 6 项工作。

（1）安装 VS Code C 语言编辑软件。

（2）安装 C 语言鸿蒙 OS 设备程序开发的集成开发环境构建插件：DevEco Device Tool（Windows 版）。

（3）安装 Python 软件。

（4）在 VS Code 中安装 Remote SSH 软件并通过它建立 VS Code 和 Ubuntu 版 Linux 虚拟机编译环境的连接。

（5）下载鸿蒙 OS 源码。

（6）下载支持 Bossay 开发套件的源码并进行系统配置。

需要说明的是，在完成上述 6 项工作的过程中，需要满足下列两个条件。

第一：在整个工作过程中，要保持网络畅通，确保计算机要连通互联网，因为需要从网上下载软件。

第二：要保持虚拟机 BossayUbuntu 处于正常运行状态，不能将其关闭。

下面将分别介绍上述 6 项工作的步骤和方法。

2.4.1 Visual Studio Code 简介

Visual Studio Code 是 Microsoft 在 2015 年 4 月 30 日 Build 开发者大会上,正式宣布的一个运行于 Mac OS X、Windows 和 Linux 之上的,针对编写现代 Web 和云应用的跨平台源代码编辑器,可在桌面上运行。它具有对 JavaScript、TypeScript 和 Node.js 的内置支持,并具有丰富的其他语言(例如 C++、C#、Java、Python、PHP、Go)和运行时(例如.NET 和 Unity)扩展的生态系统。

Visual Studio Code 提供了丰富的快捷键。用户可通过快捷键"Ctrl+K+S"调出快捷键面板,查看全部的快捷键定义。也可在面板中双击任一快捷键,为某项功能指定新的快捷键。一些预定义的常用快捷键包括:格式化文档(整理当前视图中的全部代码),"Shift+Alt+F";格式化选定内容(整理当前视图中被选定部分代码),"Ctrl+K+F";放大视图,"Ctrl+Shift+=";缩小视图,"Ctrl+Shift+-";打开新的外部终端(打开新的命令行提示符),"Ctrl+Shift+C"。

该编辑器支持多种语言和文件格式的编写,截至 2019 年 9 月,已经支持了如下 37 种语言或文件:F#、HandleBars、Markdown、Python、Java、PHP、Haxe、Ruby、Sass、Rust、PowerShell、Groovy、R、Makefile、HTML、JSON、TypeScript、Batch、Visual Basic、Swift、Less、SQL、XML、Lua、Go、C、C++、Ini、Razor、Clojure、C#、Objective-C、CSS、JavaScript、Perl、Coffee Script、Dockerfile。

Visual Studio Code 是微软公司向开发者们提供的一款真正的跨平台编辑器,该编辑器也集成了所有现代编辑器应该具备的特性,包括语法高亮(syntax highlighting)、可定制的热键绑定(customizable keyboard bindings)、括号匹配(bracket matching)以及代码片段收集(snippets)。这款编辑器也拥有对 Git 的开箱即用的支持。

尽管 C 语言开发工具比较多,其实使用起来大同小异,学会一种,其余的可以无师自通。因为 Visual Studio Code 具备良好的跨平台能力,所以选择它作为本书 C 语言鸿蒙 OS 设备程序开发的工具。

2.4.2

2.4.2 安装 DevEco Device Tool、VS Code、Python 软件

DevEco Device Tool 软件、VS Code 软件和 Python 软件可以单独安装,也可以同时安装。本节采用的方法是同时安装,步骤和方法如下。

1) 进入 Windows 操作系统

单击虚拟机 VMware Workstation 右上角的最小化按钮,将虚拟机 BossayUbuntu 最小化,回到 Windows 操作系统图形桌面。如果当前处于 Windows 操作系统,则略过此步,但要确保虚拟机 BossayUbuntu 处于开机状态。

2) 下载 Windows 版 HUAWEI DevEco Device Tool 软件

登录鸿蒙的官方网站,在如图 2-77 所示的鸿蒙 OS 设备开发网页上,单击网页下方的 devicetool-windows-tool-3.1.0.300.zip 右侧的下载按钮⤓。读者可以设置自己的下载文件保存路径,笔者设置下载文件的保存路径是:D:\HarmoyOS C SETTUP\Windows Workstation Setup。

图 2-77　**HUAWEI DevEco Device Tool** 下载网页

3）解压安装软件包

进入 D:\HarmoyOS C SETTUP\Windows Workstation Setup 文件夹，找到下载的 devicetool-windows-tool-3.1.0.300.zip 压缩文件，然后双击它，将该压缩文件解压，在文件夹 devicetool-windows-tool-3.1.0.300 下面得到解压缩后的文件 devicetool-windows-tool-3.1.0.300.exe，如图 2-78 所示。

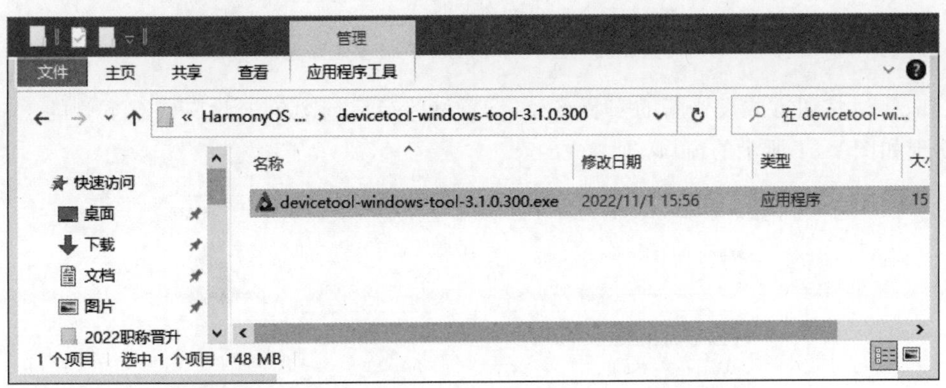

图 2-78　下载的 **HUAWEI DevEco Device Tool** 压缩文件

4）运行安装软件

双击 devicetool-windows-tool-3.1.0.300.exe 运行这个安装程序，出现如图 2-79 所示的 DevEco Device Tool 安装向导窗口。继续单击此窗口右下角的 Next 按钮，出现如图 2-80 所示的窗口。

5）设置 DevEco Device Tool 软件的安装路径

图 2-80 所示的窗口用来设置 DevEco Device Tool 软件的安装路径，在此可以保持安装路径 C:\Program Files\Huawei\DevEco-Device-Tool 不变，也可以通过键盘输入方式或者

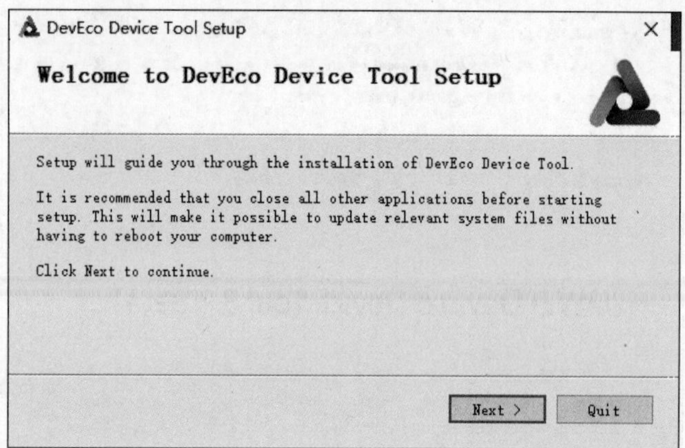

图 2-79 HUAWEI DevEco Device Tool 安装向导

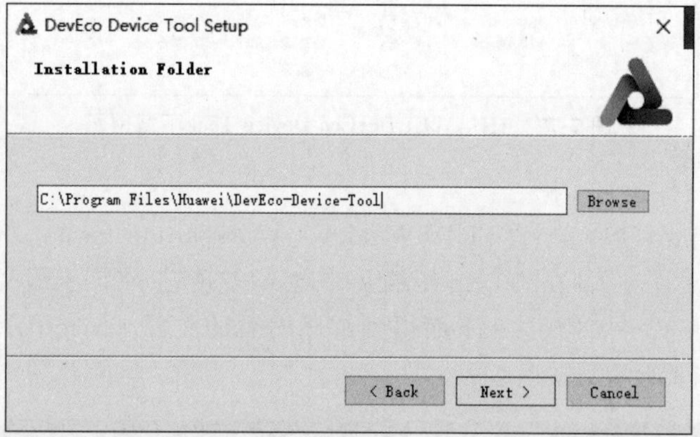

图 2-80 DevEco Device Tool 安装路径

使用 Browse 按钮方式设置新的安装路径，设置好路径后继续单击此窗口右下侧的 Next 按钮，出现如图 2-81 所示的窗口。

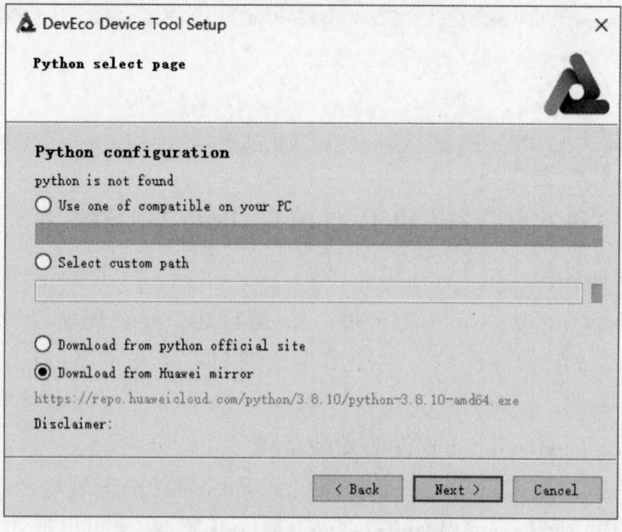

图 2-81 设置 python 下载的网站

6）设置下载Python软件的网站

图2-81所示的窗口用来选择下载的Python网站。在安装DevEco Device Tool软件的同时，安装程序也会同时查询当前Windows工作台上是否已经安装了Python软件，如果没有安装Python的话，会在安装DevEco Device Tool软件的同时从网络上下载和安装Python软件，该窗口就是让用户选择从哪个网站下载Python安装软件，这里单击选中"Download from Huawei mirror"，选择从华为的镜像网站下载Python并安装它，选好后单击窗口右下侧的Next按钮，继续下一步。

7）判断是否需要同时安装VS Code软件

安装程序执行到这一步的时候，会自动寻找当前Windows工作台上是否已经安装过VS Code软件，如果当前计算机没有安装VS Code软件，就会出现如图2-82所示窗口，在此窗口勾选窗口中部的文本标签Install VS Code 1.66.2 automatically复选框，表示同时安装VS Code软件，然后单击此窗口右下侧的Next按钮，出现如图2-83所示的窗口，执行下一步。如果当前Windows工作台上已经安装了VS Code软件，就会出现如图2-84所示窗口，跳过第8步直接执行第9步即可。

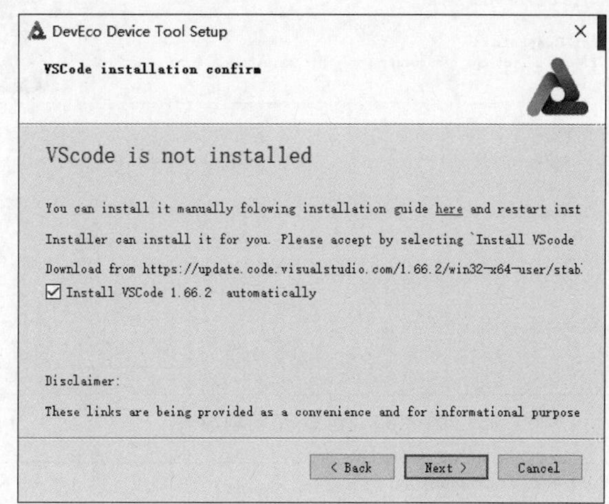

图2-82 选择安装 Visual Studio Code

8）设置VS Code软件的安装路径

图2-83所示的窗口用来给用户设置VS Code软件的安装路径，在此可以保持安装路径C:\Users\Administrator\AppData\Local\Programs\Microsoft VS Code不变，也可以通过键盘输入方式或者使用Browse按钮方式设置新的安装路径，设置好路径后单击勾选文本标签Create Visual Studio Code Desktop Shortcut前面的复选框用以创建VS Code的Windows桌面快捷方式，然后用鼠标左键按下Next按钮，继续下一步，出现如图2-84所示的窗口。

9）选择安装那些软件

图2-84所示的窗口用来选择安装哪些软件，窗口左侧列表可以看到Proxy、Python3.8.10、VS Code v1.66.2等文本标签前面的复选框都已勾选，表明在安装DevEco Device Tool软件的同时，也会同时安装Proxy、Python、VS Code软件，此时单击窗口右下侧的Next按钮，继续下一步，出现如图2-85所示的窗口。

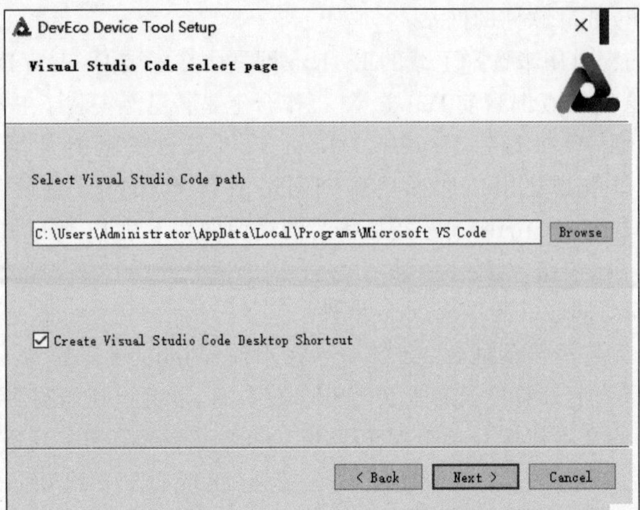

图 2-83　Visual Studio Code 安装路径

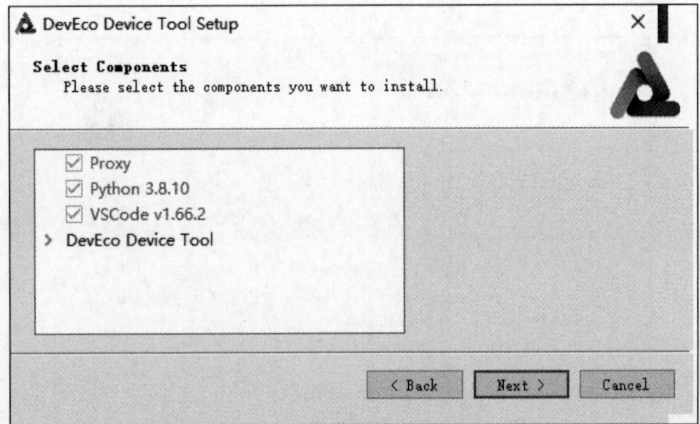

图 2-84　选择安装的软件

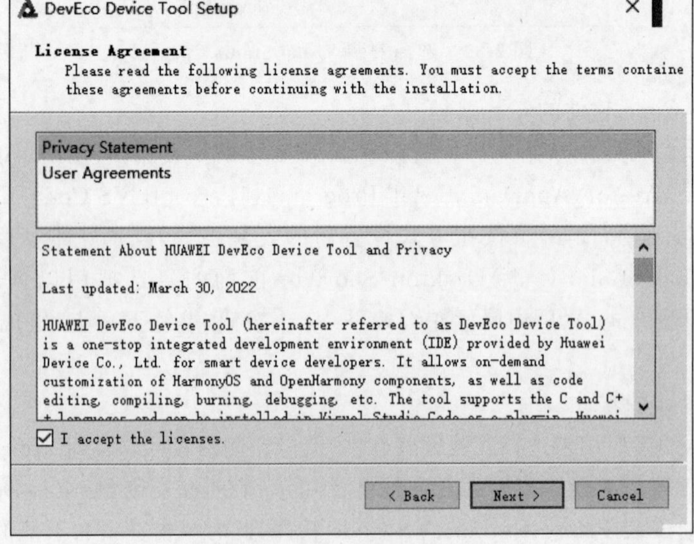

图 2-85　许可协议

10）接受许可协议

图 2-85 所示的窗口用来选择是否接受安装软件的许可协议，勾选文本标签“I accept the licenses”前面的复选框，表示接受许可协议，然后单击窗口右下侧的 Next 按钮，如果计算机安装有防火墙，此时会弹出一个提问窗口，提问“你要允许此应用对你的设备进行更改吗?”，在此回答“是”，接着会出现如图 2-86 所示的窗口。

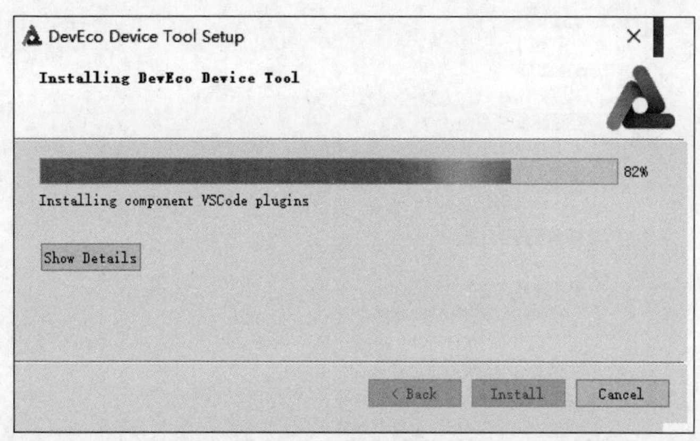

图 2-86　安装进度指示

11）完成程序安装

图 2-86 所示的窗口用来指示安装的进度，表示正在下载安装程序并且将安装内容复制安装到前面已经设定好的安装路径，继续等待 DevEco Device Tool 安装向导自动安装选定的安装软件，直至安装完成，出现如图 2-87 所示的窗口，表明程序安装完毕。单击 Finish，关闭 DevEco Device Tool 安装向导，在 Windows 桌面上会出现 Visual Studio Code（VS Code）程序的快捷方式图标。

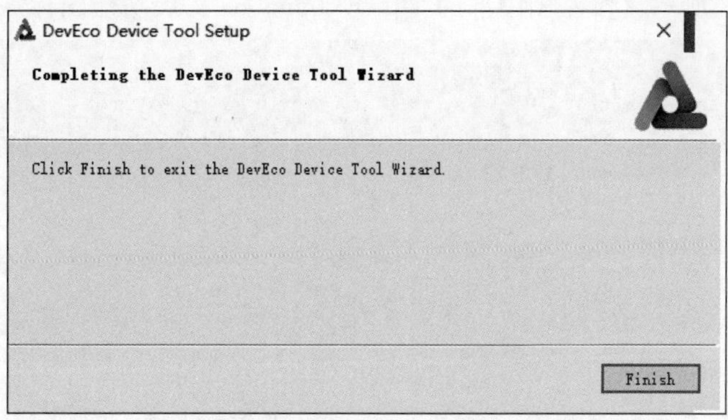

图 2-87　DevEco Device Tool 安装完毕

到此 DevEco Device Tool、Visual Studio Code 和 Python 三个软件安装完毕，下一节将介绍如何安装配置 Visual Studio Code 的中文环境。

2.4.3　在 VS Code 中安装配置中文环境

2.4.3

在 VS Code 中安装中文插件，目的是将 VS Code 软件的操作界面由英文变成中文，便于初学者使用。其方法和步骤如下。

1）启动运行 VS Code 软件

在 Windows 操作系统桌面上找到 Visual Studio Code 快捷图标，双击运行 VS Code 程序如图 2-88 所示，可以看到 VS Code 程序的操作界面是英文，图中标出了 VS Code 程序左侧列表各个图标按钮的名称。

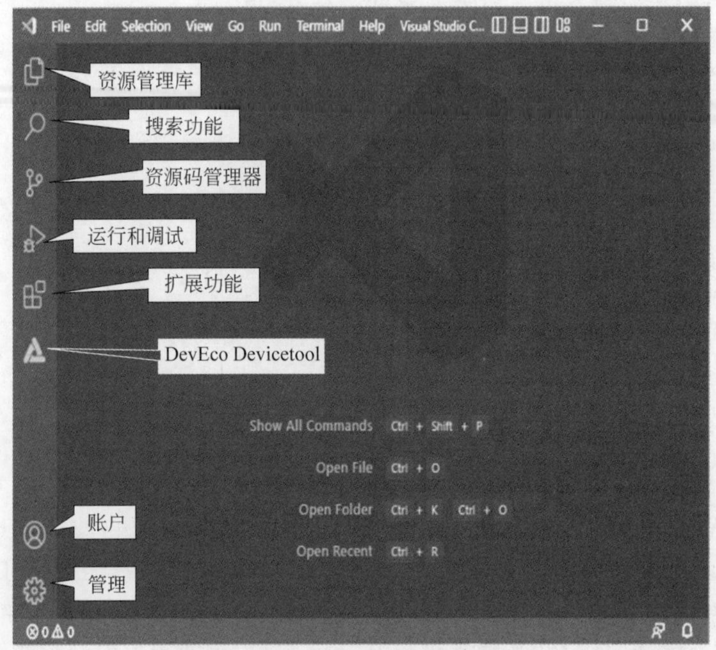

图 2-88 VS Code 程序主窗口

2）使用扩展功能搜索并安装中文插件

单击如图 2-88 所示窗口左侧中部的"![]"(Extensions 扩展功能图标)，出现如图 2-89 所

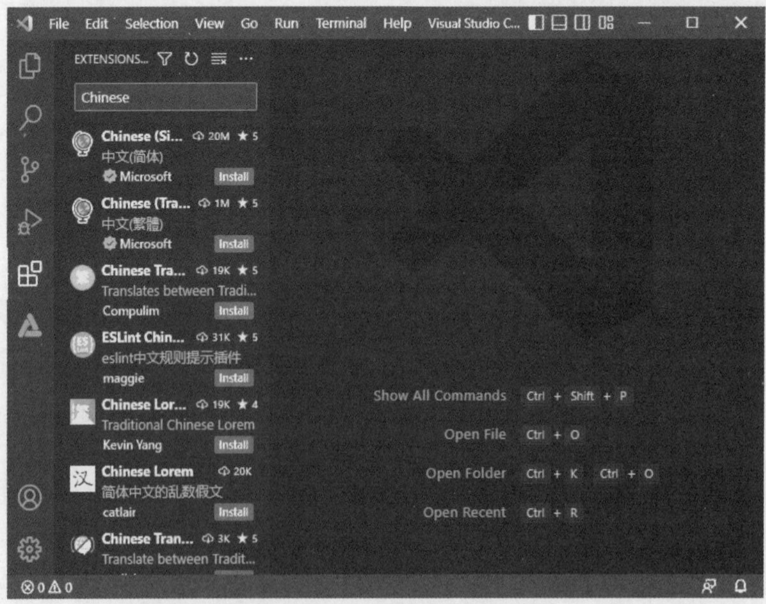

图 2-89 通过扩展搜索中文插件

示的窗口，在窗口左上部显示有 Search Extensions in Marketplace 的文本编辑框中输入"Chinese"，会在其下面出现"Chinese(simplified)(简体中文)"插件。单击其右下侧的"Install"按钮，就会下载中文插件并安装，安装完毕后出现如图 2-90 所示的已经安装好中文简体版插件的窗口。

图 2-90　安装中文插件后

3）重新启动进入中文操作界面

在如图 2-90 所示的窗口右下角，找到"In order to use VS Code in Chinese Simplified, VS Code needs to restart"信息，单击此信息下方的 Restart 按钮，重新启动 VS Code 后出现 VS Code 中文界面如图 2-91 所示，表示 VS Code 中文环境配置成功。

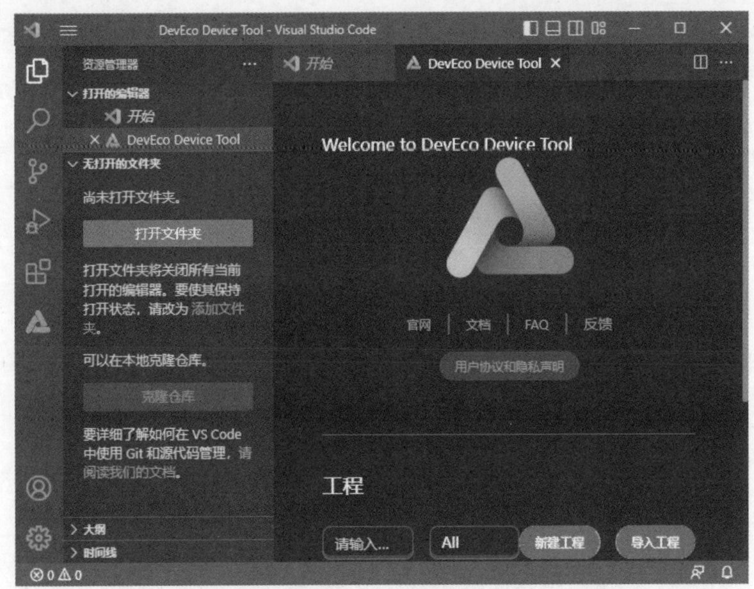

图 2-91　VS Code 中文界面

VS Code 中文环境配置好后,下一节将介绍如何在 VS Code 中安装 SSH 插件,配置 Windows 工作台远程访问虚拟机的 Ubuntu 版 Linux 操作系统环境。

2.4.4

2.4.4 在 VS Code 中安装 SSH 插件

C 语言鸿蒙 OS 设备开发程序在 Windows 工作台的 VS Code 软件中进行编辑,在虚拟机 Ubuntu 版 Linux 编译环境进行编译,因此必须实现 Windows 工作台 VS Code 软件远程访问虚拟机 Ubuntu 版 Linux 编译环境的功能,这个功能就靠“SSH”插件来实现。本节就介绍如何安装 VS Code 的 SSH 插件并对其进行配置,如何利用这个 SSH 插件实现 VS Code 软件和 C 语言鸿蒙 OS 设备程序编译环境的连接,通过这个连接可以在 VS Code 中,直接利用虚拟机中安装的 C 语言鸿蒙 OS 设备程序编译环境,来编译 C 语言源程序,将 C 语言源程序代码编译成可在鸿蒙 OS 支持下能在设备上运行的可执行代码。安装配置 SSH 插件的步骤和方法如下。

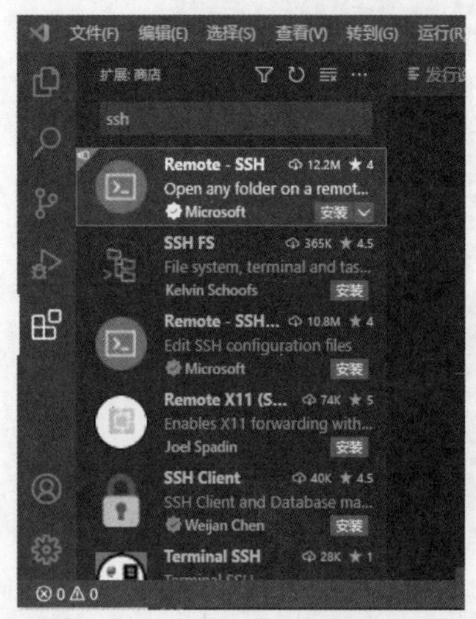

图 2-92 VS Code 扩展中搜索安装 ssh

1) 启动运行 VS Code 软件

如果 VS Code 软件已经启动运行,则省略这一步,否则双击 Windows 操作系统桌面上“Visual Studio Code”程序的快捷方式图标,启动 VS Code 程序。

2) 在 VS Code 中搜索和安装 Remote SSH 插件

在如图 2-91 所示的窗口中,单击该窗口左侧中部的(“Extensions”扩展图标),出现如图 2-92 所示的窗口。在此窗口左上部出现显示“在应用商店中搜索扩展”的单行文本编辑框,在此文本框中用键盘输入文本“ssh”,在文本框下方搜索到“Remote SSH”安装程序,然后单击“Remote SSH”右下角的“安装”按钮开始安装,出现“正在安装”文字,等“正在安装”文字消失后表明“Remote SSH”安装完毕如图 2-93 所示(注:有的 VS Code 版本也会显示“已安装”提示)。

图 2-93 VS Code 成功安装 SSH

3）进入虚拟机 Ubuntu 环境，查找用于建立连接的虚拟机用户名称和主机 IP 地址

要建立这个连接，必须首先要使虚拟机和 Ubuntu 版 Linux 操作系统处于运行状态，还必须要知道虚拟机的用户名称和虚拟机的主机地址（主机 IP 地址）。在前面安装中设置的虚拟机的用户名称是 bossay。要查询虚拟机的主机地址，操作如下。

在 Windows 桌面最下方的状态栏中，找到被隐藏的、最小化的虚拟机程序图标，双击图标使虚拟机最大化显示如图 2-94 所示，然后单击虚拟机的操作系统桌面使其显示 Ubuntu 登录界面，再单击用户名称"bossay"，出现 bossay 用户登录密码输入框，在输入框中输入密码"bossay"，密码输入正确后按回车键以 bossay 用户身份登录虚拟机，进入 Ubuntu 操作系统图形桌面。此后按下 Ctrl＋Alt＋T 快捷键进入操作系统的 bossay 用户的终端界面，然后在命令提示符 bossay@ubuntu：～＄的后面输入命令 ifconfig 如图 2-95 所示。

```
bossay@ubuntu:~$ifconfig
```

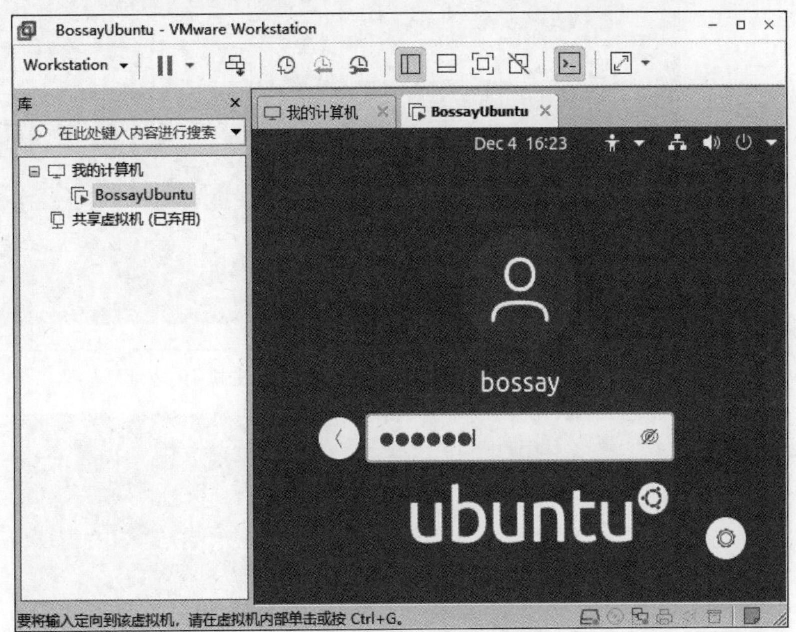

图 2-94　虚拟机登录界面

输入上述命令后按回车键，从命令执行后显示的信息中，可以查询到虚拟机的主机地址是 192.168.249.128。当然，不同的虚拟机，其地址可能不一样，这一点必须引起高度重视，因为只有使用正确的虚拟机主机地址，才能建立 Windows 工作台 VS Code 程序和虚拟机的 SSH 连接。

4）打开 VS Code，使用 SSH 设置 Windows 工作台 VS Code 程序和虚拟机的连接

知道了虚拟机的用户名称和主机地址后，就可以用它们来设置 Windows 工作台 VS Code 程序和虚拟机的连接，方法如下。

首先，单击虚拟机右上角的"-"，将虚拟机程序最小化；然后在保持虚拟机运行的前提下，将程序切换到 Windows 工作台的 VS Code 程序，单击 VS Code 程序窗口左侧中部的"远程资源管理器"按钮，出现远程资源管理器如图 2-96 所示；接着，将鼠标移动到"远程资源管理器"下方的"SSH"上后会在它的右方出现新增远程访问目标图标按钮"＋"号，此时单击

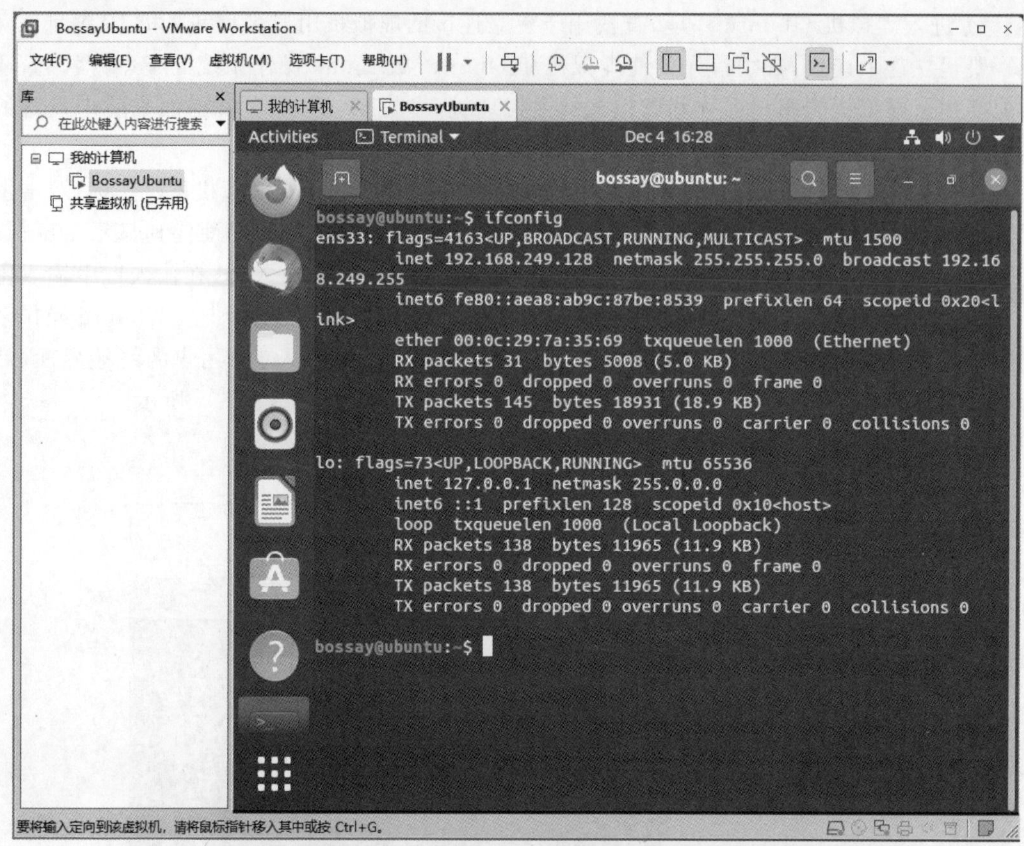

图 2-95　虚拟机 BossayUbuntu 的主机地址(主机 IP 地址)

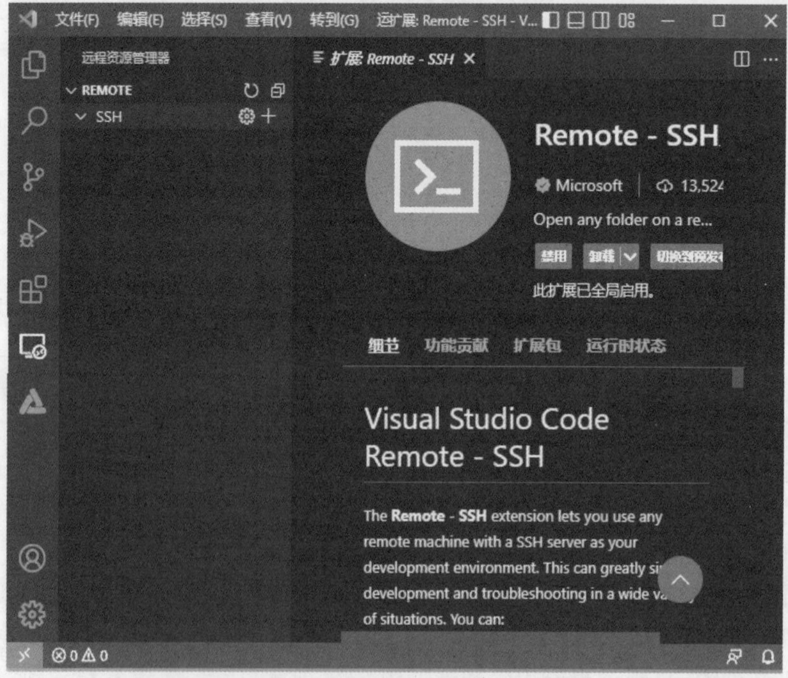

图 2-96　添加 VS Code 远程资源连接

“+”号，出现“Enter SSH Connection Command”文本标签，在它下方出现文本输入框，其中显示有“ssh hello@microsoft.com -A”文本，该文本实际上是提示用户要输入命令的格式。如图 2-97 所示，按照命令格式规范，用键盘在文本输入框输入建立 Windows 工作台 VS Code 软件和虚拟机连接的如下命令。

```
ssh  bossay@192.168.249.128  -A
```

输入完上述命令后，按回车键确认，出现如图 2-98 所示的窗口。

注意：需要说明的是，上述连接命令是与本书配套的虚拟机以及所安装的 Ubuntu 环境相适应的，如果安装的虚拟机用户名称和虚拟机的地址与此不同，上述命令中的用户名和虚拟机的地址也要随之发生改变。

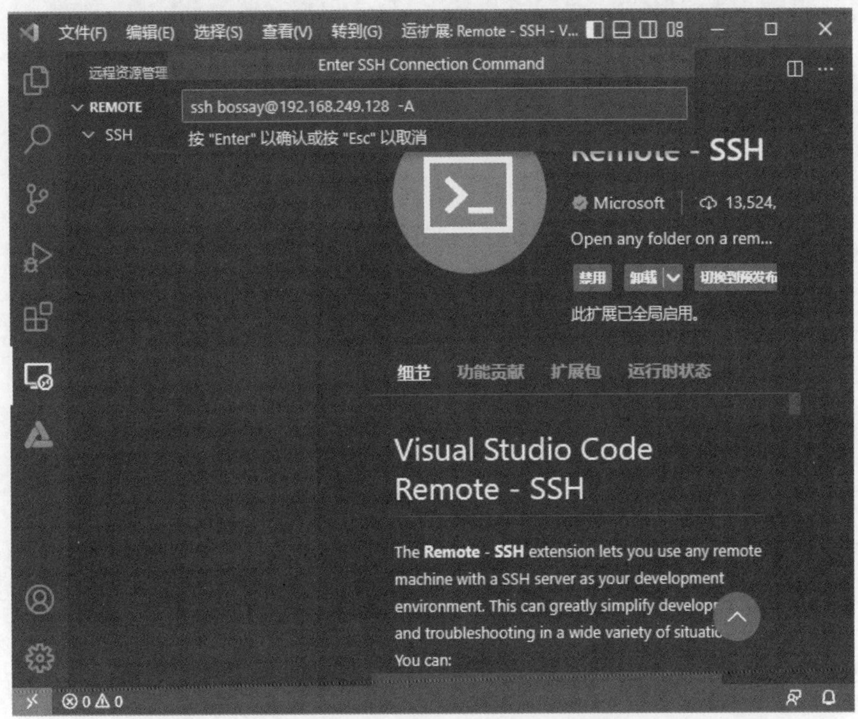

图 2-97　添加 VS Code 远程资源命令

文件(F) 编辑(E) 选择(S) 查看(V) 转到(G) 运行(R) 终端(T) 帮助(H) config - Visual
远程资源管理器
SSH TARGETS
No SSH hosts ha
yet. Get started w
the help view.
Select SSH configuration file to update
C:\Users\Administrator\.ssh\config
C:\ProgramData\ssh\ssh_config
Settings specify a custom configuration file
Help about SSH configuration files

图 2-98　选择保存连接数据的配置文件

5）保存SSH连接配置数据到config配置文件

接下来要将连接配置数据保存到config文件，在如图2-98所示的窗口中，在文本输入框的下方显示了可以保存连接配置数据的文件列表，默认保存连接配置数据的文件是蓝色背景白色文字显示的C:\Users\Administrator\ssh\config，此时可以使用键盘的方向键选择将连接配置数据保存到列表中的其他文件，也可以直接按回车键或者单击“C:\Users\Administrator\ssh\config”，这里直接按回车键将连接配置数据保存到默认的文件C:\Users\Administrator\ssh\config中，接着出现如图2-99所示的窗口。

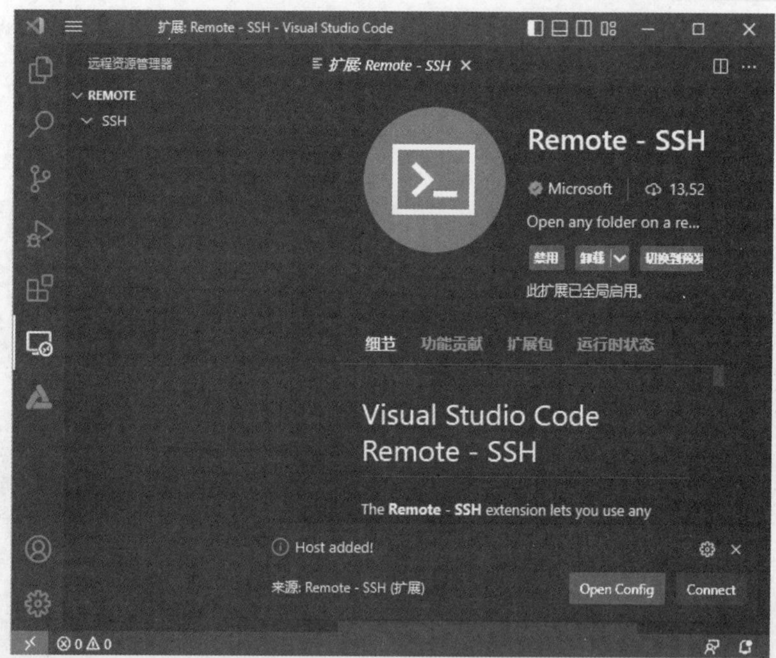

图2-99　使用Connect建立连接

6）使用SSH Connect功能创建Windows工作台VS Code程序和虚拟机的连接

在如图2-99所示的窗口右下部找到Connect连接按钮，通过Connect按钮创建Windows工作台VS Code到虚拟机的连接，方法是单击Connect按钮后，再单击窗口左侧中部偏下的“远程资源管理器”按钮，此时窗口如图2-100所示，然后单击一下窗口左上部的“SSH”，其下面出现“192.168.249.128”的连接标识，此时窗口如图2-101所示，到此已经做好了连接准备。

7）打开Windows工作台VS Code程序和虚拟机的连接

接下来要打开Windows工作台到虚拟机Ubuntu主机“192.168.249.128”的连接，方法如图2-102所示，右击“192.168.249.128”这个连接标识，在其右下方弹出两项连接方式，其中“Connect to Host in Current Window”表示是通过当前窗口连接到虚拟机；“Connect to Host in New Window”表示是通过一个新建立的窗口连接到虚拟机。可以在这两项中任意选择一种方式来建立连接，这里单击选中“Connect to Host in Current Window”，出现如图2-103所示的窗口，窗口文本框中出现“Are you sure you want to continue”询问是否继续，此时单击文本框下面的Continue，选择连接到Linux，然后继续，出现如图2-104所示的

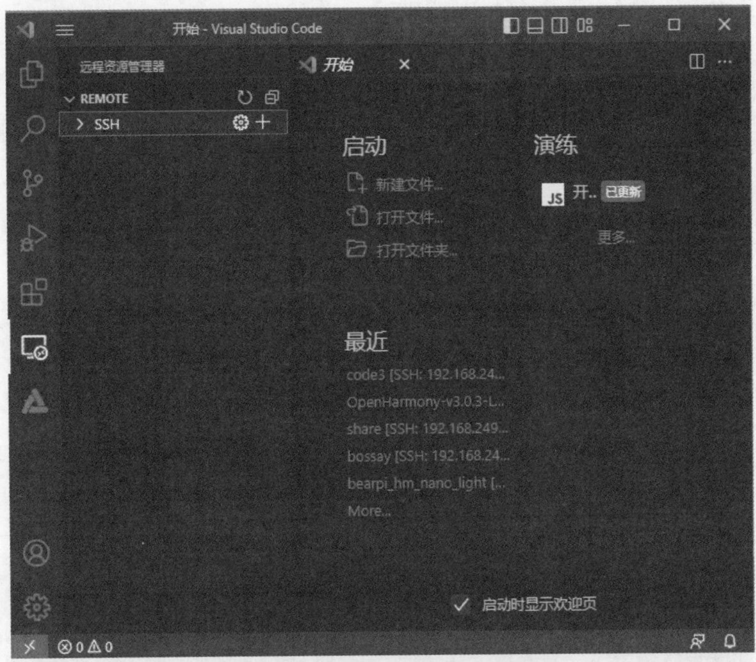

图 2-100　安装并建立了 SSH 连接

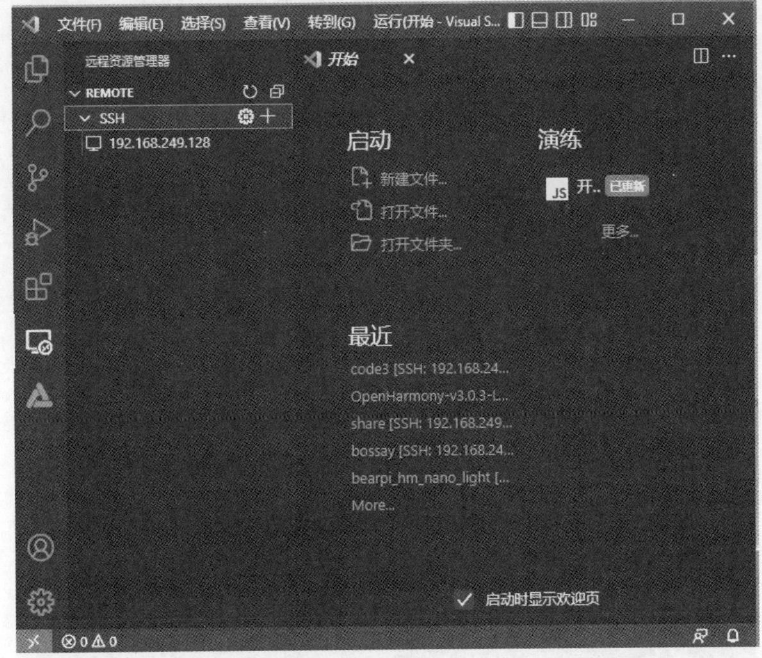

图 2-101　准备好到 192.168.249.129 主机的 SSH 连接

bossay 用户密码输入窗口，在此输入用户 bossay 的密码“bossay”，输入的密码隐藏显示为点，确保密码输入正确后按回车键，在窗口左下角绿色框内出现“正在打开远程…”的提示信息，等一会出现如图 2-105 所示的窗口，窗口左下角绿色框内出现“SSH:192.168.249.128”，表示以 bossay 用户的身份从 Windows 工作台远程登录到虚拟机 Ubuntu 主机“192.168.

249.128",建立了 Windows 工作台和虚拟机的连接。

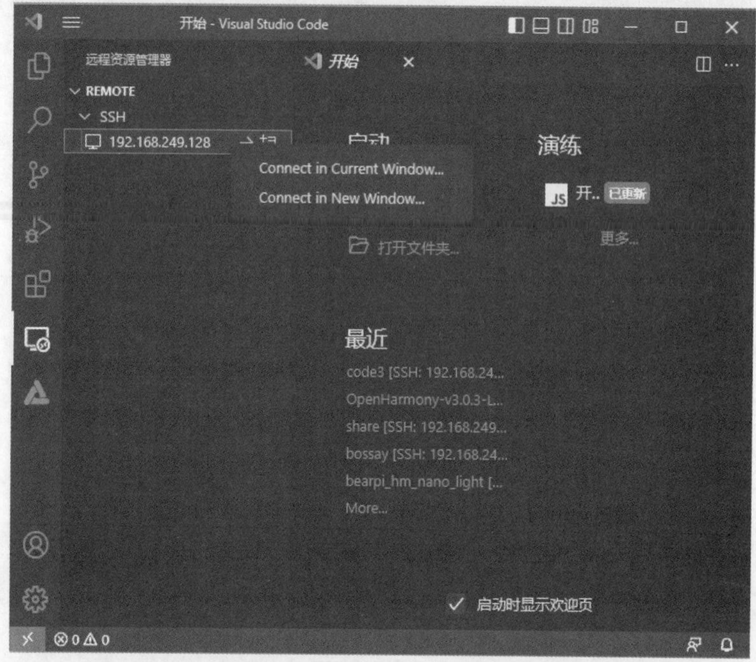

图 2-102　建立到 192.168.249.129 主机的 SSH 连接

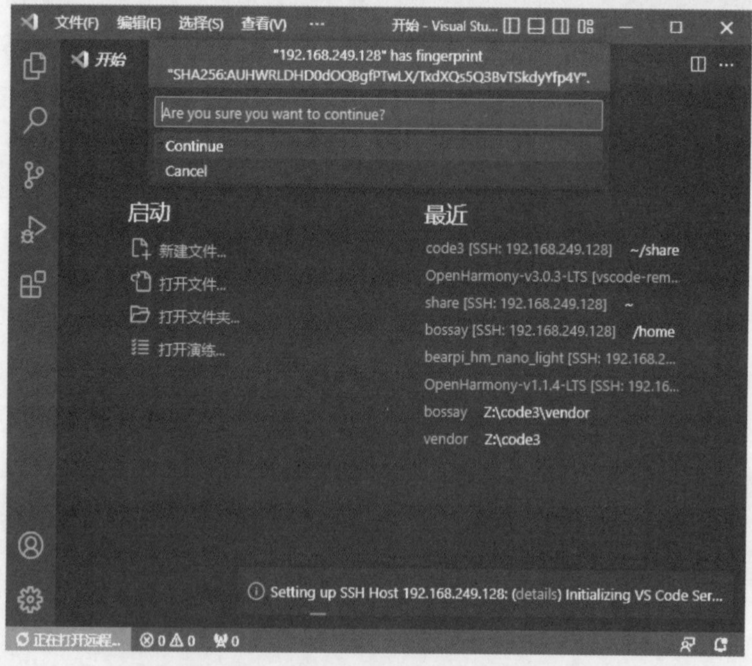

图 2-103　选择 Continue 继续建立连接

8) 对 Windows 工作台以 bossay 用户访问虚拟机进行永久授权

虽然已经建立好了 Windows 工作台和虚拟机 Ubuntu 的连接,但是每次以 bossay 用户身份,从 Windows 工作台的 VS Code 程序登录连接到虚拟机时,都需要输入密码进行身份

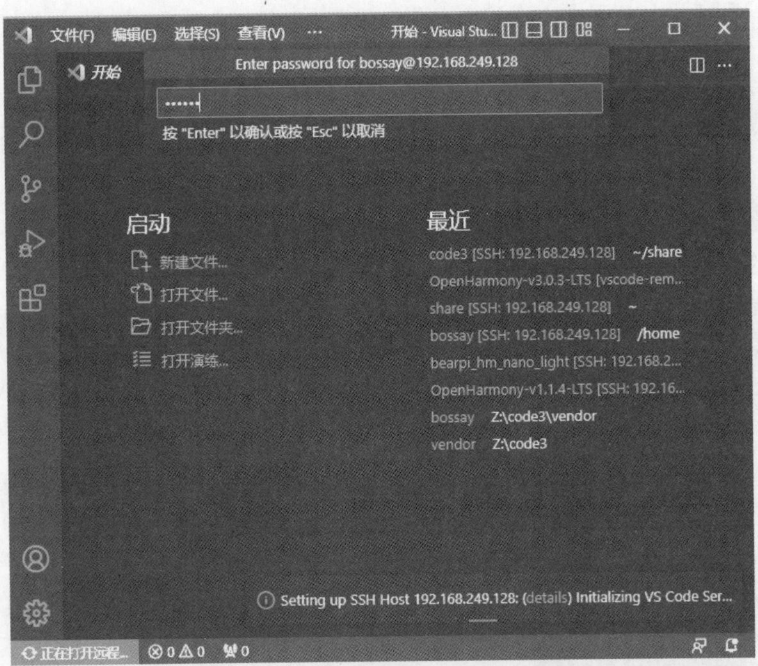

图 2-104 bossay 用户的密码输入窗口

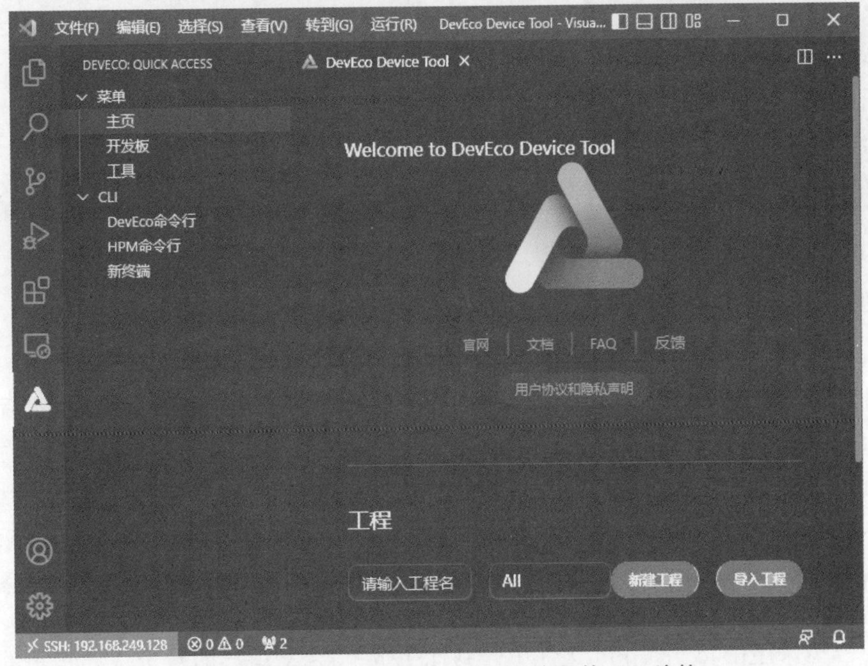

图 2-105 建立到 192.168.249.129 主机的 SSH 连接

认证,这给开发者带来不便。为一劳永逸解决这个问题,可以对 Windows 工作台的 bossay 用户访问虚拟机进行永久授权,授权后连接虚拟机时就不用每次都输入密码了。授权由以下 5 步来实现。

(1) 进入 Windows 操作系统命令行工作模式,进入 Windows 操作系统命令行工作模式有以下两种方法。

① 利用 Windows 的“开始”菜单进入：单击 Windows 操作系统桌面最左下角的“开始”按钮，然后在弹出的菜单中找到“Windows 管理工具”，单击它后在其下方找到“命令提示符”菜单，接着单击“命令提示符”出现如图 2-106 所示的命令提示符窗口，就进入到 Windows 操作系统命令行工作模式。

② 利用键盘进入：按下键盘上的 Win+R 快捷键，出现如图 2-107 所示的“运行”窗口，在这个窗口的文本框中输入命令“cmd”后按回车或者单击“确定”按钮，也出现如图 2-108 所示的命令提示符窗口，进入到了 Windows 操作系统命令行工作模式。

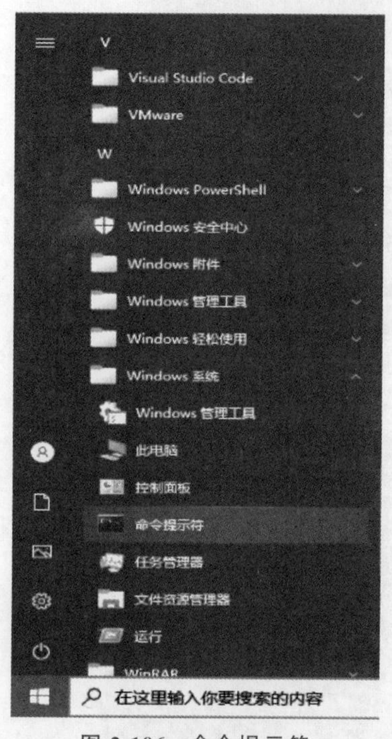

图 2-106　命令提示符

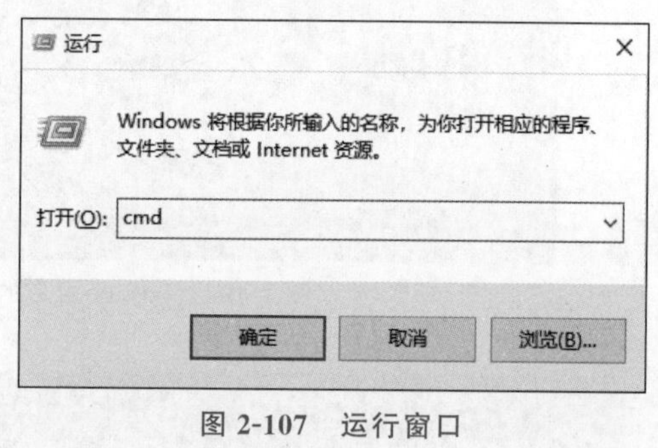

图 2-107　运行窗口

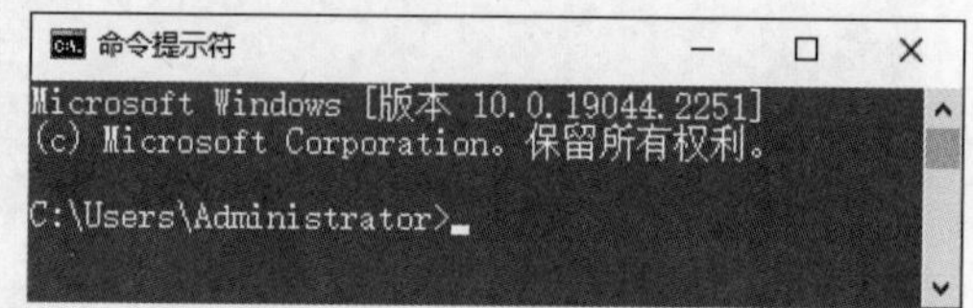

图 2-108　命令提示符窗口

(2) 利用 RSA 公钥加密算法，生成 bossay 用户的身份认证密钥。

在如图 2-109 所示的命令提示符窗口中，用键盘输入命令“ssh-keygen”，然后按回车键，首先出现“Enter file in which to save the key”的提示，意思是要求输入用来保存密钥的文件名称，这时直接按回车键，默认将密钥保存到“id_ras”文件中；接着会出现“Enter passphrase”的提示，意思是要求输入对密钥再进行加密的密钥，这时还是直接按回车键，接下来对于“Enter same passphrase again”的提示还是直接按回车键，就会生成 bossay 用户的身份认证密钥，并分别将 bossay 用户身份认证私钥保存在 id_rsa 文件中，将 bossay 用户身份认证公钥保存在 id_rsa.pub 文件中。到此生成 bossay 用户的身份认证密钥的任务就完成了。

(3) 使用记事本打开 bossay 用户身份认证公钥，复制公钥内容到粘贴板。

如图 2-110 所示，在命令提示符窗口中，输入命令“notepad　.ssh/id_rsa.pub”，然后按回车键，出现如图 2-111 所示的 id_rsa.pub 记事本窗口，此时按下键盘上的 Ctrl+A 快捷键，窗口中的内容呈现蓝底白字显示，表示公钥内容被全部选中，保持窗口中全部内容呈现

```
命令提示符
Microsoft Windows [版本 10.0.19044.2251]
(c) Microsoft Corporation。保留所有权利。

C:\Users\Administrator>ssh-keygen
Generating public/private rsa key pair.
Enter file in which to save the key (C:\Users\Administrator/.ssh/id_rsa):

Enter passphrase (empty for no passphrase):
Enter same passphrase again:
Your identification has been saved in C:\Users\Administrator/.ssh/id_rsa.
Your public key has been saved in C:\Users\Administrator/.ssh/id_rsa.pub.
The key fingerprint is:
SHA256:tJMuCRMejQ3FcJyCmmB0A/sYZ02Ehjvoh+6m889MKfQ administrator@DESKTOP-VTAE83G
The key's randomart image is:
+---[RSA 3072]----+
|.oo+=Bo.         |
|.o+o=*+          |
| +=oo+oo .       |
| +o*. o . o      |
|..+.+   S        |
| + o + o .       |
|. o E o .        |
|.o =   .         |
|=+.. +           |
+----[SHA256]-----+

C:\Users\Administrator>
```

图 2-109　生成 bossay 用户的身份认证密钥

蓝底白字显示的前提下，再次按下键盘上的 Ctrl＋C 快捷键，就将 bossay 用户的公钥内容复制到了粘贴板中。

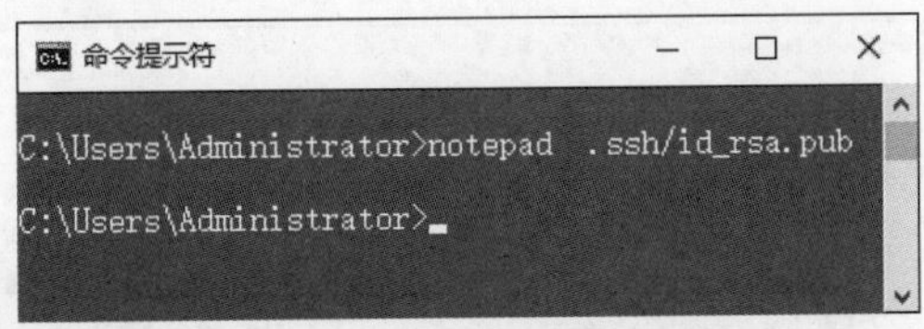

图 2-110　使用记事本打开公钥

图 2-111　从记事本中复制公钥内容

(4) 进入虚拟机，创建.ssh 文件夹，并在.ssh 文件夹中创建 authorized_keys 文件。

按照之前讲述的方法，进入虚拟机 Ubuntu 操作系统，然后按下键盘上的 Ctrl＋Alt＋T 快捷键，进入虚拟机 Ubuntu 的命令终端模式，然后如图 2-112 所示，分别执行如下 3 行命令。

```
bossay@ubuntu:~$mkdir  .ssh
```

创建".ssh"文件夹。

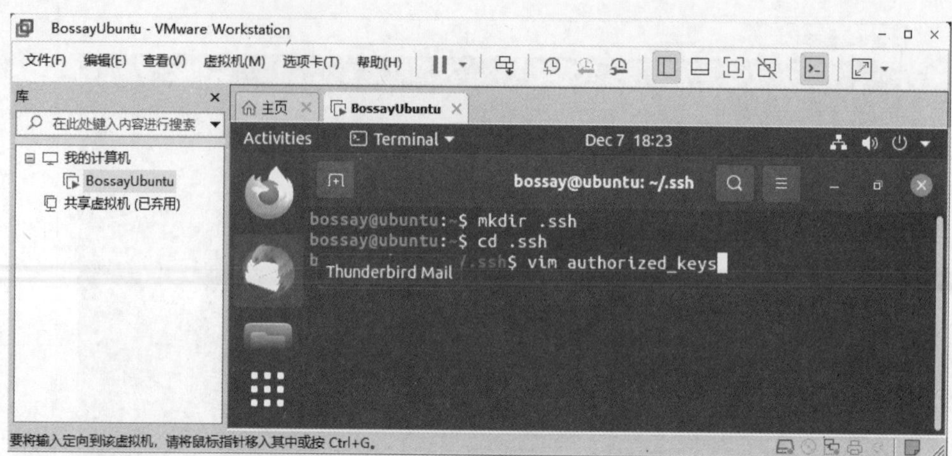

图 2-112 创建.ssh/authorized_keys

```
bossay@ubuntu:~$cd  .ssh
```

进入“.ssh”文件夹。

```
bossay@ubuntu:~$vim  authorized_keys
```

使用 VIM 编辑软件在“.ssh”文件夹中创建文件 authorized_keys 来保存 bossay 用户公钥，执行该行命令后打开 authorized_keys 文件如图 2-113 所示。

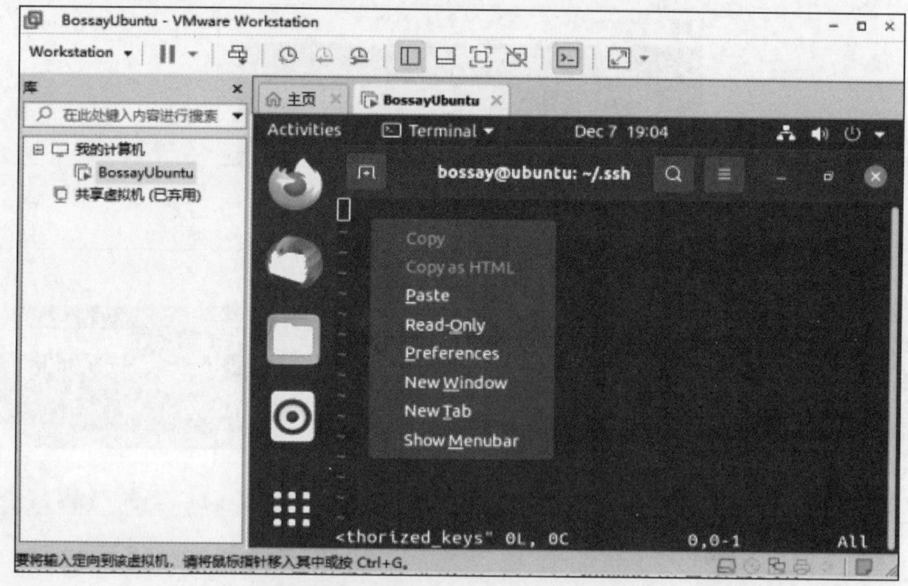

图 2-113 打开 authorized_keys 文件

(5) 将粘贴板中的公钥内容复制到虚拟机的 authorized_keys 文件中。

在如图 2-113 所示的窗口中，右击内部窗口左上角，弹出子菜单，再单击子菜单的 Paste 菜单，就将保存在粘贴板中的 bossay 用户的公钥内容粘贴到 authorized_keys 文件中，如图 2-114 所示，然后按 Esc 键切换到命令输入状态，接着用键盘“:wq”，最后按回车键，保存 authorized_keys 文件并退出 VIM 编辑软件，回到如图 2-112 所示的窗口。这样就在虚拟机中永久保存了 bossay 用户的身份认证公钥，之后以 bossay 用户的身份从工作台连接虚拟机时就不用每次都输入密码了。

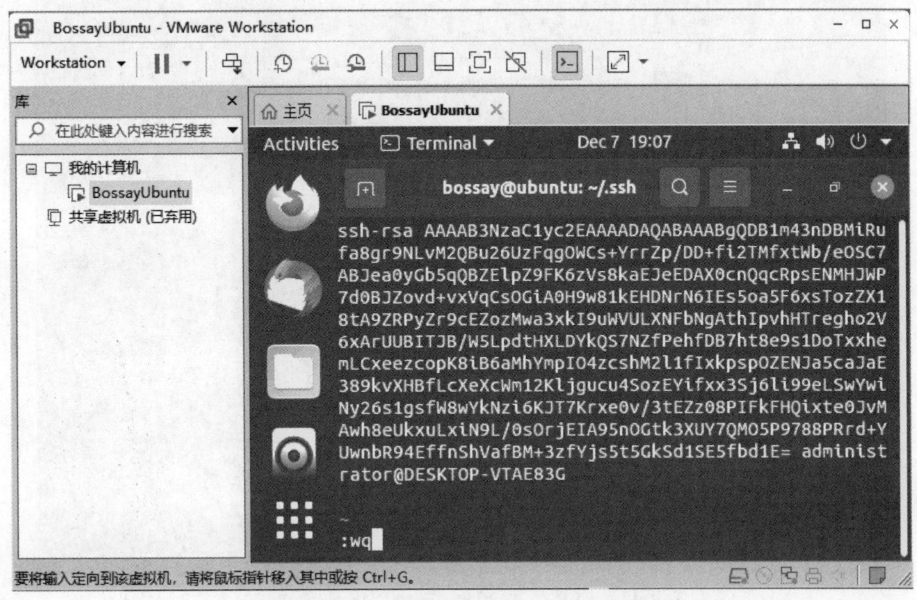

图 2-114　编辑 authorized_keys 文件

到此 VS Code 程序通过 SSH 建立跟虚拟机连接的工作就完成了。下一节将讲述如何通过在 VS Code 中新建工程，下载鸿蒙 OS 的源码。

2.4.5　在 VS Code 中新建 C 语言鸿蒙 OS 设备开发工程

2.4.5

C 语言鸿蒙 OS 设备程序开发是在鸿蒙 OS 源码支持下进行的，需要根据要开发设备的芯片类型，通过新建设备开发工程，从华为官方网站或者其镜像网站，下载支持芯片开发的鸿蒙 OS 源码，其步骤和方法如下所示。

1）运行 VS Code 软件，建立 SSH 连接，打开 DevEco Device Tool

如果 VS Code 软件已经启动且 SSH 正常连接，则省略这一步，否则双击 Windows 操作系统桌面上“Visual Studio Code”程序的快捷方式图标，开始启动 VS Code 程序。如果已经按照本书 2.4.4 节所讲的办法，在 VS Code 中安装了 SSH 插件，并且通过 SSH 配置了 Windows 远程访问虚拟机环境，则在启动 VS Code 的过程中会通过 SSH 自动建立与虚拟机主机的连接，如果在启动的过程中出现了“Could not establish connection to 192.168.249.128”信息提示窗口，就单击 Retry 重试按钮，尝试重新建立 VS Code 与虚拟机主机的 SSH 连接，可以多尝试几次，如果 SSH 连接设置没有错误的话，一般重试一次就会建立连接，而且会正常启动 VS Code 程序如图 2-115 所示，启动 VS Code 后，单击 VS Code 程序窗口左侧中下部的 DevEco 图标，然后单击窗口中标签 DEVECO：QUICK ACCESS 下方菜单中的“主页”，就会在 VS Code 程序右侧程序窗口看到 DevEco Device Tool。

2）利用 DevEco Device Tool 新建工程

在如图 2-115 所示的窗口中，单击该窗口右下部的“新建工程”按钮，出现如图 2-116 所示的“新建工程”窗口。

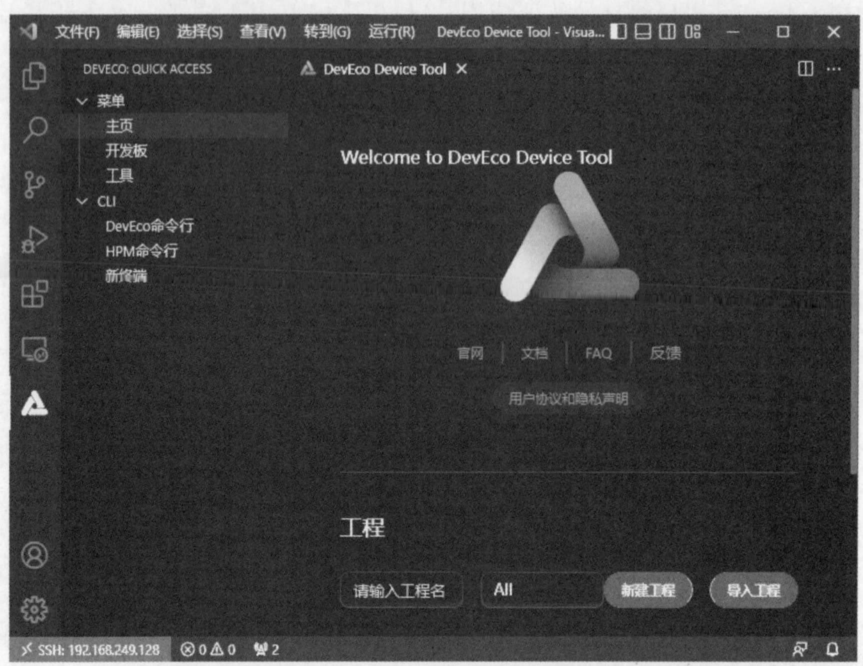

图 2-115 VS Code 程序(已建立虚拟机连接)

图 2-116 新建工程

3) 为新建工程选择鸿蒙 OS 源码

在如图 2-116 所示的“新建工程”窗口中,单击窗口上方显示“请选择鸿蒙 OS 源码”文本输入框右侧的“</>”选择按钮,出现如图 2-117 所示的窗口,单击选中“鸿蒙 OS-v3.0.3-LTS”,选择下载鸿蒙 OS 的 v3.0.3 版本,选择它是因为这个版本鸿蒙 OS 支持本书配套的开发硬件。然后单击“确定”按钮,回到“新建工程”窗口如图 2-118 所示,此时可以看到鸿蒙

OS 源码已设定为“鸿蒙 OS-v3.0.3-LTS”。

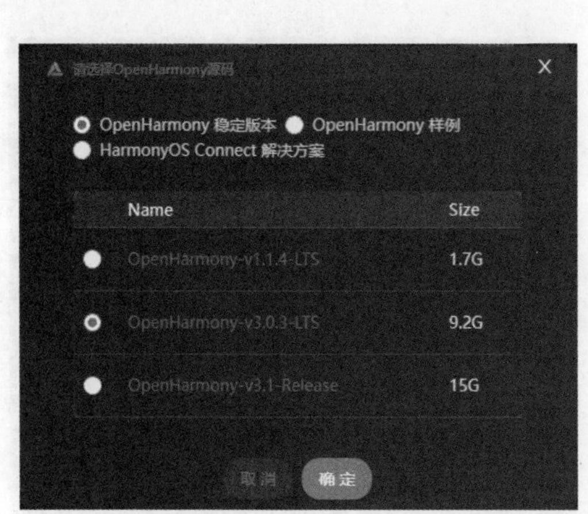

图 2-117　选择鸿蒙 OS-v3.0.3 源码

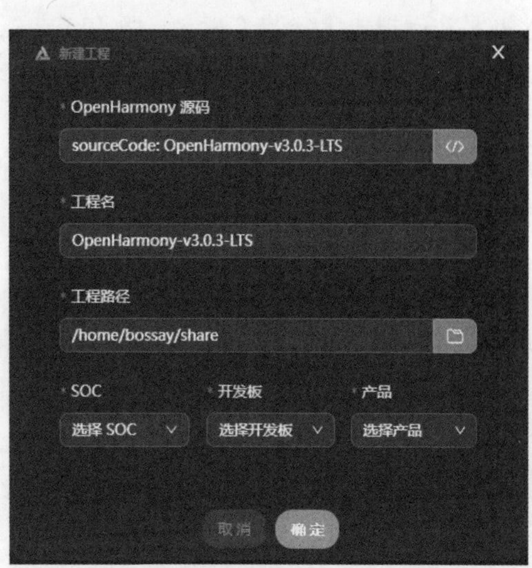

图 2-118　选定鸿蒙 OS-v3.0.3 源码

4）为新建工程设定工程名 code3

在如图 2-118 所示的“新建工程”窗口中，用键盘在“工程名”下面的文本输入框中输入“code3”作为工程名称，用“code3”取代默认的工程名称“Open HarmoyOS-v3.0.3-LTS”，这里使用 code3 作为工程名，是考虑到鸿蒙 OS 是版本 3 的缘故。当然也可以设定其他的工程名称，具体工程名称由开发者自己确定，输入完工程名称后如图 2-119 所示。

图 2-119　设置工程名 code3

5）为新建工程设定工程路径

在如图 2-119 所示的“新建工程”窗口中，单击“工程路径”右边的按钮，出现如图 2-120 所示的选择一个目录窗口。在该窗口中，单击“/home /bossay /Documents /DevEco /Projects”目录列表中的“bossay”，出现如图 2-121 所示的窗口，找到 share 文件夹，选中并按

OK 按钮,出现如图 2-122 所示的窗口,设定工程路径为“/home/bossay/share”。share 文件夹是在虚拟机上安装 Ubuntu 版 Linux 操作系统的时候创建的,创建这个文件夹的目的就是为了保存要开发的设备程序。

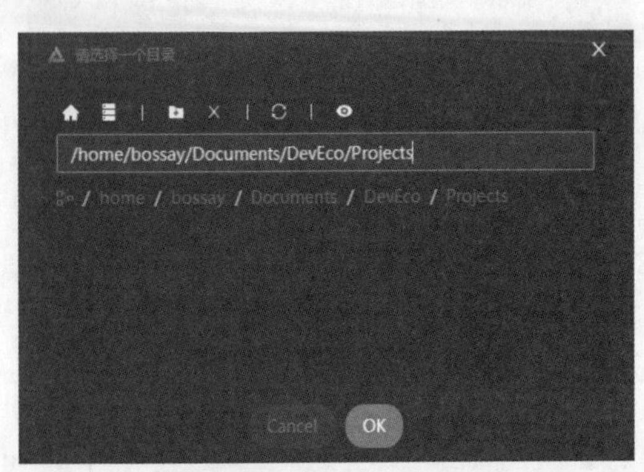

图 2-120 选择一个目录

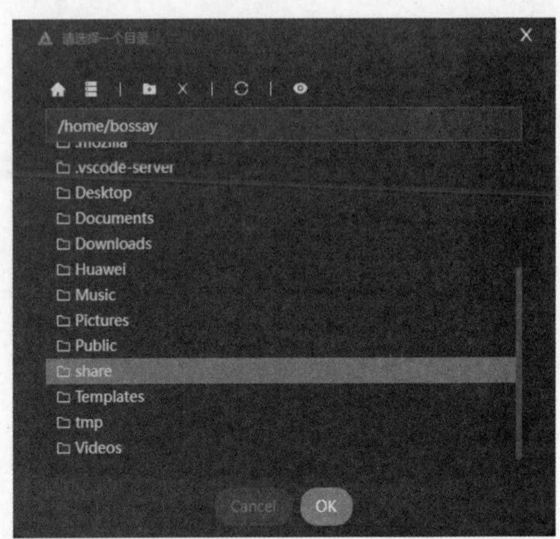

图 2-121 选择 share 目录

6）为新建工程选择支持的芯片类型

新建工程的路径设定好后就要选择 SOC,就是选择下载的鸿蒙 OS 源码要支持何种芯片,在如图 2-122 所示的窗口中,单击“选择 SOC”,弹出支持芯片的列表如图 2-123 所示,在弹出的列表中单击“Hi3861”,出现如图 2-124 所示的窗口,到此新建工程的基础选项已经设定好了。

图 2-122 设定工程路径/home/bossay/share

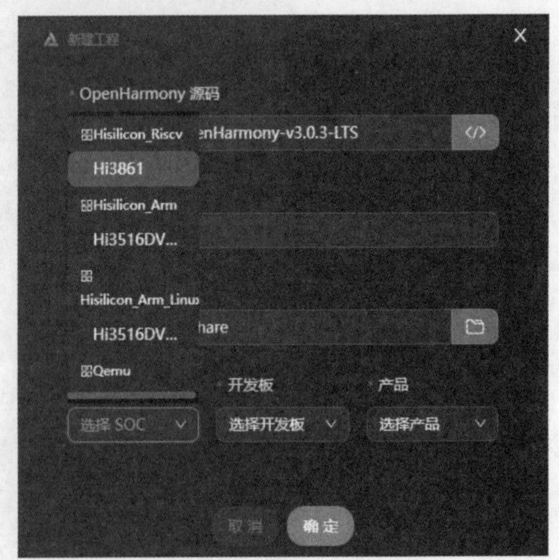

图 2-123 选择 Hi3861

7）下载支持新建工程的鸿蒙 OS 源码

在如图 2-124 所示的窗口中,单击窗口右下角的“确定”按钮,出现如图 2-125 所示的正在获取鸿蒙 OS 源码窗口,等待直到出现如图 2-126 所示的鸿蒙 OS 源码下载完成窗口,表明支持新建工程的鸿蒙 OS 源码成功获取完毕。

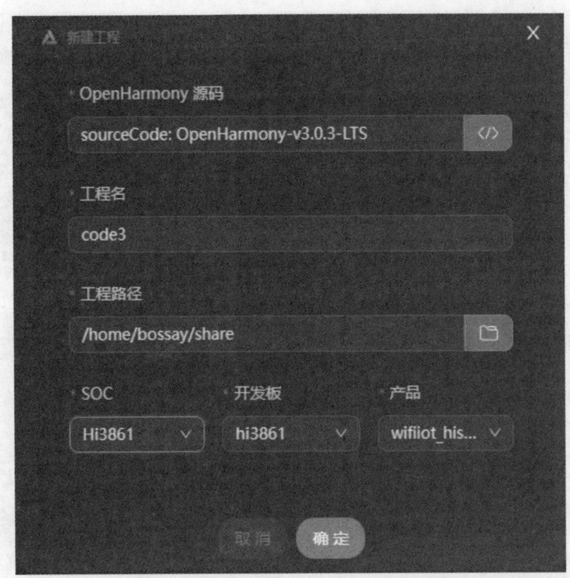

图 2-124　新建工程的基础选项

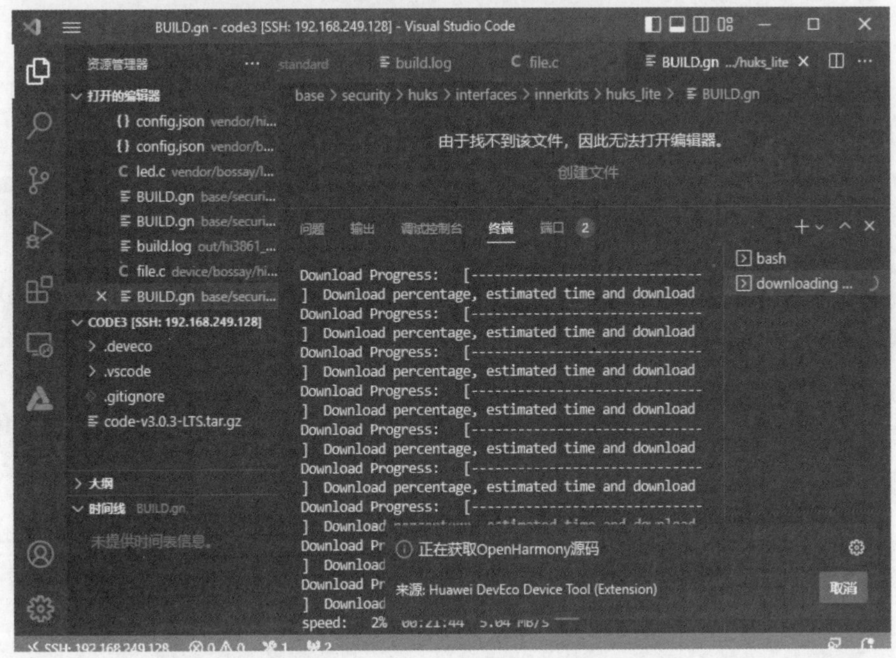

图 2-125　正在获取鸿蒙 OS 源码

8）查看新建工程编译工具链缺少的工具名称

支持新建工程的鸿蒙 OS 源码成功下载完毕后，还需要下载缺少的编译链工具，配置完善工程编译所需要的编译工具链。方法是先单击如图 2-127 所示窗口中左侧列表中的 DevEco 工具图标，然后再单击其右侧项目任务“PROJECT TASK”下面的“Build”菜单，在窗口右下侧出现“依赖工具链未准备完毕，单击‘配置’跳转到工具链配置页面进行配置”。此时单击拖动窗口右侧滑块如图 2-128 所示，这时窗口出现“某些工具缺少，请单击‘详情’

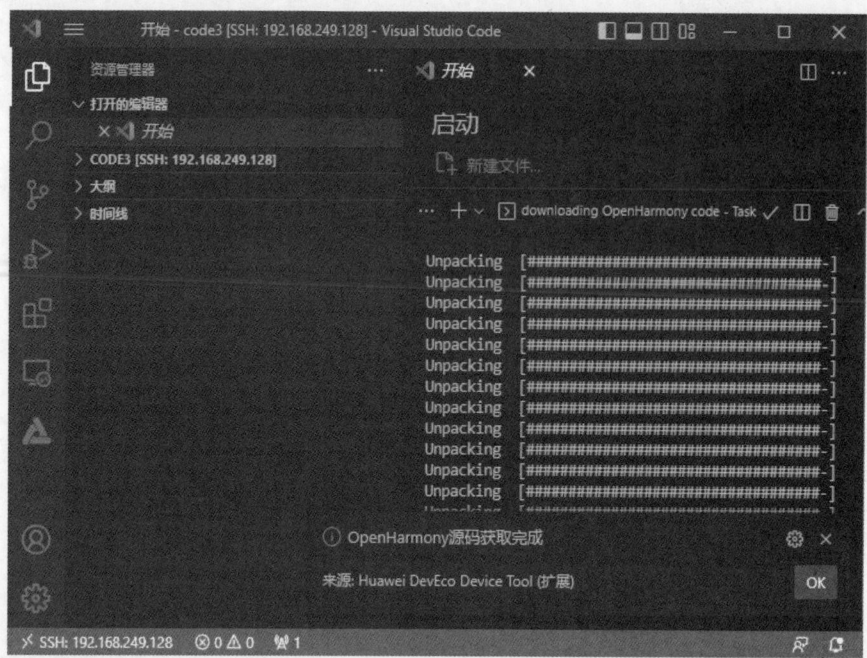

图 2-126　鸿蒙 OS 源码获取完成

按钮检查详细信息,然后单击'安装'安装缺少的工具",根据此提示操作,单击"详情"按钮,此时窗口如图 2-129 所示,在详情列表列出了编译工具链缺少的工具名称。

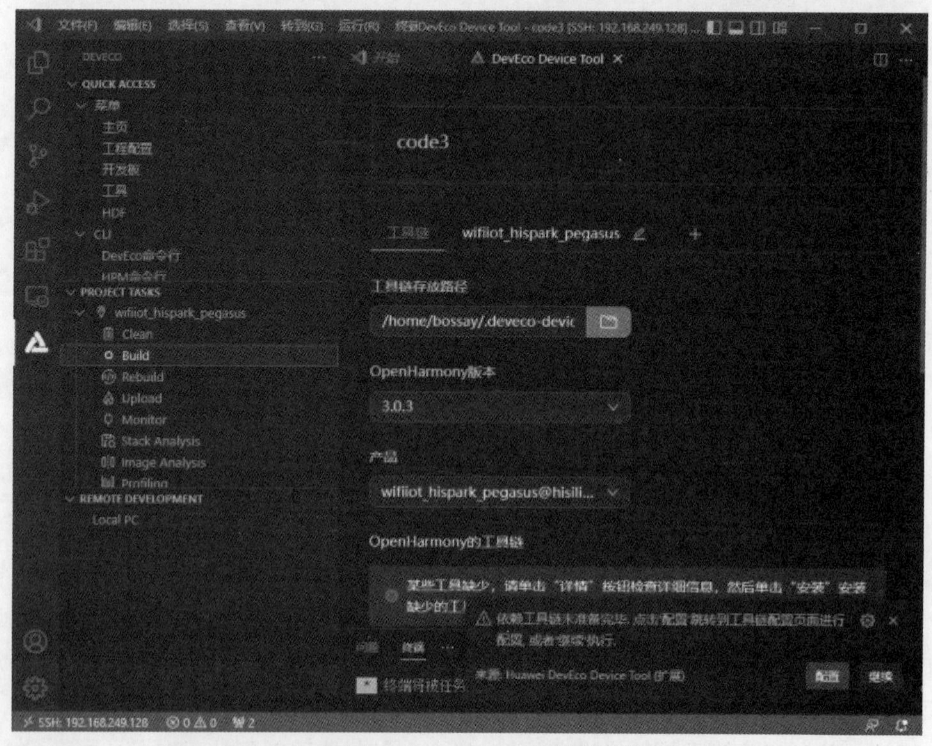

图 2-127　使用 DevEco Build 功能检查编译工具链

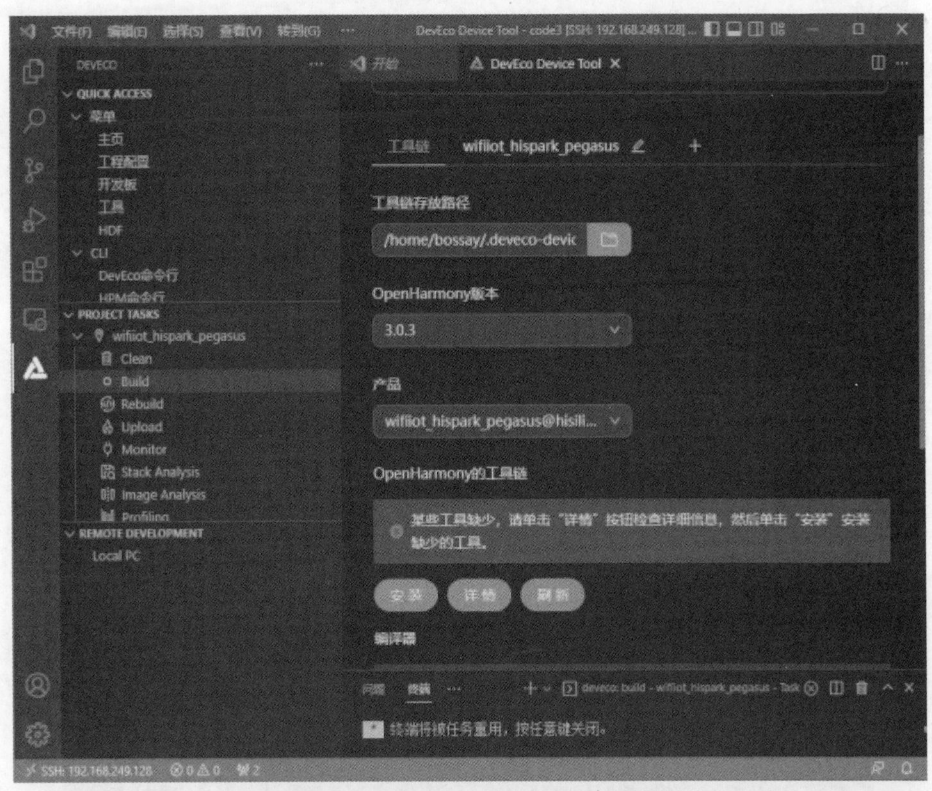

图 2-128　使用配置功能检查缺少工具详情

图 2-129　查看缺少编译工具的详情

9）下载缺少的工具，配置完善新建工程的编译链

单击如图 2-129 所示窗口中“详情”页面右侧的“×”关闭详情页面，此时窗口如图 2-130 所示，然后单击“安装”按钮，出现“将从网络下载工具，是否继续？”的提问，在此单击“是”按钮，开始从网络下载编译工具链缺少的工具，如图 2-131 所示，此时在窗口中部下方下载信息窗口中出现[sudo] password for boss：要求输入密码，这时用键盘输入正确的密码“bossay”后按回车键，开始继续下载缺少的编译工具如图 2-132 所示，直到全部缺少的编译链工具都下载完成。

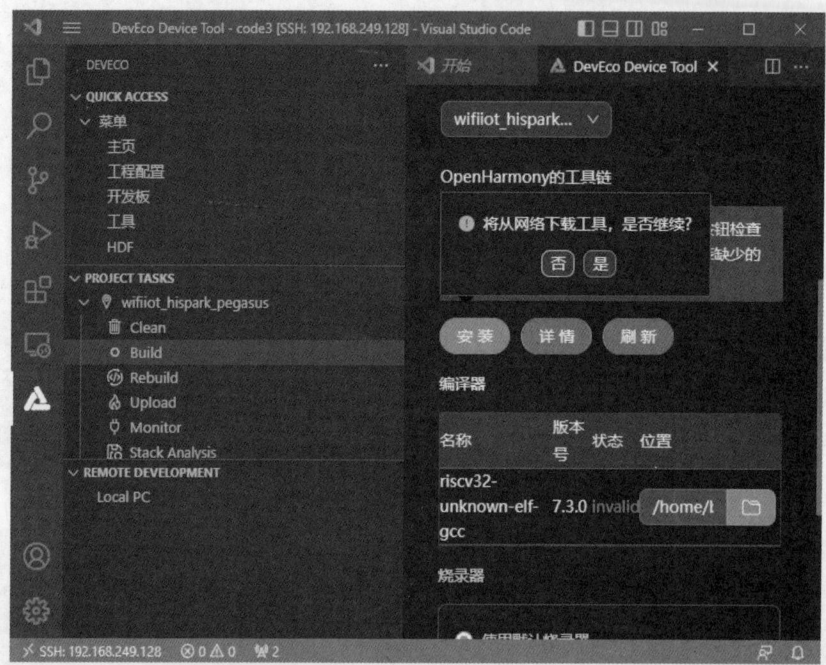

图 2-130　安装缺少的编译工具

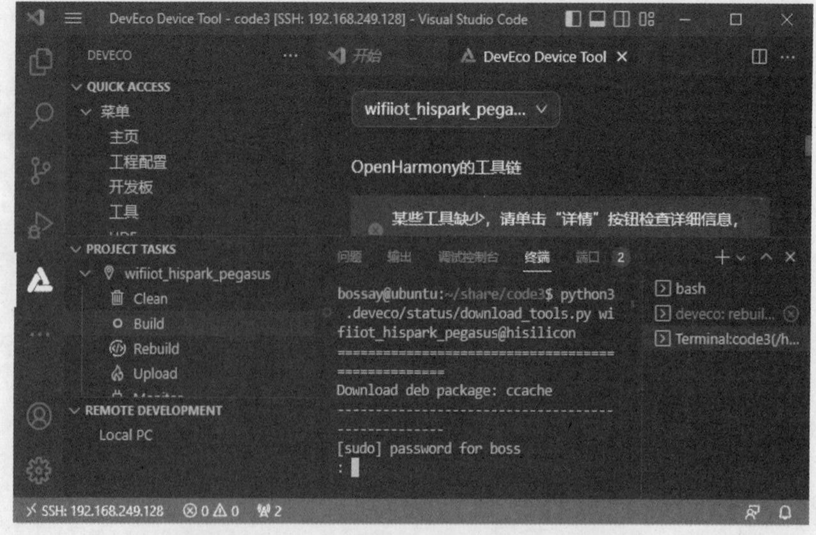

图 2-131　下载编译链工具需要输入密码授权

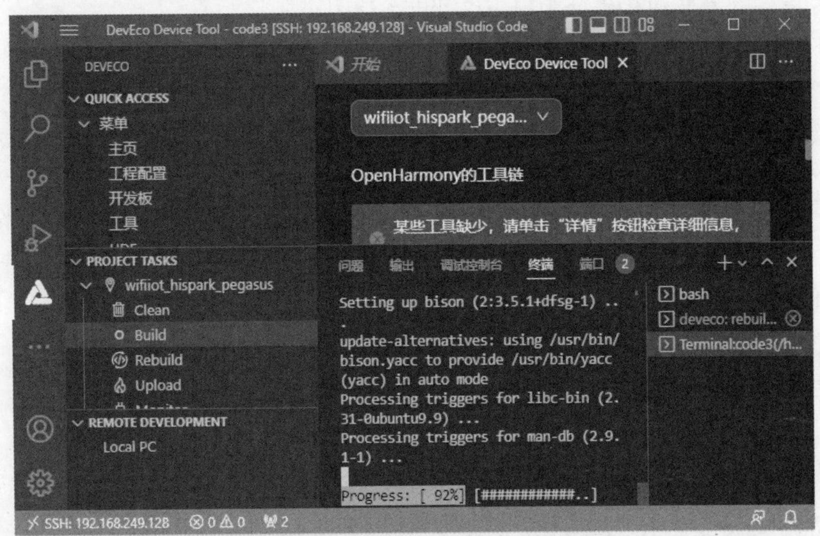

图 2-132　下载缺少的编译链工具

10）检查编译工具链的编译工具的有效情况

下载完编译工具后，单击如图 2-132 所示窗口中部的"刷新"按钮，进行编译工具链的重建，重建完成后，再次单击"详情"按钮，会看到如图 2-133 所示的窗口，编译工具链的所有工具已经全部下载并正确安装，从原来的 invalid（无效）变成（valid）有效状态。如果有的编译工具还是 invalid 状态，就要找到问题的原因，解决问题直到所有的编译工具都呈现 valid 状态。检查完毕后，单击图 2-133 所示"详情"窗口最右上角的"×"关闭按钮，关闭"详情窗口"。

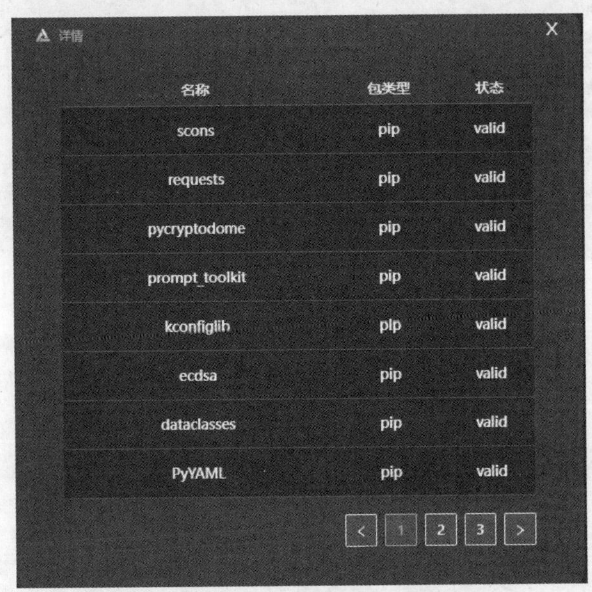
详情

名称	包类型	状态
scons	pip	valid
requests	pip	valid
pycryptodome	pip	valid
prompt_toolkit	pip	valid
kconfiglib	pip	valid
ecdsa	pip	valid
dataclasses	pip	valid
PyYAML	pip	valid

图 2-133　无效的编译工具都已成为有效

11）下载并配置支持智能物联创新开发实验板的 C 语言鸿蒙 OS 设备开发开源代码

要进行设备开发，还有必要下载并且配置好与设备开发密切相关的开源代码，只有在设备开发开源代码的支持下，才能进行正常的设备开发工作。下载并配置博赛开发板的 C 语言鸿蒙 OS 设备开发开源代码分为以下 2 小步。

(1) 下载鸿蒙智能物联创新开发实验板的 C 语言鸿蒙 OS 开发开源代码。

如图 2-134 所示,首先要确保能看到窗口左下侧绿色长方形区域的“SSH:192.168.249.128”SSH 连接信息,这说明 VS Code 和虚拟机的连接正常,在此前提下单击图 2-134 所示窗口左侧列表中部“CLI”下面的“HPM 命令行”,会在“终端”下方窗口出现“bossay@ubuntu:~/share/code3 $”的命令行提示符,如图 2-135 所示,在该命令行提示符后面分别执行下面 2 行命令,下载智能物联创新开发实验板的 C 语言鸿蒙 OS 开发开源代码到“share”文件夹。

```
cd ..(注释: 回退一级目录,回到 bossay@ubuntu:~/share/目录)
git  clone  http://git.ibossay.com:3000/bosai/bossay_release_out.git
```

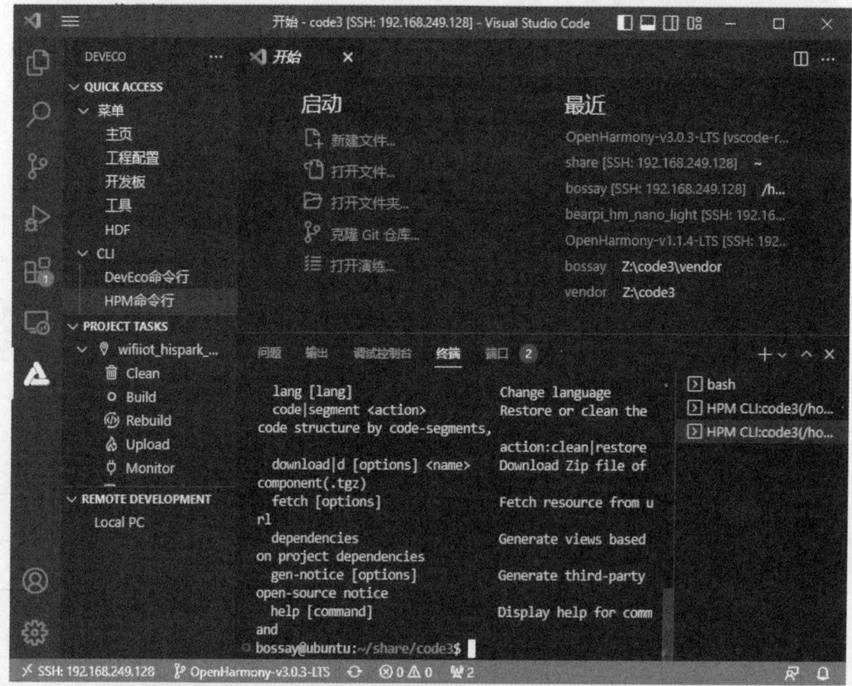

图 2-134 HPM 命令行

```
问题  输出  调试控制台  终端  端口 2

  gen-keys                      Generate private and publish key pairs
  extract|x <source> [target]   Extract files. Support type 'zip','tar','tgz' and
                                '.tar.gz'
  ui [options]                  Start and open the hpm-cli ui
  lang [lang]                   Change language
  code|segment <action>         Restore or clean the code structure by code-segments,
                                action:clean|restore
  download|d [options] <name>   Download Zip file of component(.tgz)
  fetch [options]               Fetch resource from url
  dependencies                  Generate views based on project dependencies
  gen-notice [options]          Generate third-party open-source notice
  help [command]                Display help for command
bossay@ubuntu:~/share/code3$ cd ..
bossay@ubuntu:~/share$ git  clone  http://git.ibossay.com:3000/bosai/bossay_release_out.git
```

图 2-135 下载鸿蒙智能物联创新开发实验板开源代码命令

下载鸿蒙智能物联创新开发实验板开源代码的过程如图 2-136 所示。

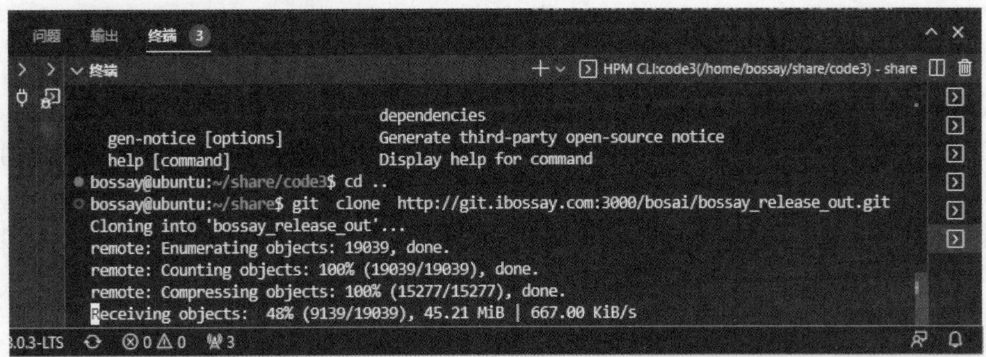

图 2-136　正在下载鸿蒙智能物联创新开发板开源代码

(2) 移动鸿蒙智能物联创新开发板 C 语言鸿蒙 OS 开发实验设备开源代码到相关目录。

如图 2-137 所示，在“终端”窗口提示符“bossay@ubuntu:～/share $ ”的后面继续输入下面 7 行命令并按回车键，将下载解压缩后的鸿蒙智能物联创新开发板 C 语言鸿蒙 OS 开发支持代码移动到相关目录下。

```
cd  bossay_release_out
mv  app  ~/share/code3/applications/sample
mv  iot_link  ~/share/code3/third_party
cd  vendor
mv  bossay  ~/share/code3/vendor
cd  ../device
mv  bossay  ~/share/code3/device
```

图 2-137　移动鸿蒙智能物联创新开发板 C 语言鸿蒙 OS 开发实验箱支持代码到相应目录

12) 使用 pip3 安装 hb 命令编译工具

在如图 2-137 所示窗口“终端”命令提示符“bossay@ubuntu:～/share/code3 $ ”的后面，分别输入下面 2 行命令并按回车键，安装 hb 命令编译工具。

```
bossay@ubuntu:~/share/bossay_release/device$cd  ~/share/code3
bossay@ubuntu:~/share/code3$pip3  install  build/lite
```

13) 使用“Rebuild”功能,检查新建工程的编译链是否准确完善

在如图 2-138 所示的窗口中,单击窗口中左侧列表中的 DevEco 工具图标打开 DevEco 工具,然后单击项目任务 PROJECT TASKs 下面 wifiiot_hispark_pegasus 项目中的 Rebuild 菜单,开始使用编译工具链对“wifiiot_hispark_pegasus”项目的所有程序文件进行重新编译,在窗口右下侧“终端”页面中会持续显示编译日志信息,如果最终出现“wifiiot_hispark_pegasus clean SUCCESS”和“wifiiot_hispark_pegasus buildprog SUCCESS”,就表明编译成功,编译工具链正确完善,编译环境安装配置成功。

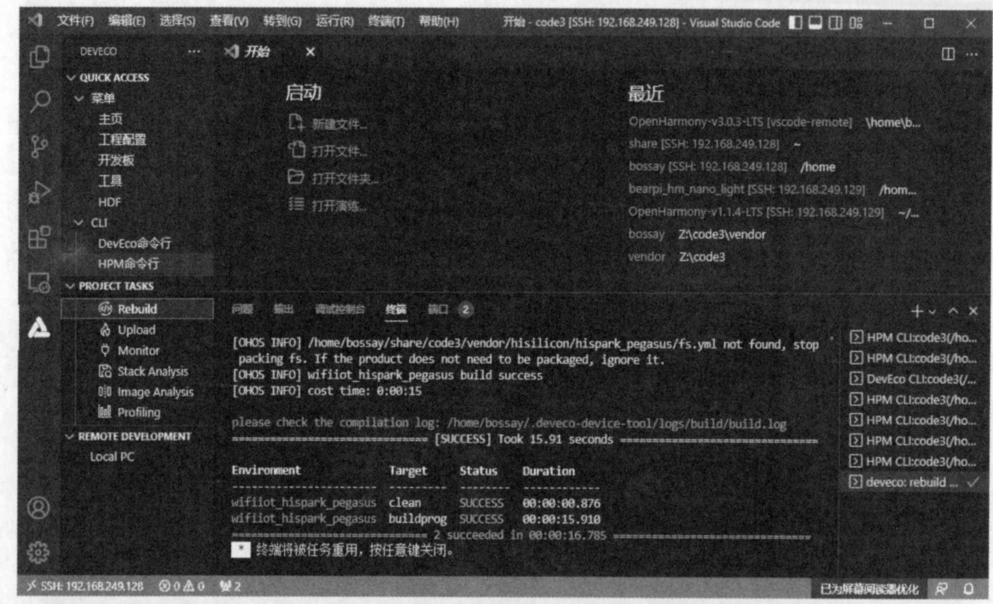

图 2-138 使用“Rebuild”功能,检查新建工程的编译链是否准确完善

到这一步也就准备好了 C 语言鸿蒙 OS 设备开发的所有环境。

2.5 虚拟机的镜像制作及还原

从 2.4 节可以看出,安装和配置虚拟机 Ubuntu 版 Linux 操作系统及 C 语言鸿蒙 OS 设备开发编译环境是比较复杂的,对于初学者来说,可以利用虚拟机及 C 语言鸿蒙 OS 设备开发编译环境的镜像文件,在自己的计算机上安装和配置虚拟机及 C 语言鸿蒙 OS 设备开发编译环境,这比按照上一节所讲的方法来安装和配置虚拟机及 C 语言鸿蒙 OS 设备开发编译环境容易很多。初学者可以从与本书配套的官方资源网站上下载虚拟机及 C 语言鸿蒙 OS 设备开发编译环境的镜像文件,利用这个镜像文件,按照本书 2.5.2 章节所讲的办法,很容易地安装和配置虚拟机和 C 语言鸿蒙 OS 设备开发编译环境。为此,以上一节已经安装配置好的虚拟机及 C 语言鸿蒙 OS 设备开发编译环境为例,介绍以下两方面的内容。

(1) 如何使用已经安装和配置好的虚拟机以及 C 语言鸿蒙 OS 设备开发编译环境来制作镜像。

(2) 如何使用虚拟机及 C 语言鸿蒙 OS 设备开发编译环境的镜像文件,来安装和生成虚拟机及 C 语言鸿蒙 OS 设备开发编译环境。

2.5.1

2.5.1　制作虚拟机的镜像

使用已经安装和配置好的虚拟机及 C 语言鸿蒙 OS 设备开发编译环境来制作镜像分为以下 3 步。

1）关闭虚拟机

如果虚拟机处于关机状态，则略过此步，否则，必须先将虚拟机关机。

2）将虚拟机导出到镜像文件

如图 2-139 所示，先单击选中要导出的虚拟机，这里选中的虚拟机是“BossayUbuntu”（具体要导出的虚拟机名称要以自己安装配置好的虚拟机为准）。然后单击窗口左上角的“文件”菜单，接着在弹出的子菜单上单击“导出为 OVF...”，此时弹出如图 2-140 所示的“将虚拟机导出为 OVF”窗口。

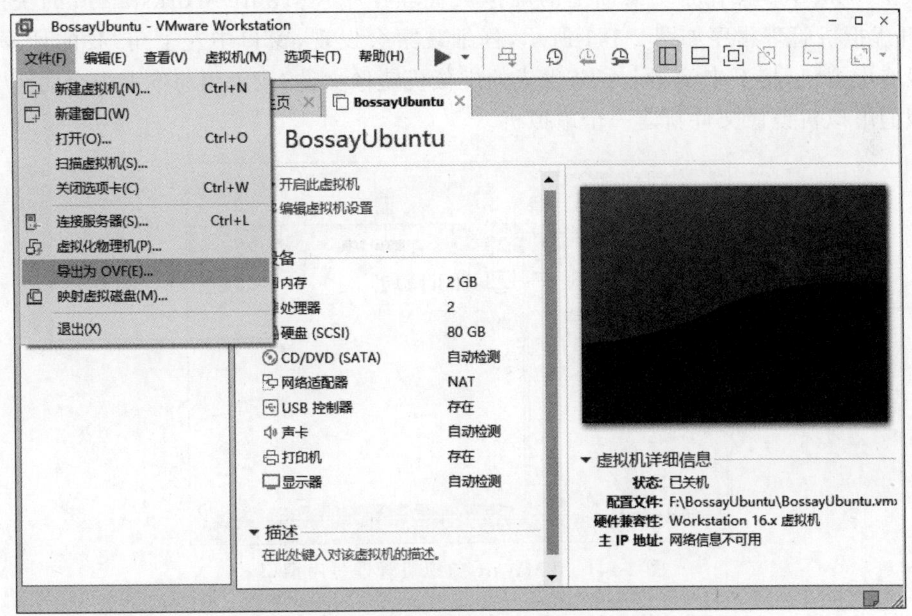

图 2-139　执行导出虚拟机到文件的操作

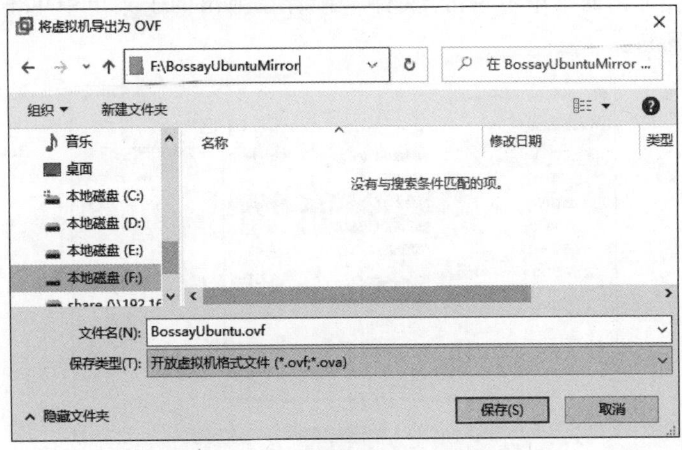

图 2-140　将虚拟机导出为 OVF

3）将虚拟机导出为 OVF 镜像文件

如图 2-140 所示，这里导出到 F 盘建立的文件夹“BossayUbuntuMirror”(具体导出虚拟机时，将虚拟机镜像文件保存在计算机哪个磁盘的什么文件夹下由自己决定)。此时会在 F 盘的文件夹 BossayUbuntuMirror 下生成“BossayUbuntu. mf”“BossayUbuntu. ovf”和“BossayUbuntu-disk.vmdk”3 个文件。这 3 个文件就是由虚拟机导出的镜像文件。至此，虚拟机已经被成功导出到镜像文件当中。

2.5.2

2.5.2 使用镜像文件还原生成虚拟机

使用虚拟机和 C 语言鸿蒙 OS 设备开发编译环境的镜像文件，安装生成虚拟机和 C 语言鸿蒙 OS 设备开发编译环境包括以下 4 步。

1）打开虚拟机管理程序 VMware Workstation

双击 Windows 操作系统桌面上的虚拟机管理程序 VMware Workstation 的快捷图标，打开虚拟机管理程序如图 2-141 所示，仔细观察会发现，窗口中左上角“我的计算机”下面并没有虚拟机，接下来就用上一节生成的虚拟机镜像文件，或者用与本书配套的官方网站上下载的虚拟机镜像文件新建一个虚拟机。

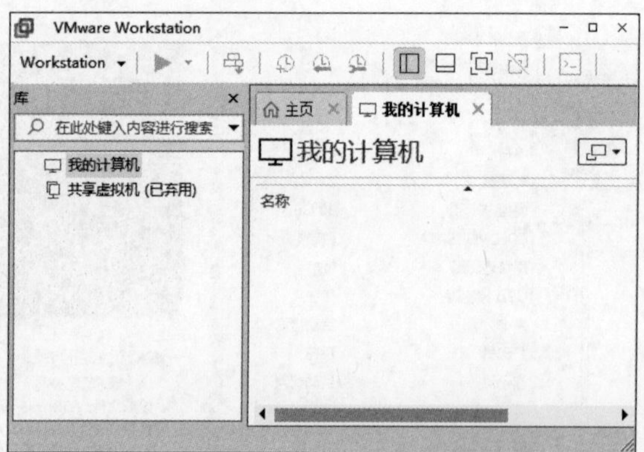

图 2-141 VMWare 虚拟机管理程序窗口

如果能看到“文件”菜单，则直接单击它，否则单击如图 2-142 所示窗口左上角的“Workstation”，在弹出的菜单中单击“文件”，接着在弹出的子菜单中单击“打开”，出现如图 2-143 所示的窗口。

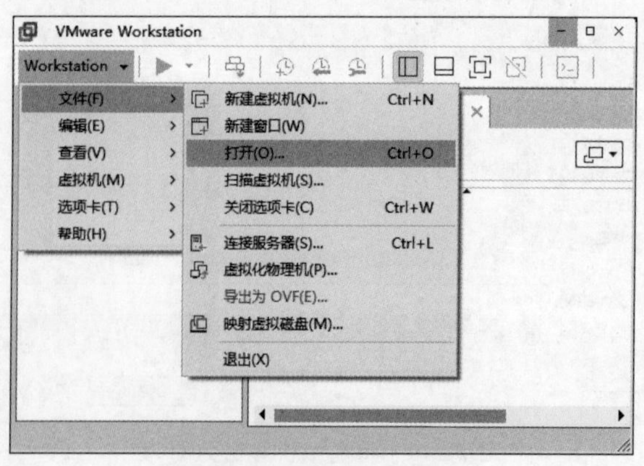

图 2-142 打开文件窗口

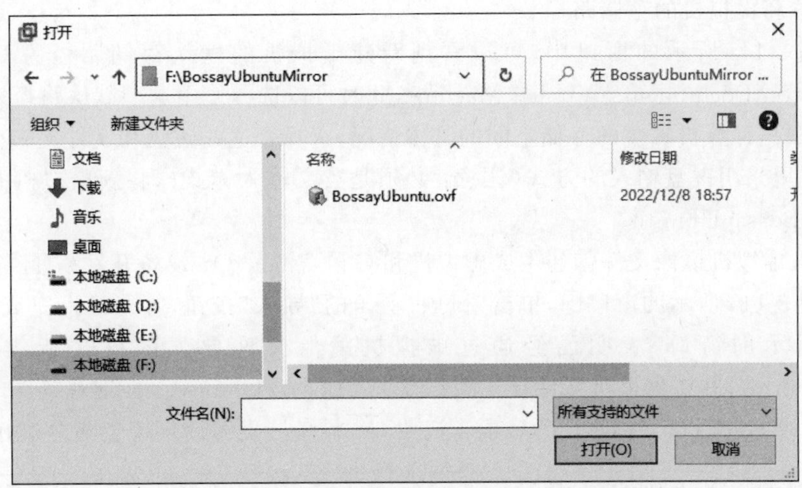

图 2-143　选中保存虚拟机镜像文件的磁盘和文件夹

2）打开保存虚拟机镜像文件的文件夹

如图 2-143 所示，找到保存虚拟机镜像文件的文件夹，如图 2-144 所示，此时在打开的文件夹内发现"BossayUbuntu.ovf"文件，单击选中这个文件。然后单击窗口右下角的"打开"按钮。出现如图 2-145 所示的导入虚拟机窗口。

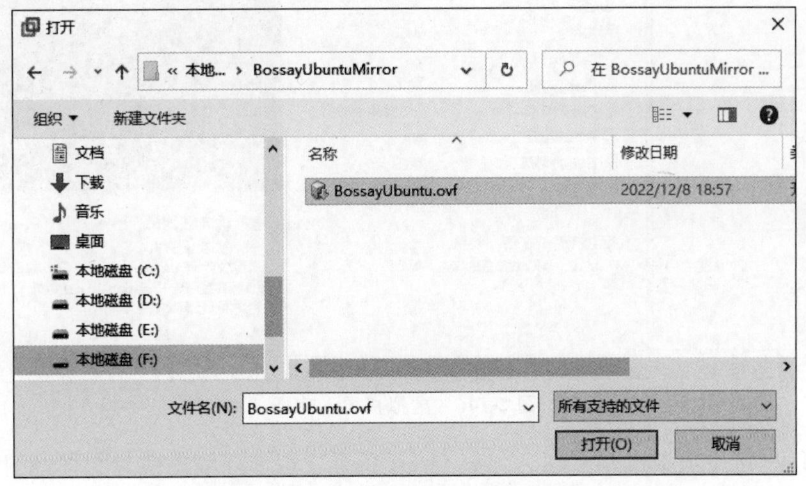

图 2-144　选中虚拟机镜像文件

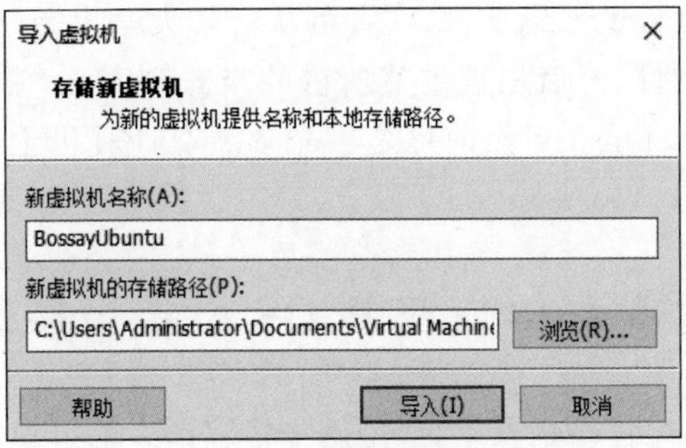

图 2-145　导入虚拟机

3）设置新虚拟机的存储路径

在如图2-145所示的窗口中，可以看到新建虚拟机的默认存储路径为C:\Users\Administrator\Docunments\Virtual Machine，此时可以选择使用这个默认路径来存储虚拟机，也可以根据计算机磁盘的存储空间的具体情况，选择合适的磁盘和文件夹来存储新建的虚拟机。这里采用键盘输入的方式(注意：必须是英文输入方式)，将新虚拟机的存储路径设置为F:\BossayUbuntu。

4）导入虚拟机镜像文件创建生成虚拟机和C语言鸿蒙OS设备开发编译环境

在如图2-145所示的窗口中，单击窗口右下角的"导入"按钮，等待导入完成后，出现如图2-146所示的窗口，表明已经通过虚拟机镜像文件导入的方式新建了虚拟机"BossayUbuntu"，并将虚拟机文件导入到路径F:\BossayUbuntu。仔细观察图2-146所示的窗口会发现，虚拟机已经建好了，C语言鸿蒙OS设备开发编译环境也随之建好了。

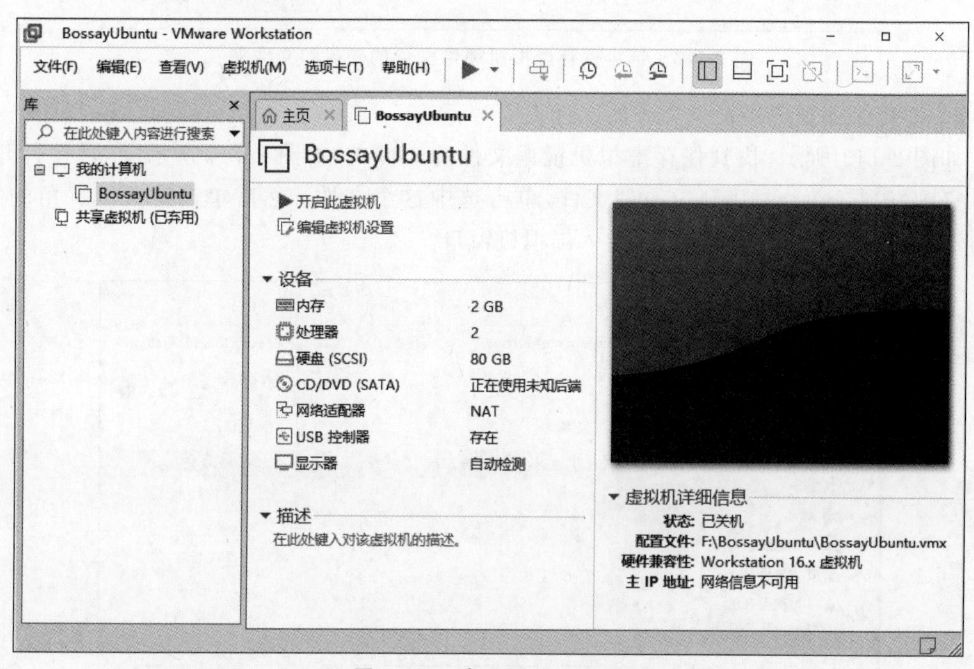

图2-146 虚拟机导入完成

由此可见，使用虚拟机和C语言鸿蒙OS设备开发编译环境的镜像文件，安装生成C语言鸿蒙OS设备开发编译环境是非常简单的。本书提供配套的虚拟机和C语言鸿蒙OS设备开发编译环境的镜像文件的压缩文件，读者可从清华大学出版社网站或者本书配套资源网站下载并解压该压缩文件，然后根据本节所讲的步骤和方法，安装和配置虚拟机和C语言鸿蒙OS设备开发编译环境。当然前提是事先必须在计算机上安装好Windows操作系统和虚拟机软件WMware Workstation。

2.6

2.6 安装配置C语言鸿蒙OS设备可执行程序烧录工具

C语言鸿蒙OS可执行程序烧录工具，是用来将编译好的可执行程序，写入硬件设备的程序软件。在Windows工作台上安装和配置C语言鸿蒙OS可执行程序烧录工具，就是指安装下列 2 个软件，并对软件运行环境进行配置。

(1) 安装 USB 接口转串口的驱动程序 CH341SER.EXE。

(2) 安装 C 语言鸿蒙 OS 可执行代码烧录软件 HiBurn.exe。

以下 2 个小节分别详细介绍上述 2 个软件的安装与环境配置。

2.6.1　安装 USB 接口转串口驱动程序

目前绝大多数的计算机都不再配备串口，而烧录软件是采用串口通信方式将 C 语言的二进制可执行程序，烧录写入 C 语言鸿蒙 OS 开发板的，为此必须安装 USB 接口转串口驱动程序，将 USB 接口模拟当作串口使用，下面就是 USB 接口转串口驱动程序的安装步骤。

1) 执行 USB 接口转串口驱动安装程序

如图 2-147 所示，在计算机硬盘中找到下载好的 USB 接口转串口驱动程序，这里使用的 USB 接口转串口驱动程序是 CH341SER.EXE，存放在笔者计算机的 D:\HarmoyOS C SETTUP\Windows Workstation Setup 文件夹下。读者可以从网站上下载该版本或者其他版本的 USB 接口转串口驱动程序到自己的计算机，也可以从与本书配套的网站上下载 CH341SER.EXE 程序。双击该程序，程序开始执行，在执行过程中遇到提问时回答“Yes”，稍等会弹出如图 2-148 所示的驱动安装窗口。

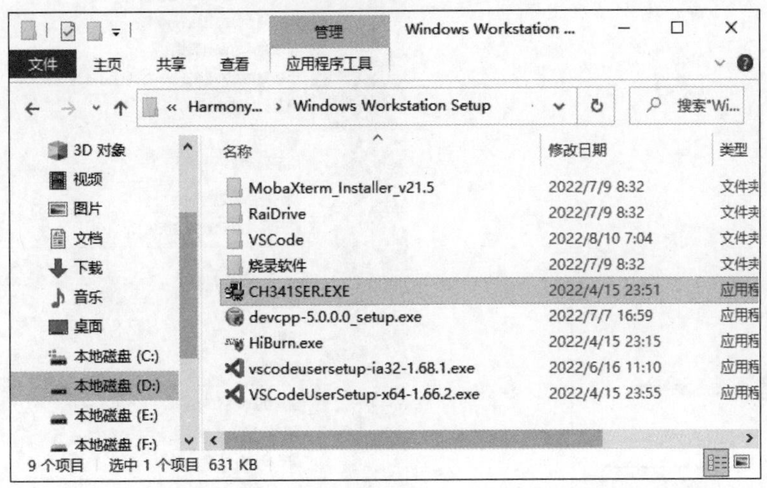

图 2-147　执行 CH341SER.EXE 安装程序

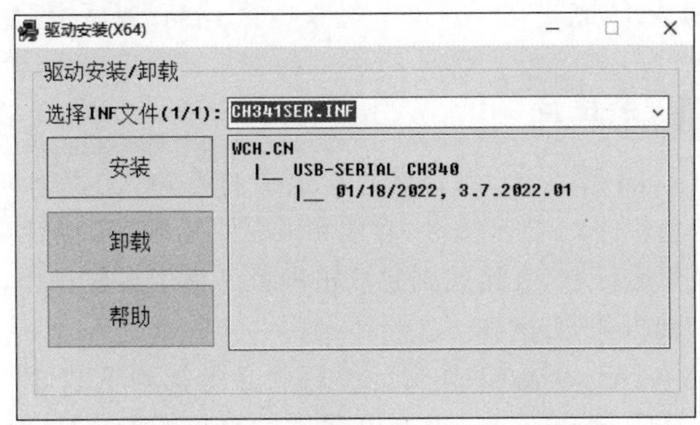

图 2-148　USB 转串口驱动程序安装

2) 安装驱动

单击图 2-148 所示窗口左上方的"安装"按钮,开始执行驱动安装,安装结束后出现如图 2-149 所示的驱动安装成功窗口。

3) 检查 USB 转串口驱动程序是否安装成功

首先用 USB 转串口连接线将 Windows 工作台和博赛 C 语言鸿蒙 OS 开发实验设备连接起来,然后如图 2-150 所示,右击 Windows 工作台桌面上的"我的电脑"图标,在弹出的菜单中单击"管理(G)",出现图 2-151 所示的计算机管理窗口,在此窗口中单击选中窗口左侧列表框中的"设备管理器",接下来在窗口中间设备列表中单击选中"端口(COM 和 LPT)",如果在其下列表中出现类似"USB-SERIAL CH340(COM3)"硬件设备,表示 USB 转串口驱动程序是成功的。当然端口号不一定是 COM3,不同的计算机其端口号可能会不一样。

图 2-149 驱动安装成功

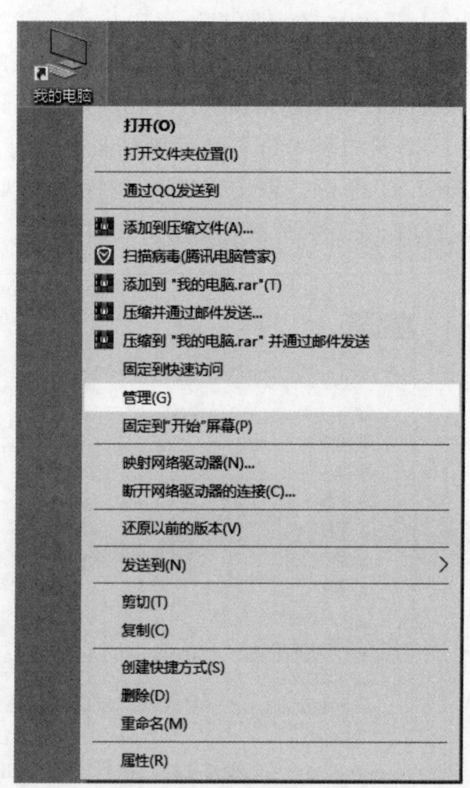

图 2-150 选择管理菜单

2.6.2 烧录软件的安装设置

烧录软件 HiBurn.exe 是一个将编译好的 C 语言鸿蒙 OS 二进制可执行程序代码写入鸿蒙开发实验板的绿色软件,不需要安装,直接将该软件复制存放到计算机的某个文件夹就算是安装好了。如果要运行它,直接找到它双击即可。为了方便操作,最好建立烧录软件 HiBurn.exe 的桌面快捷方式,方法如下。

如图 2-152 所示,在 Windows 工作台计算机硬盘上找到下载好的烧录软件 HiBurn.exe,这里使用的烧录软件 HiBurn.exe 存放在笔者计算机的 D:\HarmoyOS C SETTUP\Windows Workstation Setup 文件夹下。右击该程序,在弹出的菜单中单击"发送到"菜单,

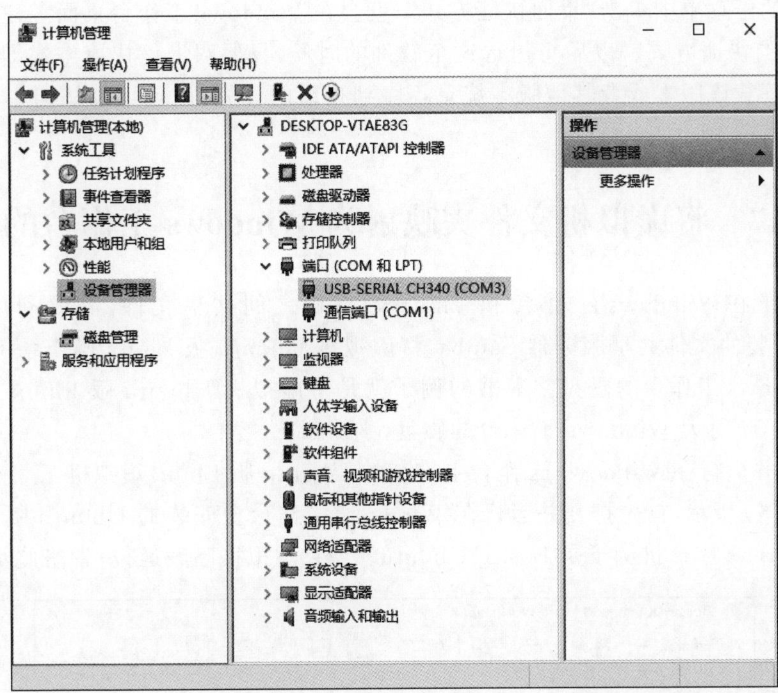

图 2-151　计算机管理

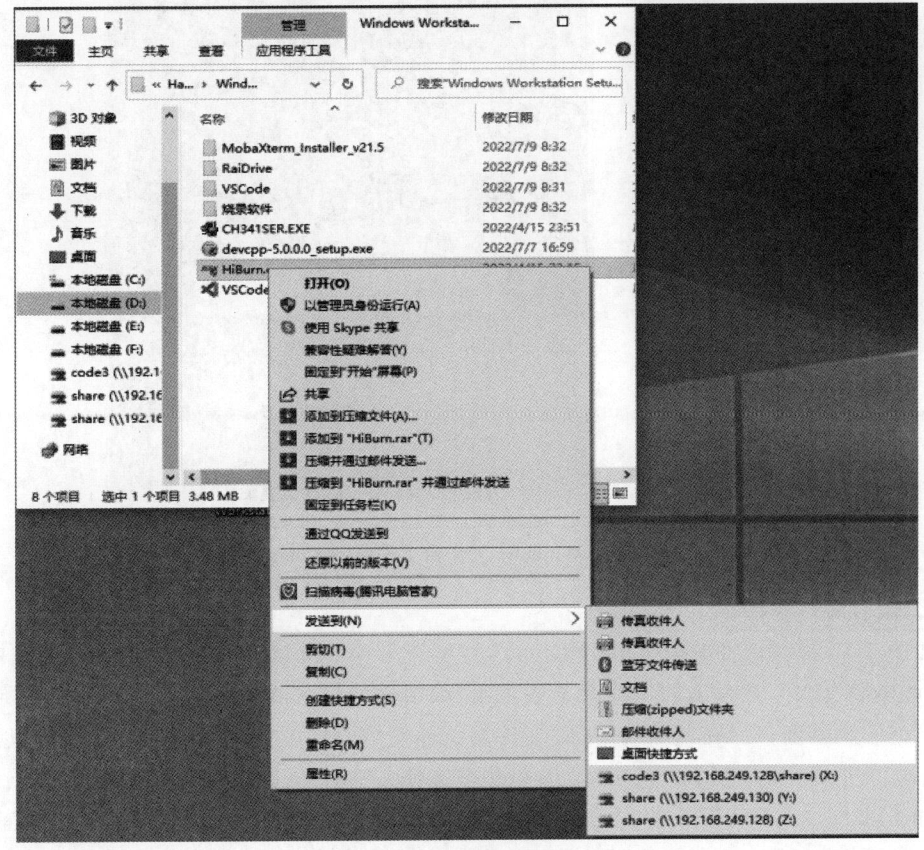

图 2-152　创建桌面快捷方式

然后在弹出的子菜单中单击“桌面快捷方式”,就会在 Windows 工作台桌面上建立烧录软件 HiBurn.exe 的快捷方式。以后想运行这个软件的时候,只要双击该快捷方式即可。读者可以从网站上下载该版本或者其他版本烧录程序到自己的计算机,也可以从与本书配套的网站上下载它。

2.7

2.7 将虚拟机文件夹映射为 Windows 工作台的磁盘

为了便于在 Windows 工作台和 Linux 虚拟机之间共享文件,需要利用在虚拟机 Ubuntu 中安装的文件共享服务器 Samba,将虚拟机 Ubuntu 版 Linux 操作系统的文件夹,映射为 Windows 工作台的磁盘。本书的例子就是将虚拟机 Ubuntu 版 Linux 操作系统的 share 文件夹,映射为 Windows 工作台的磁盘,步骤如下。

1) 打开并运行在 Windows 工作台上安装的 Ubuntu 版 Linux 虚拟机

如图 2-153 所示,首先打开并运行在 Windows 工作台上安装的 Ubuntu 版 Linux 虚拟机,本书的 Linux 虚拟机例子是 BossayUbuntu。如果虚拟机已经运行,省略此步。

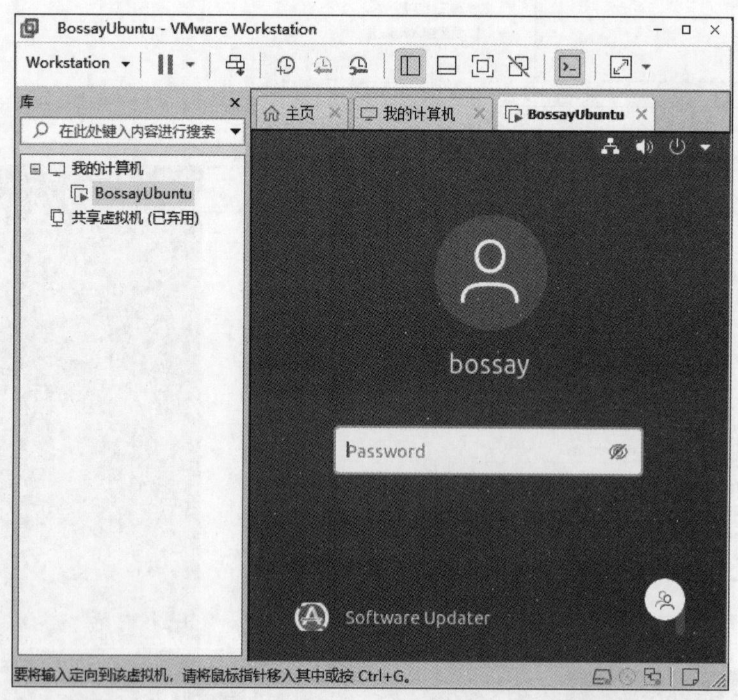

图 2-153 运行 Windows 工作台上安装的 Linux 虚拟机

2) 映射网络驱动器

如图 2-154 所示,将虚拟机最小化运行,然后右击 Windows 工作台桌面上“我的电脑”或者“此电脑”图标,在弹出的快捷菜单中单击“映射网络驱动器…”,出现如图 2-155 所示的映射网络驱动器窗口。在此窗口中部“文件夹:”标签后面的单行文本输入框中,用键盘输入 Linux 虚拟机 BossayUbuntu 的 IP 地址和共享文件夹“\\192.168.249.128\share”(注:其中 IP 地址在本书 2.4.4 节第 3 步用 ifconfig 命令查看过,share 文件夹是在安装 C 语言鸿蒙 OS 编译环境时创建的文件夹)。然后用单击的方式将窗口中下部的“使用其他凭证连接”

前面的复选框打上对号。接下来单击窗口右下角的“完成”按钮，出现如图 2-156 所示的窗口。

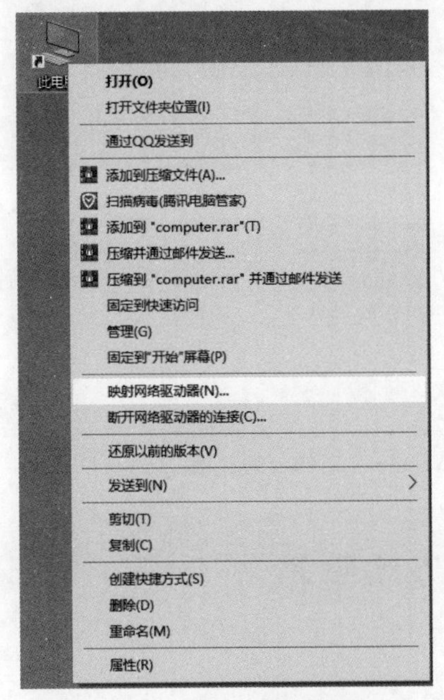

图 2-154　映射网络驱动器菜单

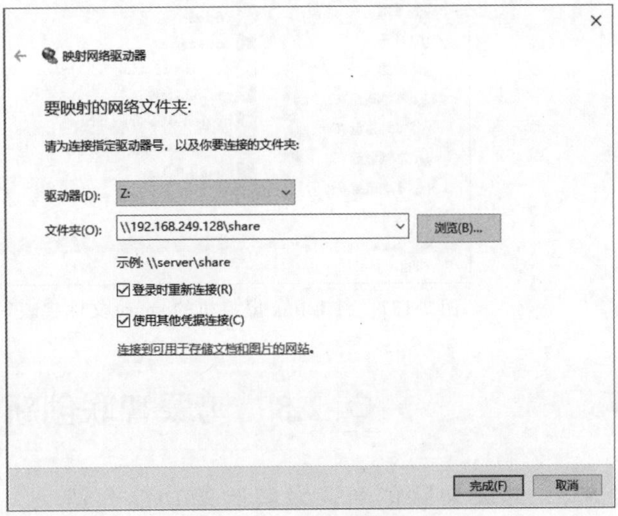

图 2-155　映射网络驱动器

3）使用正确的用户名和密码建立磁盘映射

在如图 2-156 所示的窗口中，检查是否在输入 bossay 用户的网络凭据，也就是窗口中部文本输入框上边显示的是 bossay，如果此窗口中部显示的不是 bossay 用户而是其他用户名称（说明：用虚拟机镜像文件生成的虚拟机，往往会在建立磁盘映射时出现用户名称不是 bossay 的这种情况，此时需按照此处的方法将用户设为 bossay，方能建立磁盘的映射），需要单击窗口中的“更多选项”，然后在弹出的列表中单击选中 bossay 用户，才能用键盘在标签 bossay 下面的密码输入框中输入用户 bossay 的密码“bossay”，然后勾选“记住我的凭据”前面的复选框，然后单击“确定”按钮，出现如图 2-157 所示的窗口，表示已经将 Linux 虚拟机 BossayUbuntu 的 share 文件夹映射为 Windows 工作台的 Z 盘（注：也可以选择映射到非 Z 盘的其他盘符），此后就可以方便地实现 Linux 虚拟机和 Windows 工作台之间的文件传递了。只需将文件复制到 Windows 工作台的 Z 盘，就等于将文件复制到 Linux 虚拟机 BossayUbuntu 的 share 文件夹。

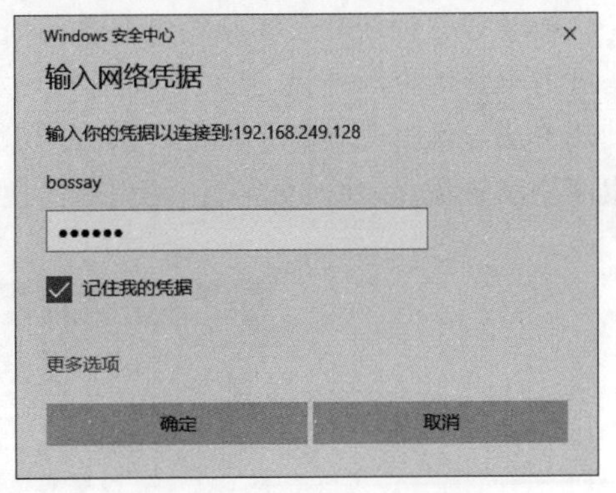

图 2-156　输入网络凭据

到此为止，C 语言鸿蒙 OS 设备开发环境的配置和搭建内容已经全部介绍完毕，读者可以按照上述方法和步骤在自己的计算机上去搭建和配置自己的 C 语言鸿蒙 OS 设备开发环境。接下来介绍一下鸿蒙智联创新开发实验箱。

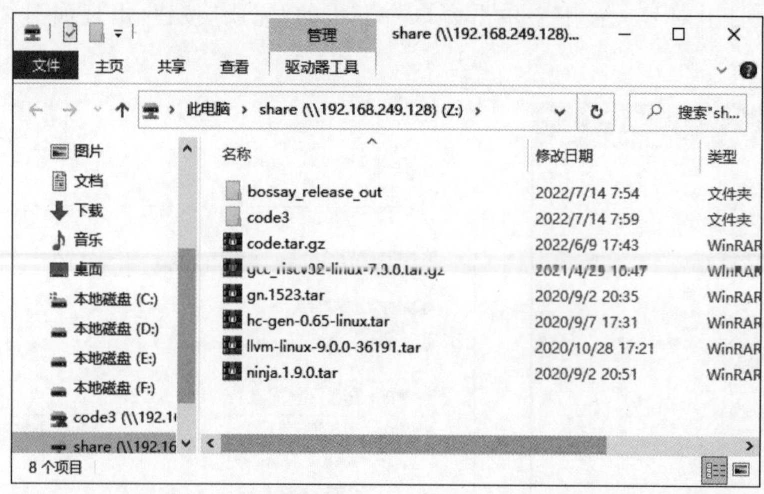

图 2-157　将 Linux 虚拟机的 share 文件夹映射为 Windows 工作台的 Z 盘

2.8　鸿蒙智联创新开发实验箱

2.8.1　鸿蒙智联创新开发实验箱功能介绍

1. 鸿蒙智联创新开发实验箱外观图

鸿蒙智联创新开发实验箱是一款 45cm×28cm×12cm 的实验箱，如图 2-158 所示，箱中搭载有丰富的资源外设，其实验使用的开发环境与本书 2.3、2.4 节所讲的环境完全一样，其使用方法与本书 2.1 节所讲的 C 语言鸿蒙 OS 设备开发实验套件类似，并且支持的设备开发案例场景更多，功能更丰富，使用更简便。

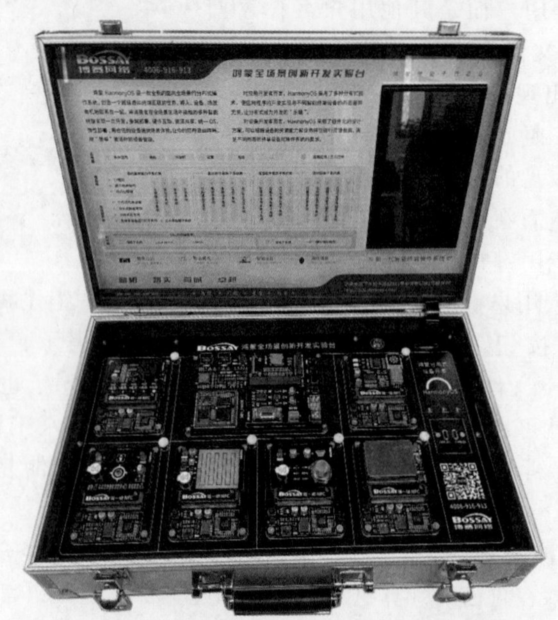

图 2-158　鸿蒙智联创新开发实验箱外观图

2. 鸿蒙智联创新开发实验箱面板图

鸿蒙智联创新开发实验箱面板如图 2-159 所示，其中①为电源键，是主电源开关按钮；②为 DC 电源适配器接口；③为 Type-C USB 接口；④为 LED 指示灯，该实验箱面板有 3 个 LED 指示灯，分别为 3.3V、Type-C、PC；⑤为 Type-C USB 接口，实验箱上有 2 个扩展 USB 接口；⑥为 L0 设备节点，实验箱上有 6 个 L0 设备节点。

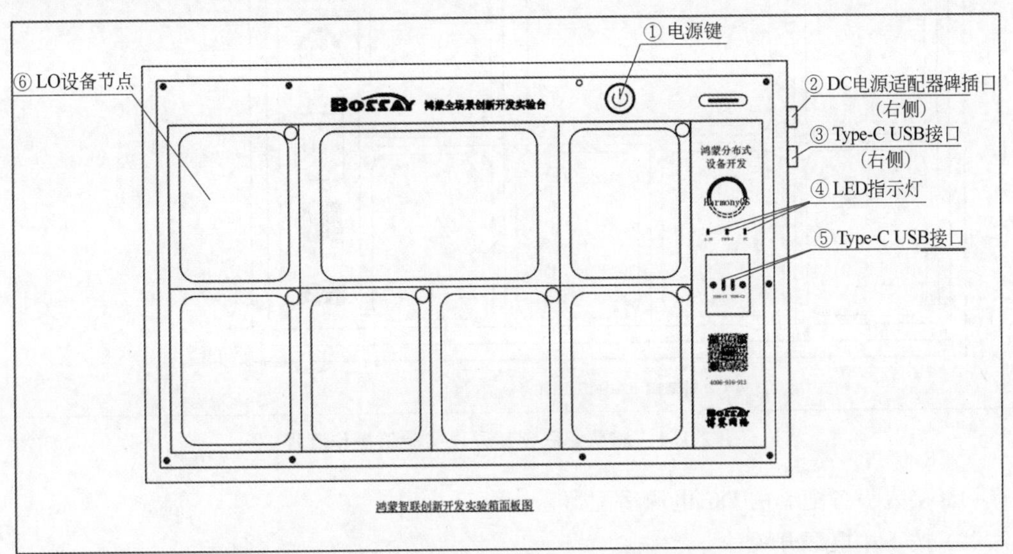

图 2-159　鸿蒙智联创新开发实验箱面板图

3. 鸿蒙智联创新开发实验箱侧面图

鸿蒙智联创新开发实验箱侧面如图 2-160 所示，其中②为 DC 电源适配器插口；③为 Type-C USB 接口。

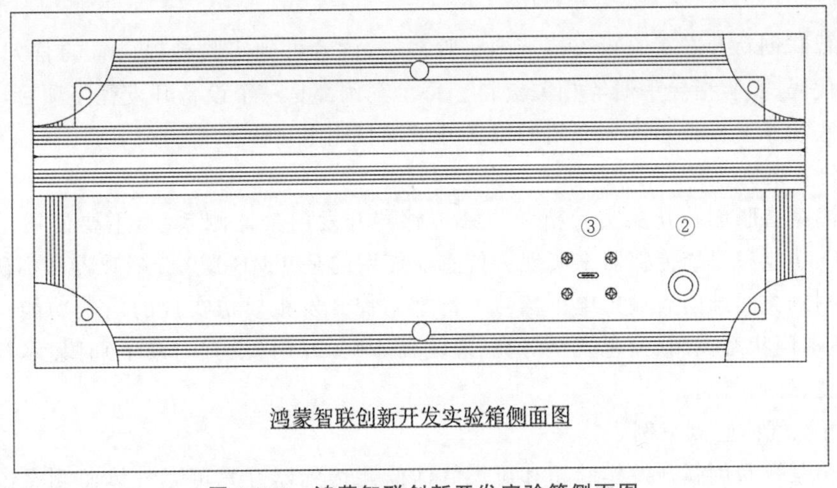

图 2-160　鸿蒙智联创新开发实验箱侧面图

2.8.2　鸿蒙智联创新开发实验箱操作流程

鸿蒙智联创新开发实验箱操作流程如图 2-161 所示，主要分为以下 4 步。

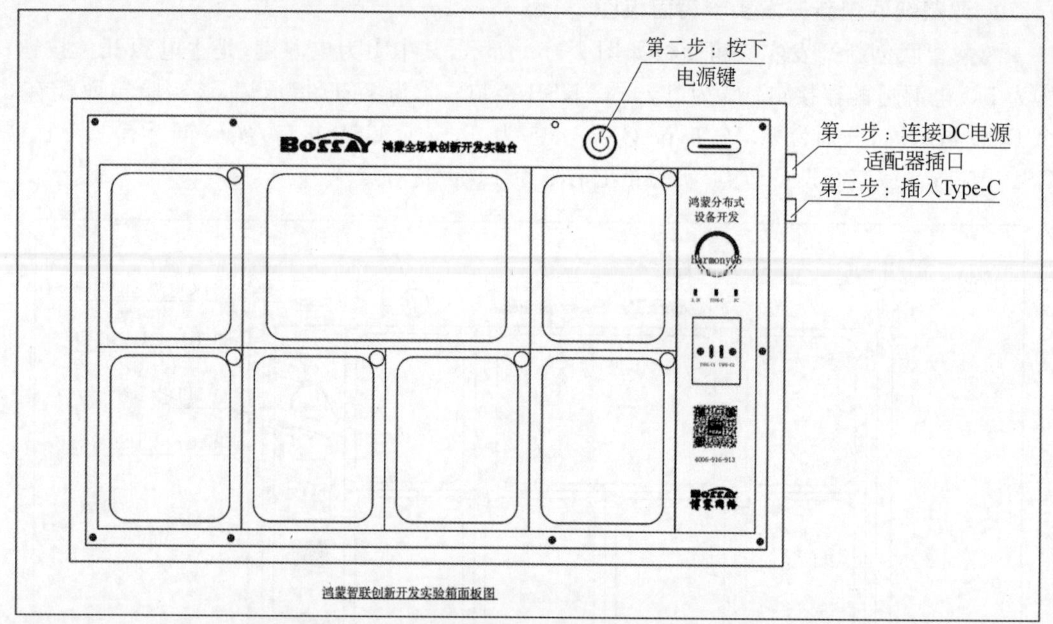

图 2-161　鸿蒙智联创新开发实验箱操作流程

(1) 接入设备配套的 DC 电源适配器。

(2) 按下主电源开关。

(3) 使用 Type-C USB 连接线连接个人 PC(计算机)和实验箱。

(4) 实验箱配备六块案例场景板,每个案例板右上角有一个按钮,按下按钮就可以选择将 PC 中的目标代码烧录到该区域内案例板。

2.8.3　鸿蒙智联创新开发实验箱支持的实验案例

鸿蒙智联创新开发实验箱支持下列实验案例,读者可到实验箱提供者的官方网站下载案例程序代码、实验指导手册等相关资料。每个案例都是一个设备开发程序项目,所有案例的开发方法和开发步骤和本书介绍的设备开发项目完全一样。

(1) 门禁案例。

使用鸿蒙智联创新开发实验箱和门禁传感器开发门禁监测系统,主要使用 Hi3861 芯片的 GPIO 功能和门禁传感器来实现。传感器使用的是 TMB-12095 蜂鸣器和门磁模块,门磁模块监测到关门开门后输出电平信号。门禁防控开发板模仿实现的门禁功能是关门(有门禁)时显示门状态关闭、蓝色安全灯亮、蜂鸣器不响,开门(没有门禁了)时显示门开启、红色报警灯亮、蜂鸣器响。

(2) 可燃气体监测案例。

使用鸿蒙智联创新开发实验箱和可燃气体监测传感器开发可燃气体监测系统,主要使用到的功能是 Hi3861 芯片的 ADC(模数转换)外设和可燃气体监测传感器。使用 MQ-5 传感器作为可燃气体监测传感器,可以监测液化气、天然气等可燃气体,输出模拟信号。可燃气体报警开发板实现的功能是当气体浓度大于报警阈值时红灯亮、蜂鸣器响,气体浓度小于报警阈值时红灯灭、蜂鸣器不响。

(3) 心率监测案例。

使用鸿蒙智联创新开发实验箱和心率监测传感器开发心率检测系统，主要使用Hi3861芯片的IIC(两线式串行总线)外设和心率监测传感器，对从IIC采集到的数据进行解析。心率监测传感器内置MAX30102芯片，传感器上具有红光(660nm)和红外光(880nm)两个LED，人体的氧合血氧蛋白和非氧合血氧蛋白对这两个不同波长的光吸收率的差异较为明显，可以据此得出血氧饱和度。心率监测仪开发板实现的功能是当心率值(HeartRate)大于100时红色报警灯亮、蜂鸣器响，否则绿色安全灯亮、蜂鸣器不响。正常成年人的心率范围是60～100次/min。将手指放在传感器中间测试，等待10秒后可以测出心率和饱和血氧浓度。

(4) 噪声监测案例。

使用鸿蒙智联创新开发实验箱和噪声监测传感器开发噪声监测系统，主要通过使用Hi3861芯片的ADC外设，读取噪音监测模块的电压输出引脚监测是否噪音超标。噪声监测传感器使用MAX4466放大器作为噪声监测的前端，硬件会将放大器的输出端连接到MCU上，用于实时监测噪声。噪声监测器开发板实现的功能是当有噪声接触到咪头麦克风MIC_9767时，随着噪声的增大，传感器的电压值会变大，临界值大约在1.8V，在大于临界值时红色报警灯亮、绿色安全灯不亮。

(5) 雨滴监测案例。

使用鸿蒙智联创新开发实验箱和雨滴报警器开发雨滴监测系统，主要通过使用Hi3861芯片的ADC外设，读取雨滴报警器的电压输出引脚监测雨滴量是否超标。雨滴报警器硬件使用LM393比较器作为输入端，硬件会将比较器的输出端连接到MCU(微控制单元)上，用于雨滴的监测。雨滴报警器开发板实现的功能是当有水滴接触传感器时，随着水滴的浸入扩散，传感器的电压值会变小，临界值大约在1.51V，在小于临界值时会亮红灯、蜂鸣器响。

(6) 声控开关案例。

使用鸿蒙智联创新开发实验箱和声控开关模块开发声控开关系统，通过智能语音识别，开发板能根据用户的语言命令执行相应的动作。声控开关模块内置一款机芯智能语音模块，可以通过监测语音输入来控制继电器的开关。声控开关实现功能首先要唤醒SU-03T语音识别模块，唤醒词是“你好小智”或者“小智精灵”。SU-03T语音识别模块成功唤醒之后LED红灯会亮，红灯不亮时代表SU-03T语音识别模块正在沉睡中。只有当红灯亮时才能执行打开或关闭空调、插座、开关的操作。红灯不亮时不能执行任何操作。语音识别模块唤醒后说“打开空调”，小智会回复“空调已打开”；说“关闭空调”，小智会回复“空调已关闭”。插座、开关与此类似。

(7) 气象实时监测案例。

使用鸿蒙智联创新开发实验箱和气象数据采集器开发气象实时监测系统，实时获取温度、湿度、气压海拔等数据。主要使用Hi3861芯片的IIC外设，以及使用软件模拟OneWire总线协议。气象数据采集器内置BMP280芯片和DHT21芯片，用于检测温湿度，光照强度，气压海拔数据，通过IIC或者Onewire协议读取数据。气象数据采集器开发板实现的功能是监测温度、湿度、大气压强、海拔高度这四个气象参数，当对应的气象参数超过相对应的报警阈值时蜂鸣器才响。各个参数的报警阈值可以自行通过华为手机遥控设置，最好是在遵循自然环境的温度、湿度、气压海拔的合理数值范围内设置报警阈值。

(8) 电梯防夹案例。

使用鸿蒙智联创新开发实验箱和电梯防夹模块实现电梯防夹场景模拟,主要使用Hi3861的GPIO功能,用于读取硬件监测到异常后的电平输出。电梯防夹传感器内部有LTH301-32红外对射管,分为红外发射管和光敏接收管,当手指模拟人体阻挡住两者之间的光路时,会输出一个电平信号。电梯门防夹开发板实现的功能是没有手(物体)靠近传感器时,10个LED灯从两端往中间依次点亮,代表电梯正在运行、电梯状态是开启中。当有手靠近传感器时,10个LED灯从中间往两端依次熄灭,代表电梯停止运行、电梯状态关闭。传感器的临界值大约在3.33V。有手靠近时的电压值即在3.33V左右,此时电梯停止运行、电梯状态关闭。

(9) 电子秤案例。

使用鸿蒙智联创新开发实验箱和智能电子秤案例开发智能电子秤项目,主要使用Hi3861芯片的GPIO和ADC功能,用于检测硬件的电平输出以及电子秤传感器的电压变化。智能电子秤模块传感器内部有薄膜压力传感器,当手指按压上去之后,其阻值发生变化,使用电压比较器放大电位变化后输出到单片机。智能电子秤开发板实现的功能是当有物体接触压力传感器FSR406时,随着物体施加压力的增大,传感器的电压值会变小,临界值大约在1.7V,当电压值小于1.7V时红色报警灯亮。

(10) PM2.5监测案例。

使用鸿蒙智联创新开发实验箱和PM2.5模块开发PM2.5状态监测项目,主要使用Hi3861芯片的UART功能,用于读取传感器发送到缓冲区的数据。PM2.5状态监测模块上的长方体金属是一款PM2.5检测传感器,可以检测空气中PM2.5、PM1.0、PM10的变化。PM2.5监测开发板实现的功能是当PM2.5的数值大于报警阈值时红灯亮,否则绿灯亮。

(11) 智能插座案例。

使用鸿蒙智联创新开发实验箱和智能插座模块开发智能插座项目,主要使用Hi3861芯片的UART功能,用于读取传感器发送到缓冲区的数据。智能插座模块上方有一个继电器和一个三色LED,用于指示插座的开关状态,用户也可以通过PWM控制三色LED显示的颜色。智能插座开发板实现的功能是继电器打开状态时蓝、红、绿依次点亮,继电器关闭状态时绿、红依次点亮。

(12) 火焰报警器案例。

使用鸿蒙智联创新开发实验箱和火焰监测传感器开发火焰报警器项目,主要使用Hi3861芯片的GPIO和ADC功能,用于读取传感器检测到异常后的数字信号输出。火焰传感器模块上有一个IR333C-A红外发射管和LM393比较器,用于指示插座的开关状态,当有火焰靠近时,红外发射管的电压产生变化,小于设置的阈值后,比较器触发,产生电平变化。火焰报警器开发板实现的功能是当传感器感知到火焰时,红色报警灯亮、蜂鸣器响,否则红灯不亮、蜂鸣器不响。

(13) 车位检测案例。

使用鸿蒙智联创新开发实验箱和车位检测模块开发车位检测系统,主要使用Hi3861芯片的GPIO功能,用于读取超声波模块测量到车子入库时的位置数据,计算车子距离挡板的距离。车位检测模块上有一个GU1007C-40T/R超声波传感器,其工作原理是利用发射超声波，通过被测物体的反射回波时差来测量被测距离，是一种非接触式测量仪器。车位检测器开发板实现的功能是通过超声波计算到的距离范围小于 0.1 米时代表有物体(车位)靠近，此时红色报警灯亮、绿灯不亮。否则代表无物体靠近，红灯不亮、绿灯亮。

(14) 串行通信的数据发送和接收实验案例。

使用鸿蒙智联创新开发实验箱和通用案例板开发车位检测系统，主要使用 Hi3861 芯片的 UART 功能，用于串行通信的发送数据和接收数据。通用案例板模块上的 MAX232 芯片用于转换 TTL 电平到 RS232 电平，SP3485EN 芯片用于转换 TTL 电平到 RS484 电平，实现物理层的协议转换。通用案例板开发板实现的功能是进行 RS-232 接口和 RS-485 接口发送或者接收数据实验。发送或者接收数据的类型是字符串类型。

(15) 声音播放器案例。

使用鸿蒙智联创新开发实验箱和声音播报器开发播报一段音频信号的实验项目，主要使用 Hi3861 芯片的 UART 功能，用于向播报器发送音频信号。声音播报器模块上的 JR6001 芯片用于接收 UART 的信号并将其转化为音频信号输出，通过功率放大器放大音频信号后输出到喇叭上。声音播报器开发板实现的功能是按下开发板上面相对应的按键可以实现播放、暂停、上一曲、下一曲、调高/调低音量的功能。

(16) 酒精检测案例。

使用鸿蒙智联创新开发实验箱和酒精检测传感器检测酒精的浓度，主要使用 Hi3861 芯片的 ADC 功能，用于获取传感器的 ADC 信号。酒精检测传感器模块上的 SGP30 芯片用于检测环境中的酒精浓度，输出电位的变化到 MCU 引脚。酒精检测模块上还有一个 TMB-12095 蜂鸣器，用于指示酒精浓度超标。酒精监测仪开发板实现的功能是监测酒精浓度，当酒精浓度超过设置的报警阈值时红灯亮、蜂鸣器响，否则绿灯亮、蜂鸣器不响。

(17) 触控报警案例。

使用鸿蒙智联创新开发实验箱和触控报警器模块检测电容变化，主要使用 Hi3861 芯片的 GPIO 功能，用于获取传感器接收到触控信号后发出的数字信号。触控报警器模块上的 ST02D 芯片用于检测手指放到检测端的后检测端电容的变化，然后将这种电容变化转化为数字信号输出。触控报警器开发板实现的功能是当有手触碰传感器时红灯亮、蜂鸣器响，否则红灯不亮、蜂鸣器不响。

(18) 红外测温案例。

使用鸿蒙智联创新开发实验箱和红外测温传感器获取温度数据，主要使用 Hi3861 芯片的 GPIO 功能，用于控制传感器的指示灯以及使用 IO 接口软件模拟的方式进行 SMBus 协议通信，获取传感器的温度数据。红外测温传感器模块上的 MLX90614 芯片用于检测环境温度的变化，温度数据存储在内部寄存器中，用户可以通过 SMBus 协议获取温度数据。红外测温仪开发板实现的功能是当测得的温度大于报警阈值时红灯亮、蜂鸣器响，否则绿灯亮、蜂鸣器不响。

(19) 声光报警器案例。

使用鸿蒙智联创新开发实验箱和声光报警模块检测声光信号，主要使用 Hi3861 芯片的 GPIO 功能，目的是使用 GPIO 循环报警，用户可以在此基础上进行扩展。声光报警模块上的 HYT-3015B 报警器可以发出强烈的警报声，用于模拟危急情况时的报警声。声光报警器开发板实现的功能是当蜂鸣器状态打开时红灯亮、蓝灯不亮，当蜂鸣器状态关闭时红灯不亮、蓝灯亮。

(20) 智慧大棚案例。

使用鸿蒙智联创新开发实验箱和智慧大棚检测仪模块模拟智慧大棚的使用场景，主要使用Hi3861芯片的IIC和GPIO功能，目的是使用GPIO控制传感器指示灯和读取温度湿度数据。智慧大棚检测模块上的BH1750和DHT11芯片可以检测到温湿度、气压和海拔的数据，使用IIC协议进行读取，用户可以根据这些数据使用GPIO来控制风扇，用于模拟智慧大棚。智慧大棚监测器开发板实现的功能是监测温度、湿度、光照强度这三个参数，当对应的参数超过相对应的报警阈值时LED灯亮、风扇打开。各个参数的报警阈值可以通过华为遥控手机自行设置，最好是合理范围内设置报警阈值。

(21) 烟感报警器案例。

使用鸿蒙智联创新开发实验箱和烟感检测传感器监测环境中的烟雾浓度，主要使用Hi3861芯片的ADC和GPIO功能，目的是使用GPIO控制传感器指示灯和使用ADC读取环境中的烟雾浓度。烟感报警器开发板实现的功能是当测得的气体浓度大于报警阈值时红灯亮、蜂鸣器响，否则红灯不亮、蜂鸣器不响。

(22) 台灯控制案例。

使用鸿蒙智联创新开发实验箱和台灯控制模块模拟日常台灯使用场景，检测光照强度用于补光和照明，主要使用Hi3861芯片的IIC和GPIO功能，目的是使用GPIO控制传感器指示灯和使用IIC读取传感器的光照强度数据。台灯控制模块上的BH1750芯片可以检测到照明强度的变化，将照明强度数据存储在寄存器之中，主机可以通过IIC协议读取寄存器中的照明强度数据。开发板使用BH1750光照传感器，可以检测到光照强度的变化，并将光照强度数据存储在寄存器之中。通过华为手机可以对开发板进行遥控操作。

(23) 物流监控案例。

使用鸿蒙智联创新开发实验箱和物流监控仪模块实时获取经纬度信息，检测光照强度用于补光和照明，主要使用Hi3861芯片的UART和GPIO功能，目的是使用GPIO控制传感器指示灯和使用UART接收传感器发送的数据。物流监控仪模块上的L76K是一款支持多卫星系统(GPS+BD+GLONASS+QZSS)、可多系统联合定位和单系统独立定位、支持AGNSS功能，内置LNA和声表面滤波器、可以快速精准高效定位的GNSS模块，可用于检测经纬度数据并通过UART发送给主机。物流监控仪开发板实现的功能是当货物在10m的范围内说明货物正常运输中，红灯不亮、蜂鸣器不响，否则说明货物异常，红灯亮、蜂鸣器响。

(24) 智慧井盖案例。

使用鸿蒙智联创新开发实验箱和井盖检测仪实时获取加速度信息，判断井盖是否倾翻，主要使用Hi3861芯片的IIC和GPIO功能，目的是使用GPIO控制传感器状态和使用IIC读取MPU6050的数据。物流监控仪模块上的MPU6050是全球首例9轴运动处理传感器，它集成了3轴MEMS陀螺仪，3轴MEMS加速度计，以及一个可扩展的数字运动处理器(Digital Motion Processor，DMP)，可用I2C接口连接一个第三方的数字传感器，例如磁力计。扩展之后就可以通过其I2C或SPI接口输出一个9轴的信号(SPI接口仅在MPU-6000可用)。MPU-60X0也可以通过其I2C接口连接非惯性的数字传感器，例如压力传感器。井盖检测仪开发板实现的功能是当pitch、yaw、roll这三个角度的旋转大于正100度或者小于负 100 度时指示井盖旋转状态异常，红灯亮、蓝灯不亮，否则指示井盖旋转状态正常，红灯不亮、蓝灯亮。pitch 是围绕 x 轴旋转，也叫作俯仰角；yaw 是围绕 y 轴旋转，也叫偏航角；roll 是围绕 z 轴旋转，也叫翻滚角。

2.9 习　题

一、问答题

1. C 语言鸿蒙 OS 设备开发硬件由哪几部分组成？

2. 简述 C 语言鸿蒙 OS 设备开发软件工具主要有哪些？各自的作用是什么？

3. 为什么使用交叉编译环境开发鸿蒙 OS 设备程序？

二、实验题

1. 在个人的计算机上，按照本章所学，下载、安装和配置必要的软件，搭建一个完整的 C 语言鸿蒙 OS 设备开发环境。

2. 将搭建好的 C 语言鸿蒙 OS 设备开发环境生成镜像文件，然后再使用镜像文件还原生成 C 语言鸿蒙 OS 设备开发环境。

第3章 C语言鸿蒙OS设备程序开发方法和步骤

【本章学习目标】

(1) 学会C语言鸿蒙OS设备开发编译环境的使用。

(2) 熟练掌握C语言鸿蒙OS设备开发方法和开发步骤。

(3) 掌握C语言鸿蒙OS设备开发程序项目的结构和组成内容。

本章以点亮一只LED灯的C语言设备开发程序案例,详细讲述利用本书第2章已经搭建好的C语言鸿蒙OS设备开发环境,开发设计C语言设备程序的方法和步骤。

3.1

3.1 C语言鸿蒙OS设备程序开发方法

如图3-1所示,C语言鸿蒙OS设备开发必须同时使用Windows开发环境与Linux编译环境,程序开发实验基于Hi3861芯片的开发板,大致开发过程分为几个步骤:代码编写,代码编译,镜像烧录,串口调试。程序员在Windows开发环境完成C语言程序源代码的编辑和修改,在Linux编译环境中将编辑好的C语言程序源代码编译成二进制的C语言程序可执行代码,然后再利用Windows开发环境中的烧录软件Hiburn,将Linux编译环境中编译好的C语言程序可执行代码,烧录到Hi3861开发板中,最后在Hi3861开发板中运行C语言程序可执行代码。

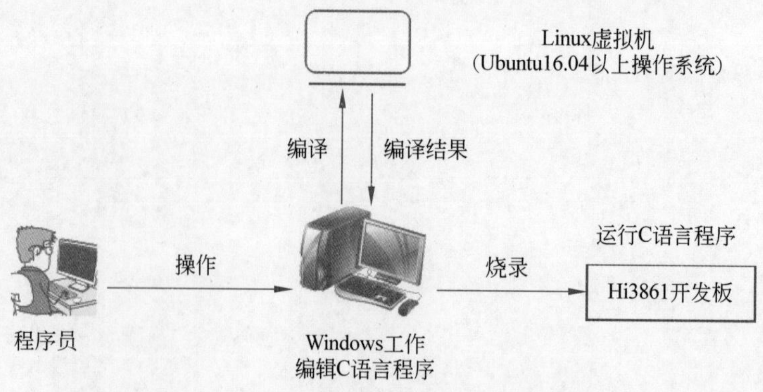

图3-1 C语言鸿蒙OS设备程序开发环境

其中，Linux 编译环境通过在 Windows 上搭建 Ubuntu 虚拟机的方式来实现。通过 samba 工具构建 Linux 本地虚拟机与 Windows 之间的共享文件夹，实现 Windows 环境与 Ubuntu 环境的资源共享。获取鸿蒙 OS 源码和支持开发板的源代码之后，将全部源码解压存放在共享文件夹 share 下（本书设定的共享文件夹是 share）。

开发方法：首先在共享文件夹下完成 C 语言程序源代码编辑；然后在 Ubuntu 虚拟机中完成 C 语言程序代码编译，编译生成的二进制可执行代码文件存放在源码目录下的 out 文件夹内，因为源码存放在共享文件夹下，所以编译生成的二进制可执行代码文件也存放在共享文件夹下；最后在 Windows 环境中获取编译生成的二进制可执行代码文件，进行镜像烧录与运行调试。

从图 3-1 可以看出，在程序的设备实验开发过程当中，软件的编译与执行不在同一设备上进行，编译在电脑端执行，编译产物在开发板上执行，这一过程称为交叉编译。在硬件设备的嵌入式开发当中，使用交叉编译的开发方式是极其必要的，这主要是因为嵌入式操作系统的硬件资源过少，无法完成源代码的编译工作，这就需要将编译的工作交由资源更多的设备进行，硬件设备只进行编译产物的执行工作。

3.2　C 语言鸿蒙 OS 设备程序项目结构和内容

3.2

通常情况下 C 语言程序不是由一个文件组成的，而是由一些与该程序密切相关的源程序代码文件，图形、图像、图标等资源文件，数据文件，配置文件，操作说明书等多个文件共同组成。所以准确地说，一个 C 语言程序通常被称为一个 C 语言程序项目或者 C 语言程序工程。当然，构成 C 语言程序项目的文件可视必要与否进行取舍。

本节以点亮一个 Hi3861 开发板上的 LED 灯的 C 语言程序项目为例，简要介绍一个 C 语言鸿蒙 OS 程序项目的结构和内容。

图 3-2 形象地展示了一个 C 语言鸿蒙 OS 程序项目的结构和内容，图中外带方框的 LED 和 SOURCE_LED 是文件夹，而且 SOURCE_LED 文件夹是 LED 文件夹下面的子文件夹。

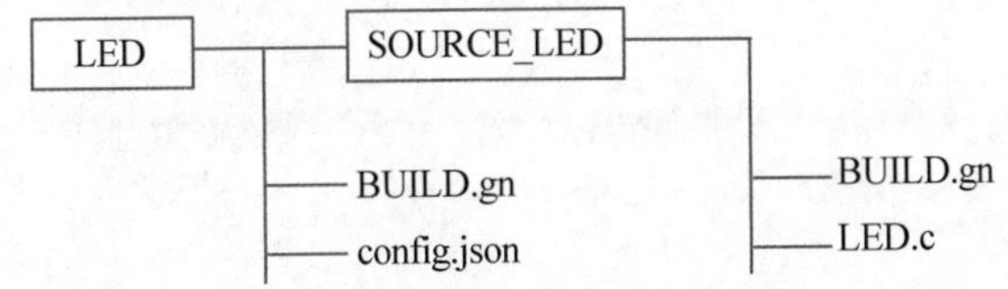

图 3-2　点亮 LED 灯的 C 语言鸿蒙 OS 程序项目结构和内容示意图

图 3-2 表示将点亮一个 Hi3861 开发板上的 LED 灯的 C 语言程序项目放在 LED 主文件夹里面进行管理，在 LED 主文件夹里面存放了 BUILD.gn、config.json 两个文件和一个子文件夹 SOURCE_LED，在子文件夹 SOURCE_LED 里面存放了 BUILD.gn 和 LED.c 两个文件。其中：LED 主文件夹里面的 BUILD.gn 和 SOURCE_LED 子文件夹里面的 BUILD.gn 是两个与编译环境配置有关的文件，它们虽然名字相同，但是内容和作用却是不同的；LED 主文件夹里面的 config.json 也是一个编译环境配置文件；SOURCE_LED 子文件夹里面的 LED.c 是程序员编写的 C 语言程序源代码文件，它由实现程序功能所必需的

C 语言程序代码组成,这个文件的扩展名必须是.c(小写的 c)。

为便于组织和管理 C 语言鸿蒙 OS 程序项目,一般将 C 语言鸿蒙 OS 程序项目存放在特定的文件夹下,而且不同厂商的程序项目要存放在自己特定的文件夹下,这是因为一个 C 语言鸿蒙 OS 程序项目,既有程序员自己编写的 C 语言程序源代码文件 LED.c,也有程序员自己编写的项目配置文件 config.json 和 BUILD.gn,还有构成程序项目必不可少的鸿蒙 OS 操作系统文件和支持 C 语言鸿蒙 OS 开发的设备厂商提供的项目支撑文件。所有这些文件相互依赖,相互协作,共同构成 C 语言鸿蒙 OS 程序项目,因此放在特定的文件夹下,便于这种依赖关系的实施。

要想使用 C 语言编程来点亮一个 Hi3861 开发板上的 LED 灯,必须调用一些驱动开发板工作的 API(Application Programming Interface)函数,本例中用到的 API 函数如表 3-1 所示。

表 3-1 点亮一只 LED 灯项目用到的 API 函数一览表

API 函数	功 能 描 述
unsigned intIoTGpioInit(OUT_GPIO7)	初始化 GPIO 端口
IoTGpioSetDir(WifiIotGpioIdx id, WifiIotGpioDir dir);	设置 GPIO 引脚方向,id 参数用于指定引脚,dir 参数用于指定输入或输出
IoTGpioSetOutputVal (WifiIotGpioIdx id, WifiIotGpioValue val);	设置 GPIO 引脚的输出状态,id 参数用于指定引脚,val 参数用于指定高电平或低电平
IoTGpioSetFunc(WifiIotName id,unsigned char val);	设置 GPIO 引脚的功能,id 参数用于指定引脚,val 参数用于指定引脚功能
APP_FEATURE_INIT(LED);	用于开发板引导启动程序模块

点亮一个 Hi3861 开发板上的 LED 灯项目的各个文件的内容和作用分别介绍如下。

1. LED 主文件夹里面的 BUILD.gn 文件内容及作用

```
group("LED")
{
    deps = ["SOURCE_LED:LED",
            "//device/bossay/hi3861_l0/sdk_liteos:wifiiot_sdk",
            "../common/iot_wifi:iot_wifi",
    ]
}
```

(1) C 语言鸿蒙 OS 设备程序的编译结果可以是静态库(static_library)、动态库(dynamic_library)、可执行文件或者 group(组件),组件是鸿蒙 OS 系统最小的可复用、可配置、可裁剪的功能单元。组件具备目录独立、可并行开发、可独立编译、可独立测试的特征。

(2) LED 主文件夹里面的 BUILD.gn 文件是一个组件编译脚本文件,该文件的作用就是设置组件编译的配置,也就是在编译 C 语言鸿蒙 OS 设备程序时,要根据这个文件的内容来编译和生成编译目标结果。该文件中的 group("LED")用以设置编译组件的目标名称"LED",就是组件的名称为"LED",它和 C 语言程序的项目名称 LED 保持了一致,遵循了编译目标名称和组件一致的原则。deps＝［"SOURCE_LED：LED"，"//device/bossay/hi3861_l0/sdk_liteos：wifiiot_sdk"，"../common/iot_wifi：iot_wifi"］语句中：deps 是英文单词 depends 的缩写，汉语的意思是"依赖"，因此该句的含义为，编译构建 LED 组件，需要依靠 LED 文件夹下面 SOURCE_LED 文件夹下的内容，以及保存在/device/bossay/hi3861_l0/sdk_liteos：wifiiot_sdk 和 ../common/iot_wifi：iot_wifi 中的鸿蒙 OS 操作系统中有关无线网络的开发包中的内容。

2. SOURCE_LED 文件夹里面的 BUILD.gn 文件内容及作用

```
static_library("LED")
{
    sources = [ "LED.c", ]
    include_dirs = [
        "//utils/native/lite/include",
        "//base/iot_hardware/peripheral/interfaces/kits",
        "//device/bossay/hi3861_l0/iot_hardware_hals/include",
        "//device/bossay/hi3861_l0/sdk_liteos/include"
          ]
}
```

（1）SOURCE_LED 主文件夹里面的 BUILD.gn 文件也是一个组件编译脚本文件，该文件的作用是设置程序 LED.c 编译的配置，也就是在编译 C 语言程序 LED.c 时，要根据这个文件的内容来编译和生成目标结果。static_library（"LED"）表明是要将 LED.c 编译成静态库。

（2）sources ＝［ "LED.c"，］表明编译生成静态库的源代码文件来源于 LED.c。

（3）include_dirs ＝［**** ］用于设置 LED.c 中＃include 包含语句的头文件的存储路径。

3. SOURCE_LED 主文件夹里面的 LED.c 文件内容及作用

```
#include <stdio.h>
#include "ohos_init.h"
#include "iot_gpio_ex.h"
#include "iot_gpio.h"
#define OUT_GPIO13 13
static void LED(void)                  //定义静态函数 LED
{
  IoTGpioInit(OUT_GPIO13);             //初始化 Hi3861 芯片 GPIO13 个引脚(GPIO 端口)
  //设置 Hi3861 芯片 GPIO13 引脚的功能
  IoTGpioSetFunc(OUT_GPIO13,IOT_GPIO_FUNC_GPIO_13_GPIO);
  IoTGpioSetDir(OUT_GPIO13,IOT_GPIO_DIR_OUT);     //设置写 Hi3861 芯片 GPIO13 引脚
  IoTGpioSetOutputVal(OUT_GPIO13, 1);      //设置写高电平到 Hi3861 芯片 GPIO13 引脚
}
APP_FEATURE_INIT(LED);                 //初始化且调用执行 LED 组件程序
```

Hi3861 芯片的 GPIO13 引脚连接着实验板上的一个 LED 灯（发光二极管），实际上实验板上有排列成五角形的 5 个 LED 灯，分别对应连接 Hi3861 芯片的 GPIO9、GPIO10、GPIO11、GPIO12、GPIO13 引脚。将上述代码中的 13 分别全部改成 9、10、11、12，然后编译生成可执行代码，写入实验板看看都有哪个灯被点亮。

4. LED 主文件夹里面的 config.json 文件内容及作用

```
{
  "product_name": "LED",
  "ohos_version": "鸿蒙 OS 3.0",
  "device_company": "bossay",
  "board": "hi3861_l0",
  "kernel_type": "liteos_m",
  "kernel_version": "",
  "subsystems":
    [
    {
      "subsystem": "iot_hardware",
      "components":
      [
        { "component": "iot_controller", "features":[] }
      ]
    },
    {
      "subsystem": "distributed_schedule",
      "components":
      [
        { "component": "samgr_lite", "features":[] }
      ]
    },
    {
      "subsystem": "security",
      "components":
      [
        { "component": "hichainsdk", "features":[] },
        { "component": "deviceauth_lite", "features":[] },
        { "component": "huks", "features":
        [
          "huks_config_file = \"hks_config_lite.h\"",
          "huks_mbedtls_path = \"//device/bossay/hi3861_l0/sdk_liteos/third_
          party/mbedtls/include/\""
        ]
      }
    ]
  },
  {
    "subsystem": "startup",
    "components":
    [
      { "component": "bootstrap_lite", "features":[] },
        { "component": "syspara_lite", "features":
          [
            "enable_ohos_startup_syspara_lite_use_thirdparty_mbedtls = false"
          ]
        }
```

```
        ]
      },

    {
      "subsystem": "utils",
      "components":
    [
      { "component": "file", "features":[] },
      { "component": "kv_store", "features":[] },
      { "component": "os_dump", "features":[] }
    ]
      }
  ],
  "third_party_dir": "//device/bossay/hi3861_l0/sdk_liteos/third_party",
  "product_adapter_dir": "//vendor/bossay/hi3861_l0/hals"
}
```

LED 主文件夹下的 config.json 文件是一个组件编译配置文件，该文件的作用是设置在编译生成 LED 产品组件时，需要用到的鸿蒙 OS 操作系统源码和鸿蒙智联创新开发板的支持源码。因为鸿蒙 OS 操作系统是可裁剪的，在编译生成 LED 产品组件时，通过 config 文件配置那些必要的鸿蒙 OS 组件即可，例如，在该 config.json 中就配置了必须的鸿蒙 OS 的硬件子系统的"iot_controller"组件、分布式数据管理子系统的"samgr_lite 组件、安全子系统的部分组件和启动子系统的部分组件，以及鸿蒙智联创新开发板的部分支持代码。

3.3　点亮一只 LED 灯的 C 语言设备程序开发步骤

3.3

本节以点亮一只 LED 灯的 C 语言鸿蒙 OS 设备程序开发为例，详细讲述 C 语言鸿蒙 OS 设备程序开发的步骤。

1. 准备好 C 语言鸿蒙 OS 设备程序编译环境

说明： 在开发 C 语言鸿蒙 OS 程序之前，要先准备好 C 语言鸿蒙 OS 程序编译环境，也就是要先在 Windows 工作台上运行虚拟机管理程序 VMware Workstation Pro，然后再在虚拟机管理程序中启动 Ubuntu 版 Linux 虚拟机 BossayUbuntu。

如果虚拟机管理程序 VMware Workstation Pro 和 Linux 虚拟机 BossayUbuntu 已经运行，则省略此步。否则如图 3-3 所示，要运行虚拟机管理程序 VMware Workstation Pro 并启动运行 Linux 虚拟机 BossayUbuntu，为 C 语言鸿蒙 OS 设备开发准备好编译环境。

2. 打开并运行 VS Code，通过 SSH 建立与虚拟机的连接

说明： VS Code 程序是 C 语言鸿蒙 OS 程序的编辑软件，C 语言鸿蒙 OS 程序项目的所有文件都是使用 VS Code 程序来编辑的。

如果 VS Code 程序已运行，则略过此步。否则在 Windows 工作台操作系统的桌面上

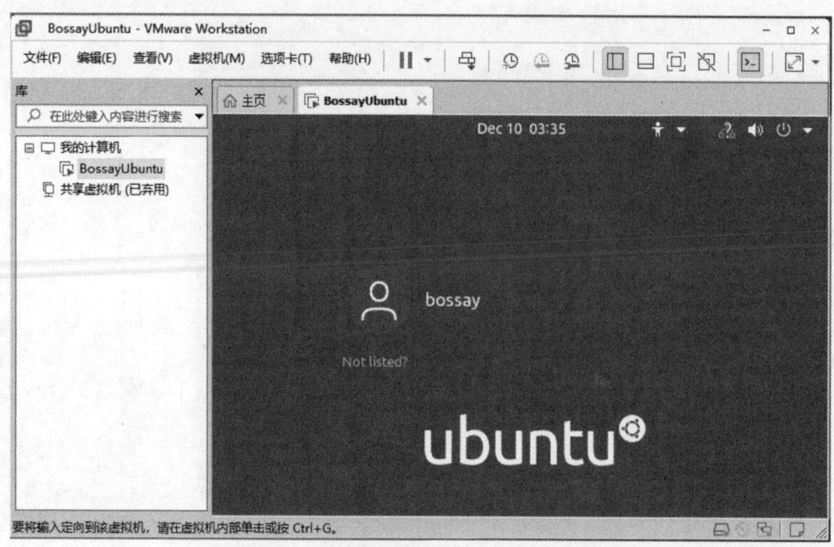

图 3-3　C 语言鸿蒙 OS 设备开发虚拟机

找到如图 3-4 所示 VS Code 程序的快捷图标，双击它运行该程序，如果一切正常会出现 VS Code 程序运行主窗口如图 3-5 所示。如果在启动 VS Code 程序的过程中出现如图 3-6 所示的“SSH 连接异常”窗口，意味着 SSH 没有建立与 IP 地址为 192.168.249.128 的虚拟机的连接，这有可能是由于虚拟机刚启动、其 SSH 服务还没有启动的情况下出现的问题，这时单击图 3-6 所示的窗口中的 Retry 按钮，尝试再次进行 SSH 连接，如果连接成功，则出现如图 3-5 所示的窗口，VS Code 程序完成正常启动。如果尝试 Retry 几次问题还得不到解决，极有可能是由于 SSH 连接设置存在问题，需要重新检查并解决 SSH 连接设置存在的问题。

图 3-4　VS Code 程序的快捷图标

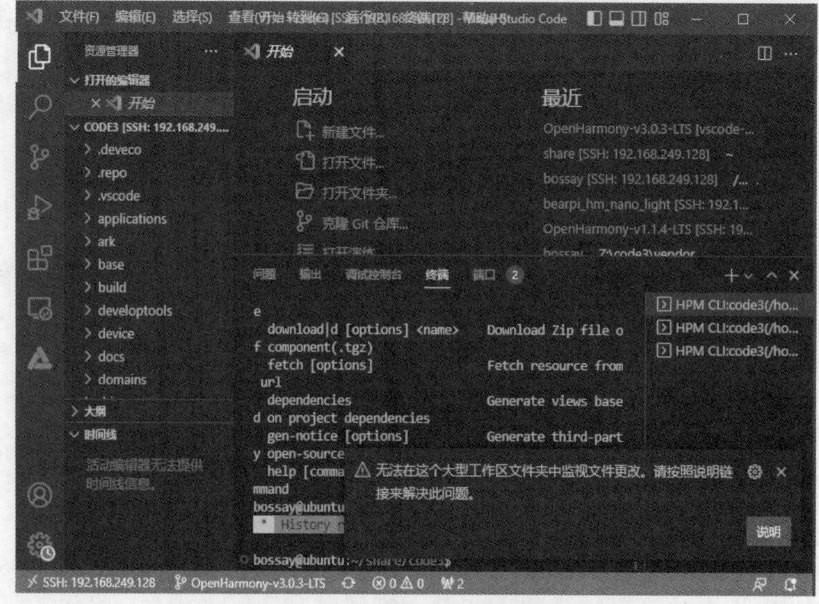

图 3-5　建立了 SSH 连接的 VS Code 程序的主窗口

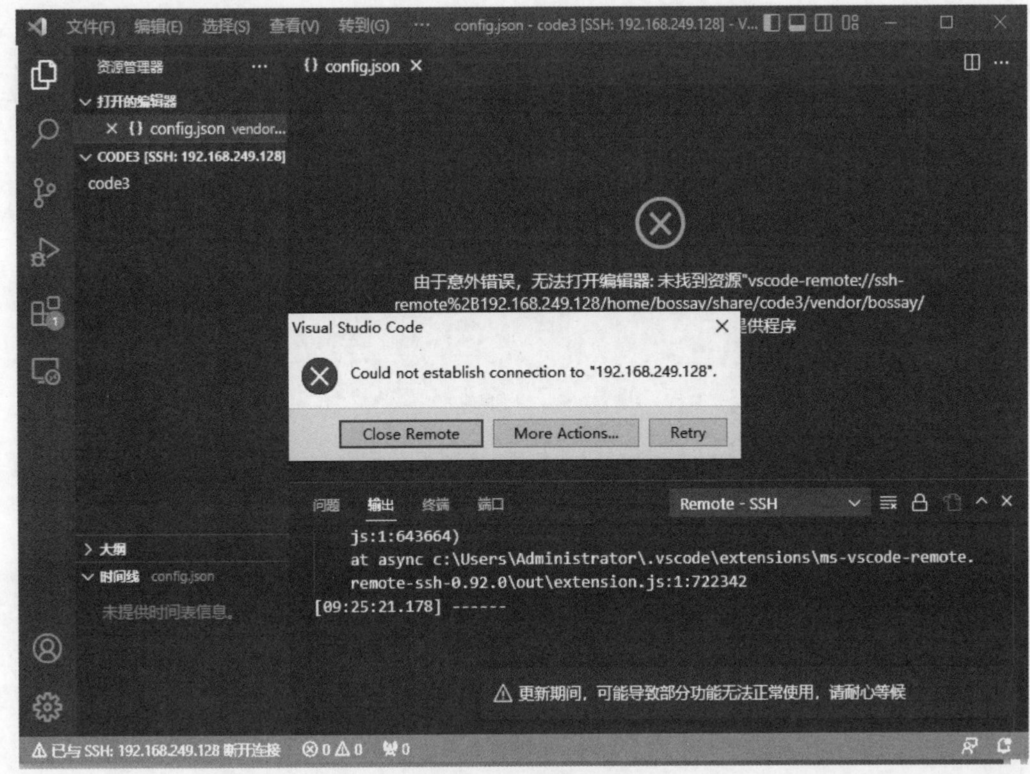

图 3-6　SSH 连接异常

3. 在 VS Code 程序中打开资源管理工具，使用 DevEco 添加新产品

在如图 3-7 所示的窗口中，单击窗口左侧列表中最上方的资源管理器图标打开资源管理器工具，然后单击资源管理器下方的 CODE3 项目，找到并且单击打开 vendor，然后右击 vendor 下面的 bossay，这时会在右侧弹出菜单，接着单击弹出菜单最下方的"[DevEco]开源鸿蒙"，在其右侧会弹出子菜单"添加新产品"，单击 "添加新产品"，弹出"产品创建向导"如图 3-8 所示。

4. 使用 DevEco 产品创建向导，设定产品基础信息

在如图 3-8 所示的窗口中，用键盘输入的方式在"供应商名称"下方的文本输入框中输入"bossay"，在"产品名称"下方的文本输入框中输入点亮一只 LED 灯的项目名称"LED"，单击"开发板名称"下方列表框，在弹出的列表中选择"hi3861_IO"，产品名称保持"无"，设定好的新产品的基础信息如图 3-9 所示，设定好产品基础信息后，单击窗口下方的"确定"键，回到如图 3-10 所示的窗口。要注意，刚回到该窗口时如果看不到新建的"LED"新产品项目，这时必须单击"刷新资源管理器"图标后才能在 vendor 下面的 bossay 中见到新建的产品项目"LED"。注意以后每次新建项目、文件夹、文件后，如果在 bossay 文件夹下看不到它们都需要单击一下刷新图标，才能在列表中看到它。

5. 检查一下新创建的 LED 项目的基础内容

在如图 3-10 所示的窗口中，单击"LED"项目，在其下方列出新建"LED"项目的两个文件 BUILD.gn 和 config.json 如图 3-11 所示。单击 BUILD.gn 文件，可以在右侧文本编辑器中编辑 BUILD.gn 文件内容，如图 3-12 所示；单击 config.json 文件，就可以在右侧文本编辑

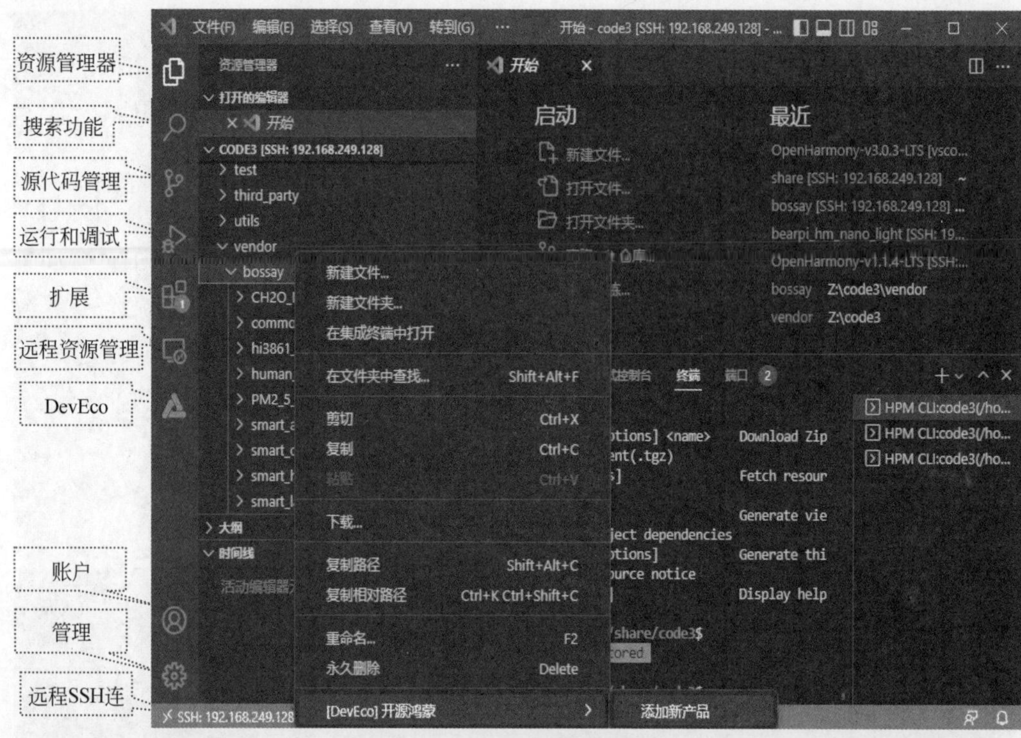

图 3-7　VS Code 程序运行的主窗口

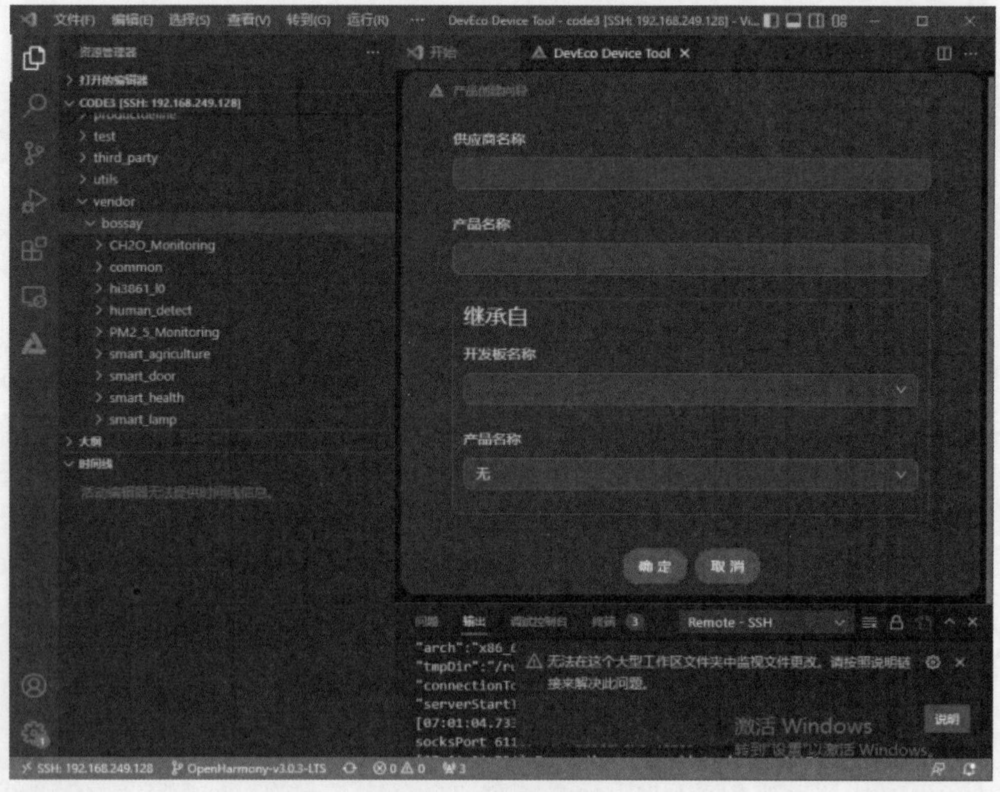

图 3-8　产品创建向导

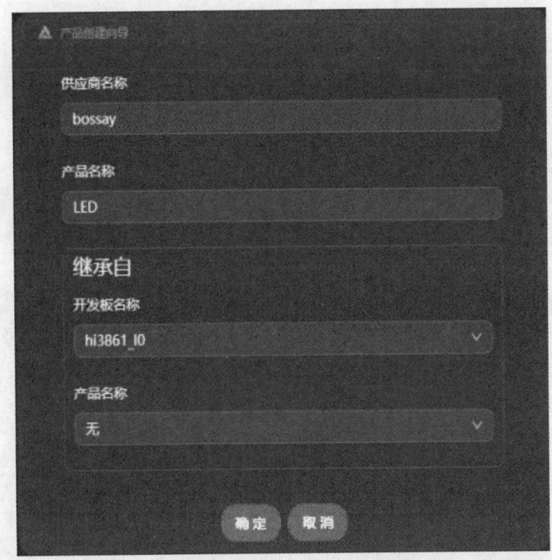

图 3-9　产品基础信息

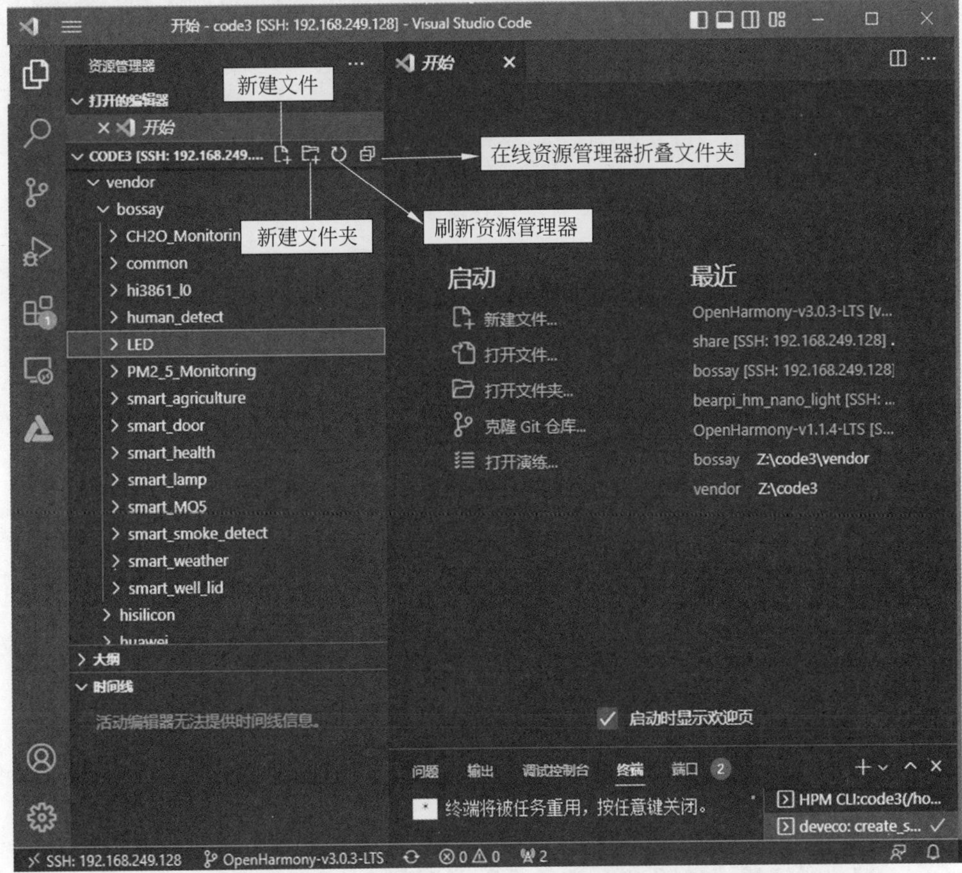

图 3-10　新建 LED 项目

图 3-11　新建 LED 项目的基础内容

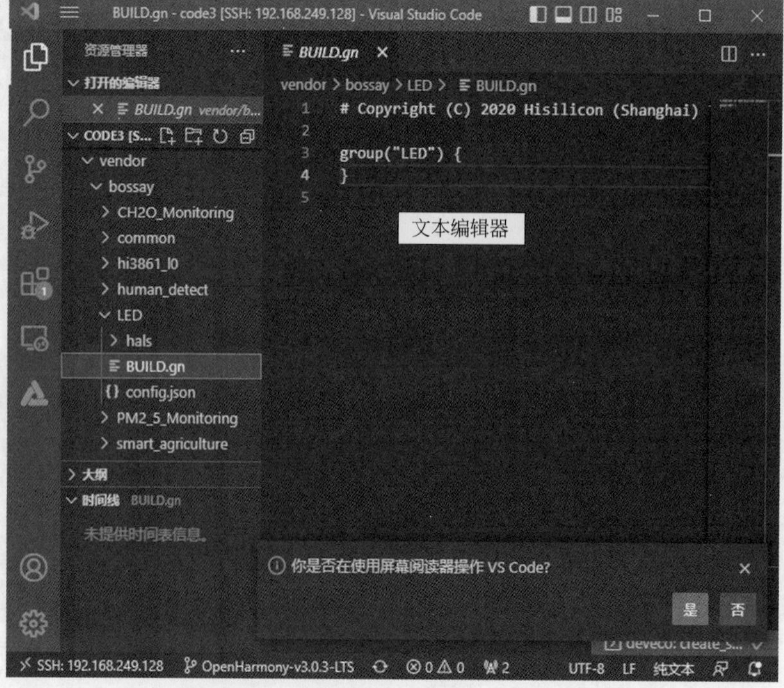

图 3-12　编辑器中编辑文件 BUILD.gn

器中编辑 config.json 文件内容,如图 3-13 所示。如此操作,想编辑任何一个文件,只要单击文件名,该文件就会显示在编辑器中任由编辑了。

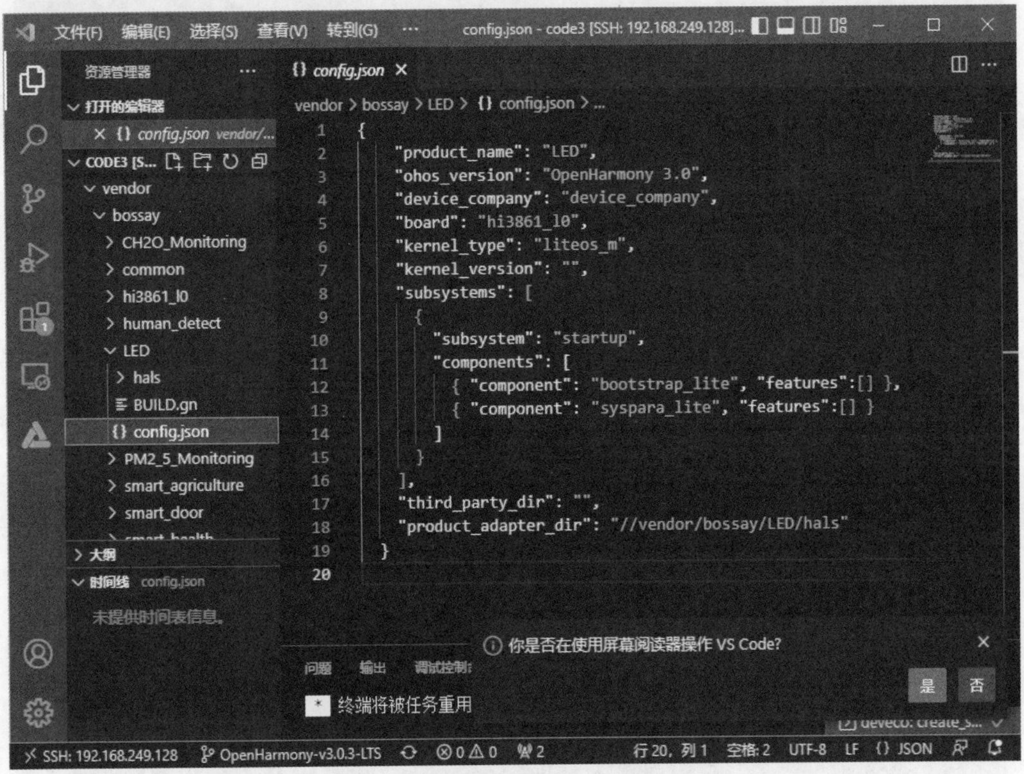

图 3-13　编辑器中编辑文件 config.json

6. 编辑保存 LED 项目根目录下的 BUILD.gn 文件

说明:这一步是程序员编辑 LED 项目根目录下的 BUILD.gn 文件,用键盘输入文件的内容,然后保存该文件。

本步操作由以下 3 步完成。

1) 在文本编辑器中打开 LED 文件夹下的 BUILD.gn 文件

在如图 3-11 所示的窗口中,单击打开窗口左侧列表中文件夹 LED,然后单击 LED 文件夹下面的文件 BUILD.gn,将其在编辑器中打开如图 3-12 所示。

2) 使用文本编辑器编辑 LED 文件夹下的 BUILD.gn 文件

如图 3-14 所示,在确保内容、格式严格符合 C 语言程序规范的前提下,采用键盘输入的方式,将本书 3.2 节 LED 主文件夹下的 BUILD.gn 代码输入,完成 BUILD.gn 文件内容的编辑。

3) 保存 LED 文件夹下的 BUILD.gn 文件

如图 3-15 所示,编辑完文件 BUILD.gn 的内容后,单击"文件"菜单,然后在弹出的子菜单中单击"保存",将 BUILD.gn 的内容保存到磁盘上。凡是输入和修改后的文件内容,都需要照此方法进行及时的保存。

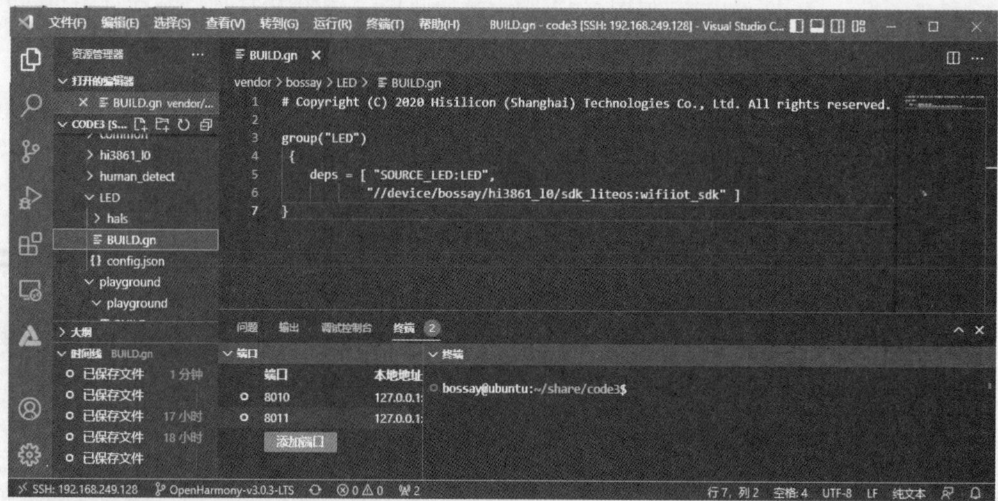

图 3-14　编辑器中编辑 LED 文件夹的 BUILD.gn

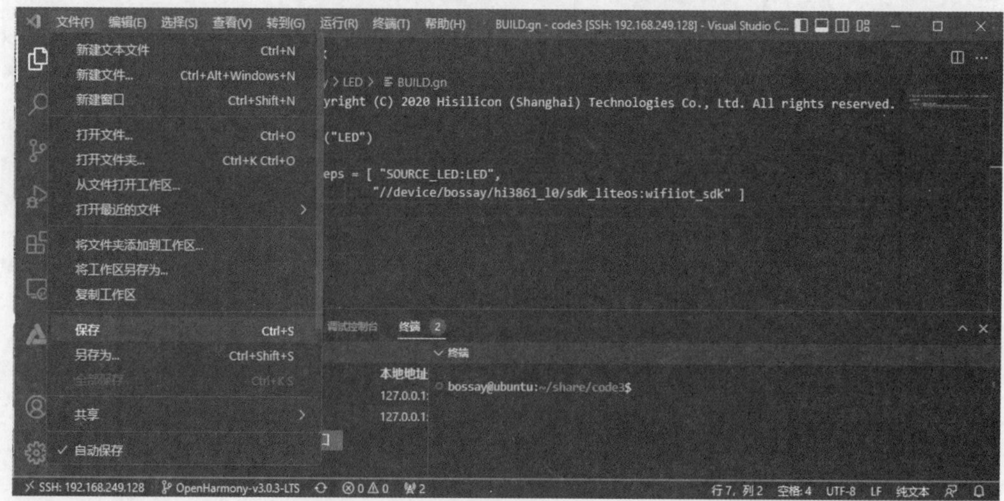

图 3-15　保存文件 BUILD.gn 的内容

7. 编辑保存 LED 项目根目录下的 config.json 文件

本步操作由以下 3 步完成。

1) 在文本编辑器中打开 LED 文件夹下的 config.json 文件

在如图 3-11 所示的窗口中,单击打开窗口左侧列表中文件夹 LED,然后单击 LED 文件夹下面的文件 config.json,将其在编辑器中打开,如图 3-13 所示。

2) 使用文本编辑器编辑 LED 文件夹下的 config.json 文件

编辑 config.json 文件内容有以下两种方法。

(1) 使用键盘输入的方式编辑 config.json 文件。

如图 3-13 所示,在确保内容、格式严格符合 C 语言程序规范的前提下,采用键盘输入的方式,修改 config.json 文件,将本书 3.2 节 LED 主文件夹下的 config.json 代码输入,完成 config.json 文件内容的编辑。

(2) 使用复制和粘贴的方式编辑 config.json 文件。

因为 config.json 文件的内容不但有点多，而且文件内容对于初学 C 语言的人来说也难以读懂。用键盘输入编辑修改整个文件的内容，对于初学者来说有点困难，有时候还难免出现错误，所以，初学者可以用复制粘贴的方式来输入 config.json 文件的内容。与本书配套的网站提供了本书中所有的程序项目内容，每一个案例程序的文件都可以从网上下载，每个案例项目中都有一个 config.json 文件。初学者可以采用复制粘贴的方式来输入编辑 config.json 文件的内容。

3) 保存 LED 文件夹下的 config.json 文件

编辑完文件 config.json 的内容后，单击 VS Code 的“文件”菜单，然后在弹出的子菜单中单击“保存”，将 config.json 的内容保存到磁盘上。

8. 在 LED 项目的文件夹 LED 下新建子文件夹 SOURCE_LED

说明：这一步是程序员在 LED 文件夹下创建一个子文件夹 SOURCE_LED，在子文件夹 SOURCE_LED 下存放程序项目的源代码文件和编译配置文件，文件夹的名字由程序员自己决定，但这个文件夹要创建在项目文件夹 LED 下。

在 LED 文件夹下新建 SOURCE_LED 文件夹有以下 2 种方法。

(1) 在如图 3-16 窗口中，右击 LED 文件夹弹出菜单，然后单击菜单中的“新建文件夹”，在弹出的文本输入框中输入“SOURCE_LED”，输入完成后按回车键就在 LED 文件夹下建立了 SOURCE_LED 文件夹，如图 3-18 所示。

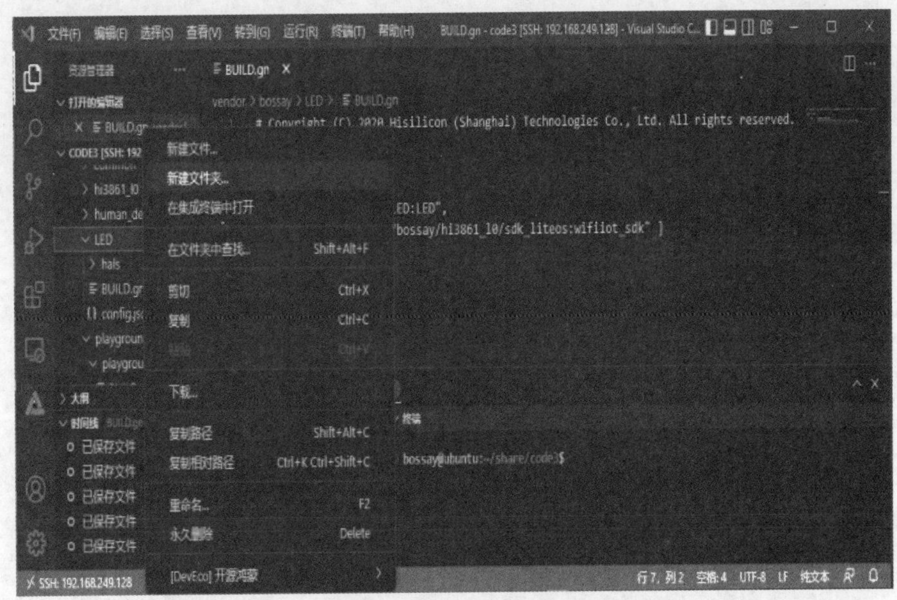

图 3-16　使用菜单在文件夹 LED 下创建子文件夹

(2) 如图 3-17 所示，首先单击打开 LED 文件夹，然后单击“新建文件夹”按钮，接着在弹出的文件夹名称输入框中输入“SOURCE_LED”，输入完成后按回车键就在 LED 文件夹下建立了 SOURCE_LED 子文件夹，如图 3-18 所示。

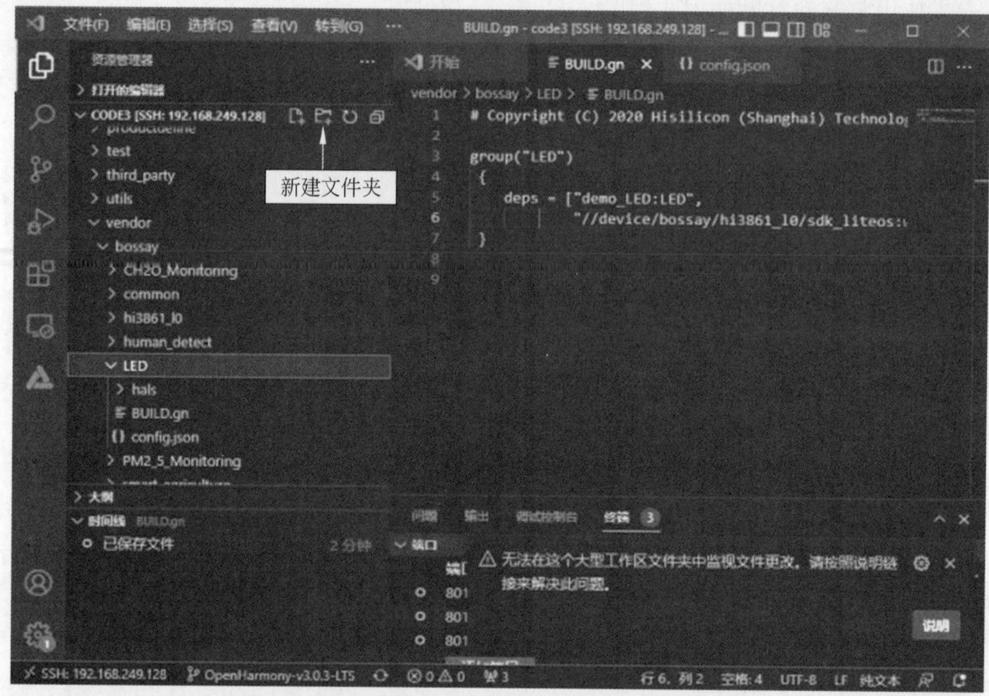

图 3-17 使用图标按钮在 LED 文件夹下新建文件夹

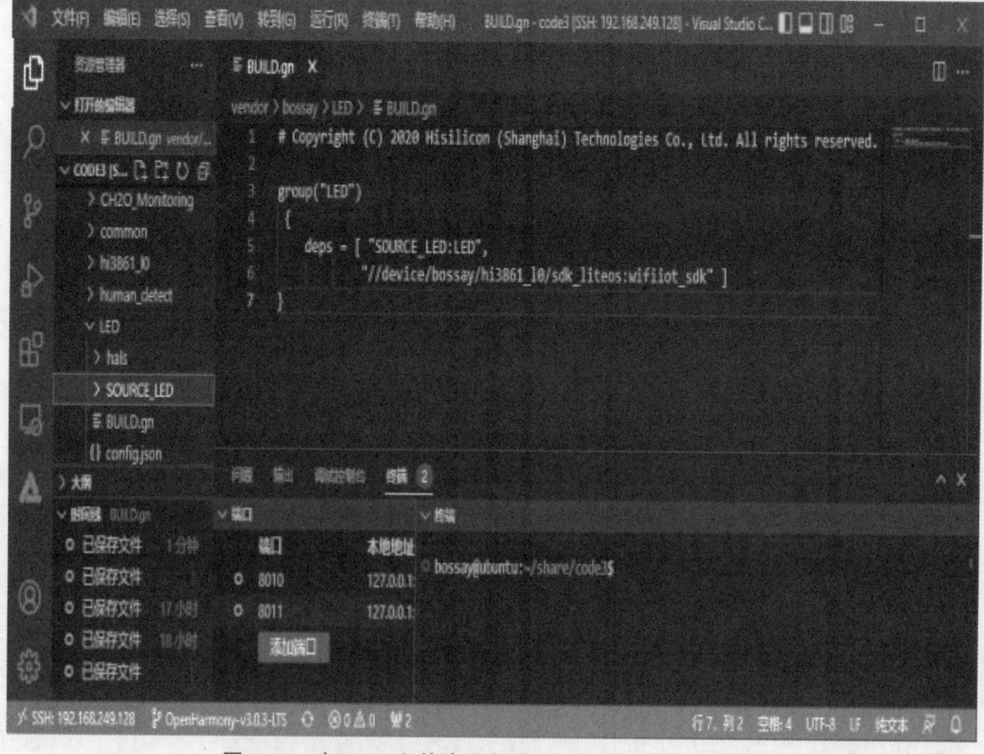

图 3-18 在 LED 文件夹下创建 SOURCE_LED 文件夹

9. 在LED项目的子文件夹SOURCE_LED下,新建编译配置文件BUILD.gn

说明:这一步是程序员在LED文件夹下边的子文件夹SOURCE_LED中,创建程序项目的编译配置文件BUILD.gn,包括:创建这个文件的文件名、利用键盘输入文件的内容以及文件内容输入完成后保存这个文件。要注意的是,这个文件和前面第6步编辑的文件虽然名称相同,但是它们的内容不相同,作用也不一样,而且存放在不同的文件夹下。

本步操作由以下3步完成。

1) 在SOURCE_LED文件夹下新建BUILD.gn文件

在SOURCE_LED文件夹下新建BUILD.gn文件有以下2种方法。

(1) 在如图3-19所示的窗口中,右击SOURCE_LED文件夹会弹出菜单,然后单击弹出菜单中的"新建文件",在弹出的文件名称输入框中输入"BUILD.gn",输入完成后按回车键就在SOURCE_LED文件夹下建立了文件BUILD.gn,如图3-19所示。

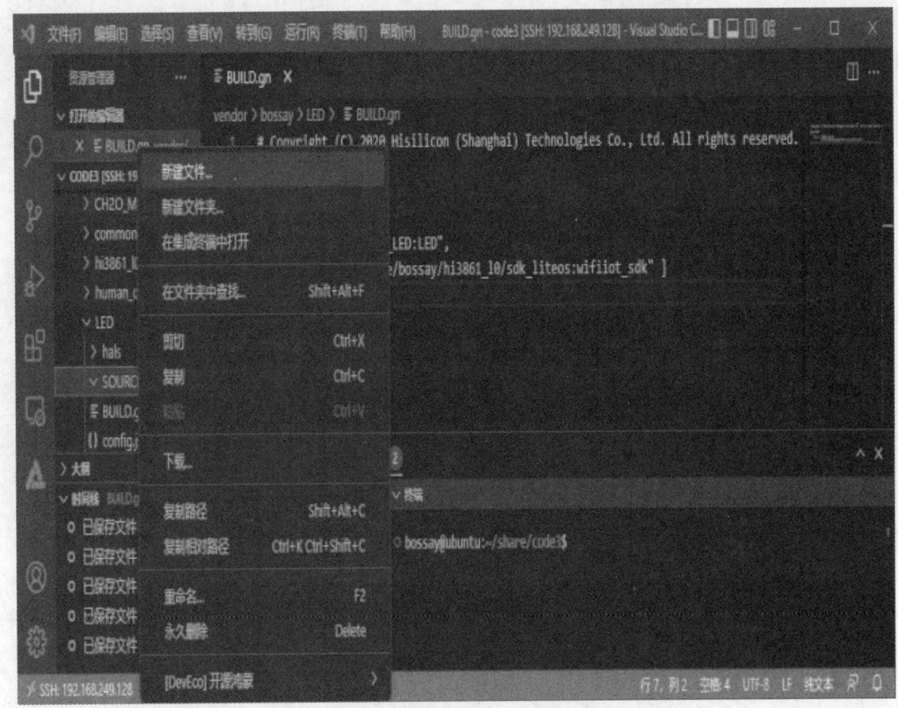

图3-19 使用菜单在文件夹SOURCE_LED下新建文件

(2) 如图3-20所示,首先单击打开SOURCE_LED文件夹,然后单击"新建文件"按钮,接着在弹出的文件名称输入框中输入"BUILD.gn",输入完成后按回车键就在SOURCE_LED文件夹下建立了BUILD.gn文件,如图3-21所示。

2) 编辑SOURCE_LED文件夹下新建的BUILD.gn文件

在如图3-21所示的窗口中,保持文件BUILD.gn处于打开编辑状态,然后用键盘在窗口右侧文本编辑器中输入本书3.2节中SOURCE_LED文件夹下的文件BUILD.gn的内容,如图3-22所示。需要说明的是,该文件内容的编辑,也可以用复制粘贴方式去完成。

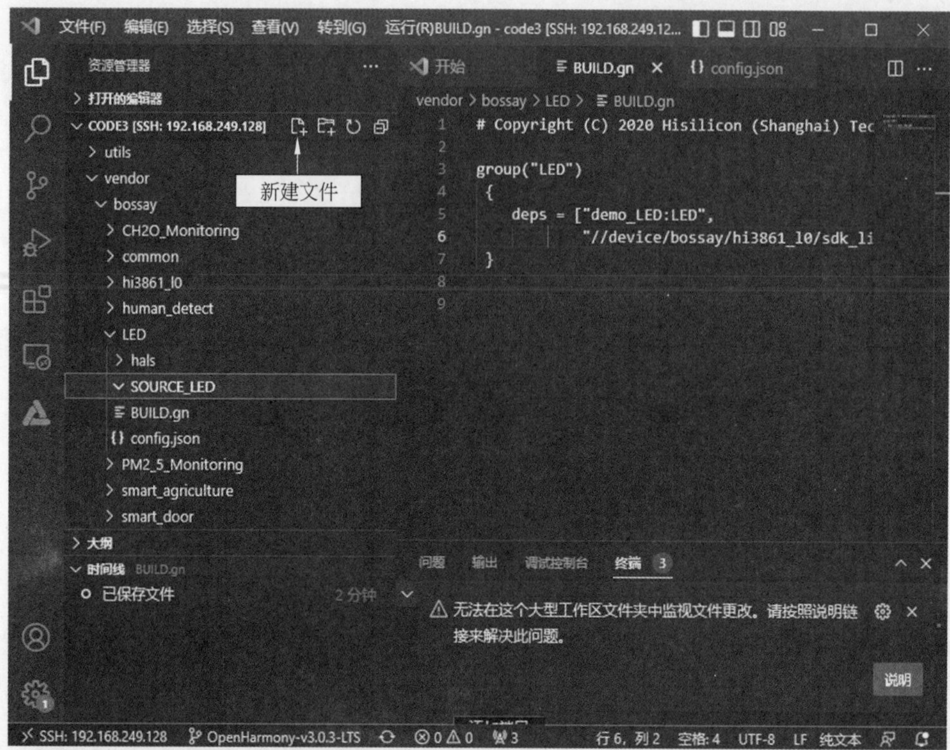

图 3-20 使用图标按钮在 SOURCE_LED 文件夹新建文件

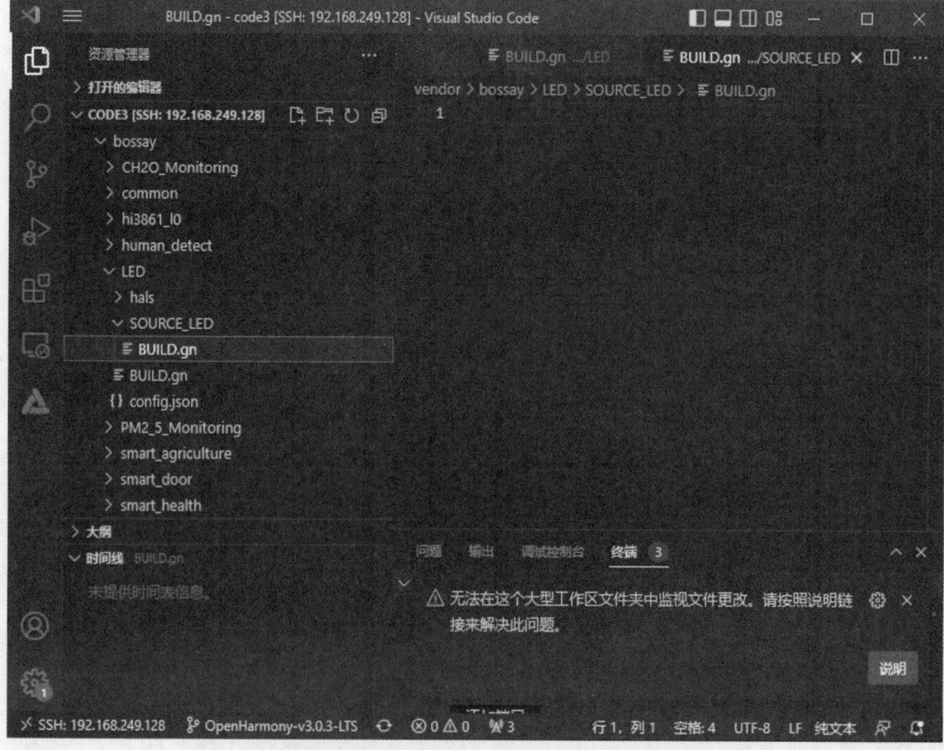

图 3-21 在 SOURCE_LED 文件夹新建文件 BUILD.gn

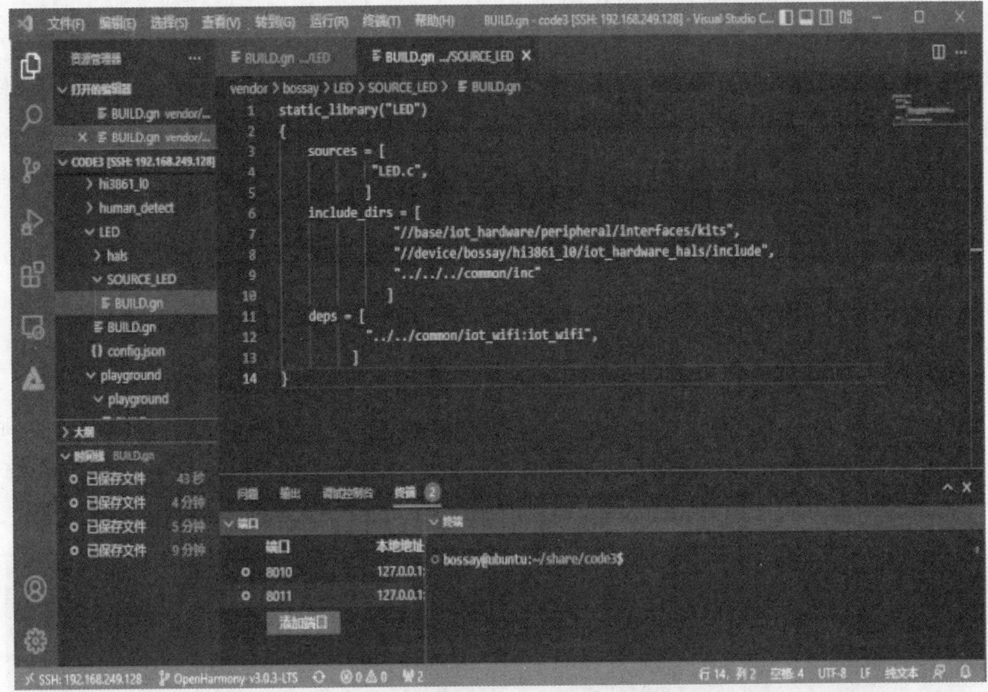

图 3-22　编辑文件 BUILD.gn 文件

3）保存 SOURCE_LED 文件夹下编辑好的 BUILD.gn 文件

如图 3-23 所示，编辑好文件 BUILD.gn 的内容后，要及时单击 VS Code 程序的“文件”菜单，然后在弹出的子菜单中单击“保存”，及时将 BUILD.gn 的内容保存到磁盘上。

图 3-23　保存 SOURCE_LED 文件夹下的 BUILD.gn 文件

10. 在 LED 项目的子文件夹 SOURCE_LED 下新建 C 语言程序源代码文件 LED.c

说明:这一步是在 LED 文件夹下边的子文件夹 SOURCE_LED 里面,创建程序项目的 C 语言程序代码文件 LED.c,包括:创建这个文件的文件名、利用键盘输入文件的内容以及文件内容编辑输入完成后保存这个文件。需要说明的是,这个文件是由程序员根据程序的功能要求,自己设计编写的 C 语言程序文件。

本步操作由以下 3 步完成。

1)在 SOURCE_LED 文件夹下新建 LED.c 文件

在 SOURCE_LED 文件夹下新建 LED.c 文件有以下 2 种方法。

(1)在如图 3-24 所示的窗口中,右击 SOURCE_LED 文件夹弹出菜单,然后单击"新建文件",在弹出的文件名称输入框中输入文件名称"LED. c",输入完成后按回车键就在 SOURCE_LED 文件夹下新建了 LED.c 文件,如图 3-26 所示。

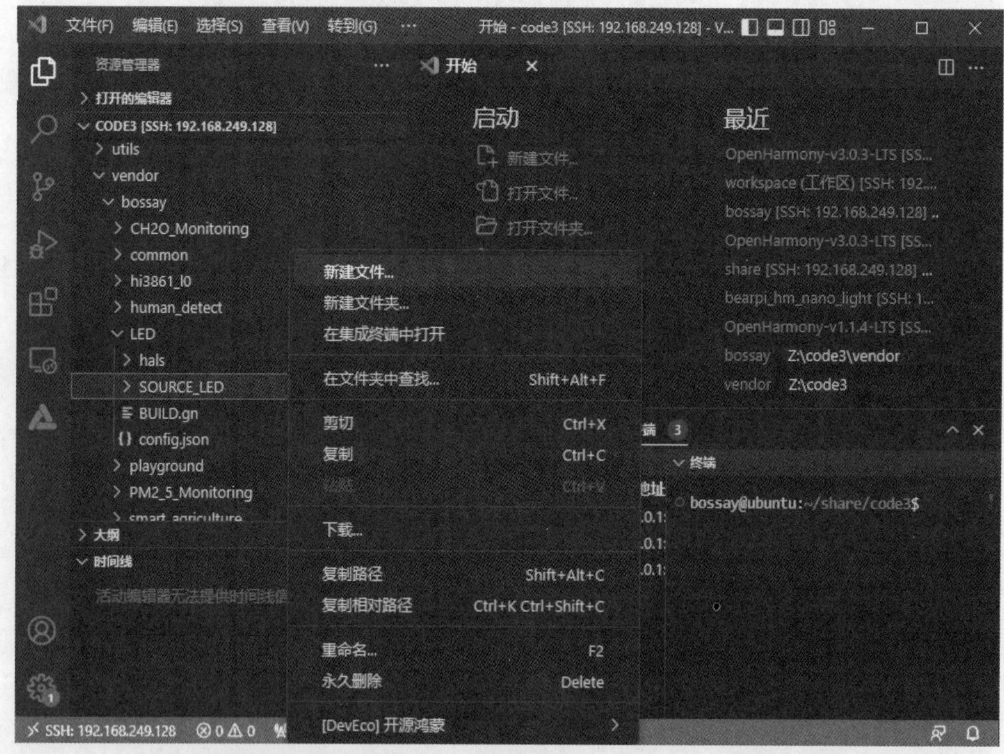

图 3-24 使用菜单在文件夹 SOURCE_LED 下新建文件

(2)如图 3-25 所示,首先单击打开 SOURCE_LED 文件夹,然后单击"新建文件"按钮,接着在弹出的文件名称输入框中输入"LED. c",输入完成后按回车键就在 SOURCE_LED 文件夹下建立了 LED.c 文件,如图 3-26 所示。

一定要注意文件名的扩展名是小写的字符"c"。

2)编辑 LED.c 文件

在如图 3-26 所示的窗口中,保持文件 LED.c 处于打开编辑状态,然后用键盘在窗口右

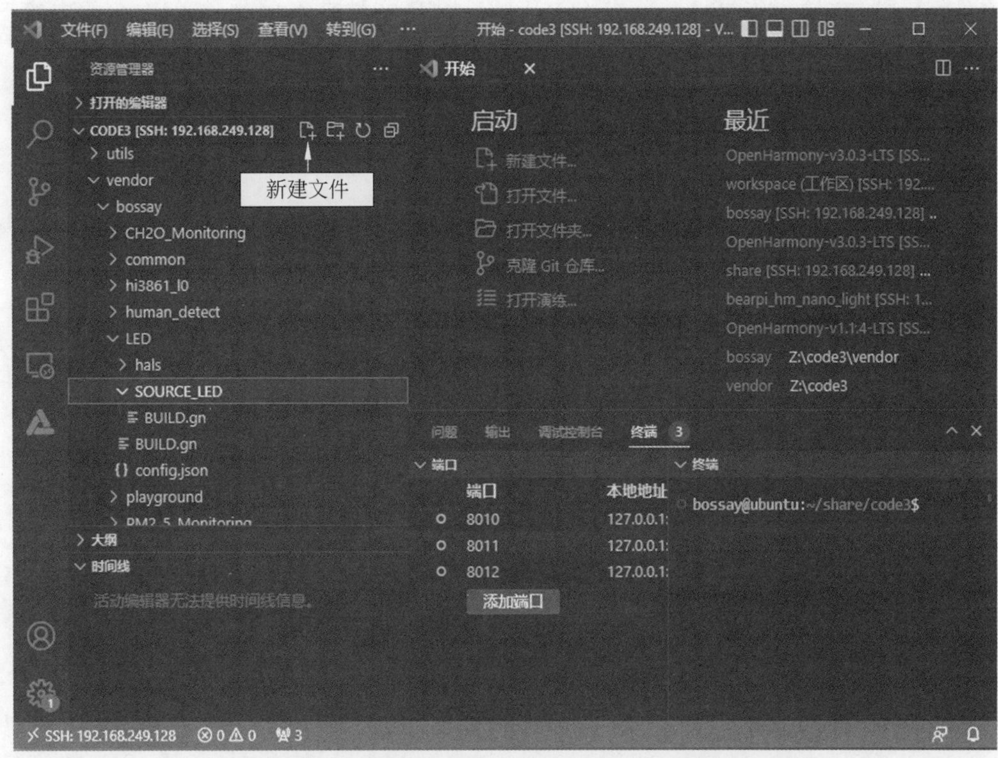

图 3-25　使用图标按钮在 SOURCE_LED 文件夹新建文件

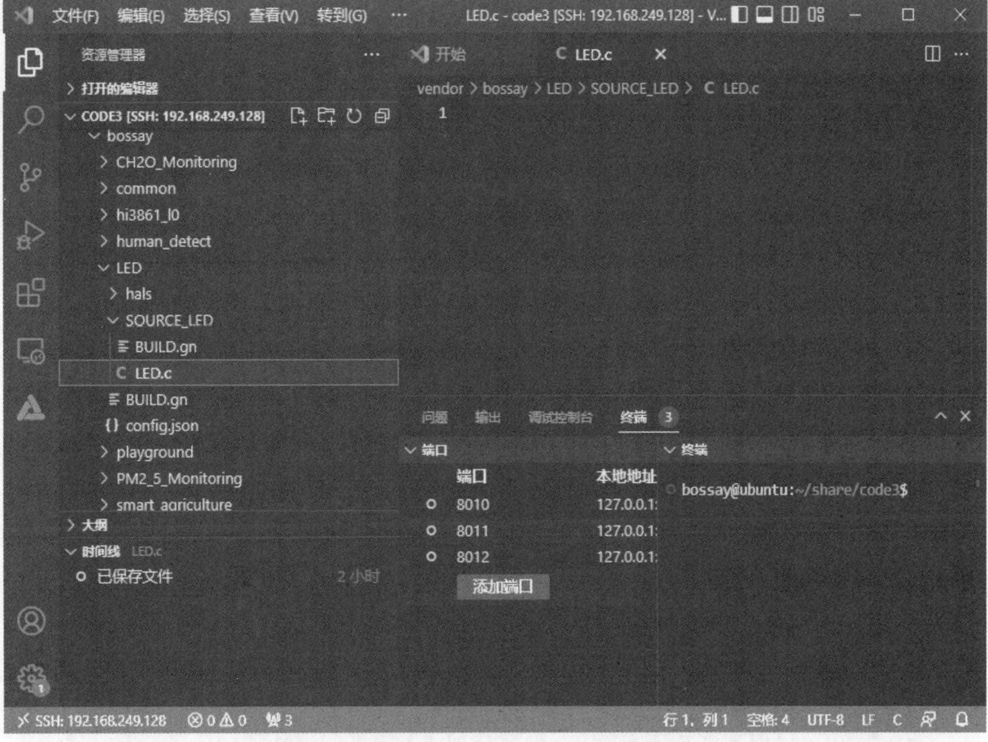

图 3-26　在 SOURCE_LED 文件夹新建文件 LED.c

侧文件编辑器中,输入本书 3.2 节中 SOURCE_LED 文件夹下的文件 LED.c 的内容,如图 3-27 所示。需要说明的是该文件内容的编辑也可以用复制粘贴的方式去完成。

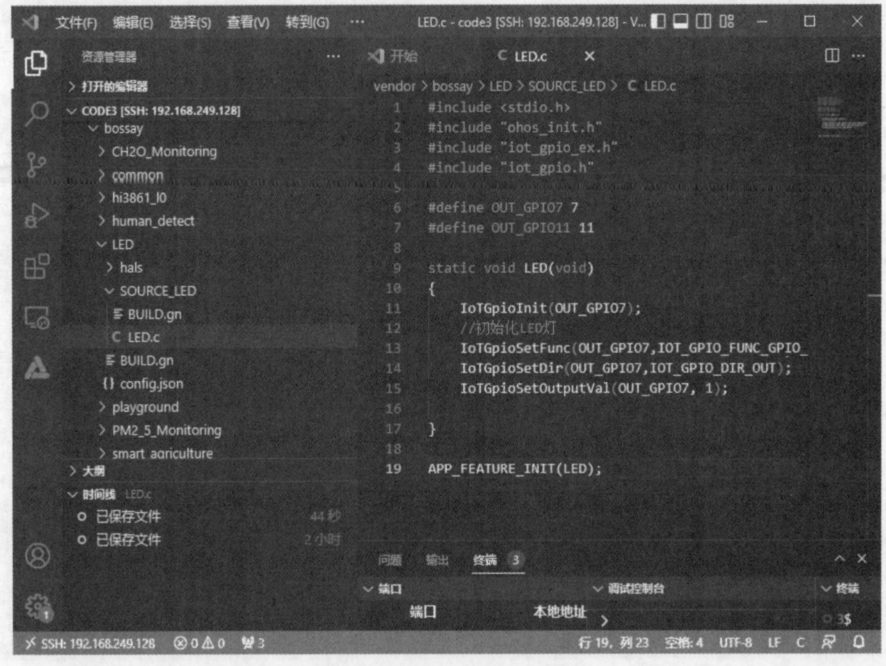

图 3-27　编辑 LED.c 文件

3) 保存 LED.c 文件

如图 3-28 所示,编辑输入文件 LED.c 的内容后,及时单击 VS Code 程序的“文件”菜单,然后在弹出的子菜单中单击“保存”,及时将 LED.c 的内容保存到磁盘上。

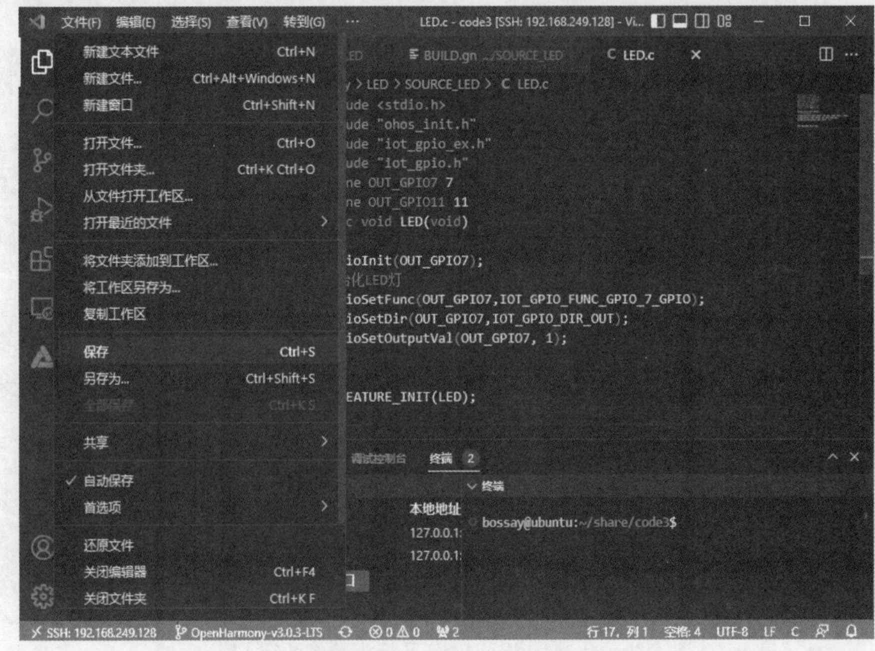

图 3-28　保存 LED.c 文件

到这里，点亮一个灯的 C 语言鸿蒙 OS 程序项目的所有文件就编辑完了。需要说明的是，所有以上文件夹、文件的编写必须认真对待，包括文件夹、文件的名称、文件里面字符的大写和小写都必须严格遵循 C 语言项目的规范和要求去编写，初学者更是如此，稍有偏差，都会造成后续程序编译的错误。但是，出现错误不可怕，要有发现错误和改正错误的信心，每一个合格的程序员都是在发现程序错误和改正程序错误的过程中不断成长壮大的。

11. 编译点亮一只 LED 灯程序项目

说明：这一步是程序员利用 C 语言鸿蒙 OS 程序编译环境，对点亮一只 LED 灯这个程序项目进行编译，将 C 语言源程序代码编译成名字为 Hi3861_wifiiot_app_allinone.bin 的可执行二进制代码文件，并将该文件存放于文件夹路径 code3\out\hi3861_l0\LED。

完成此编译操作共有四种方法，本章讲述的 C 语言鸿蒙 OS 设备开发环境支持以下三种编译方法。

编译方法一：在 VS Code 中利用 DevEco 的 Build 或者 ReBuild 功能编译 LED 灯程序项目

1）在 VS Code 中使用 DevEco 的 Rebuild 功能编译 LED 灯程序项目

如果一个程序项目是第一次编译，一般采用 DevEco 的 ReBuild 功能进行程序编译，以编译 LED 灯程序项目为例，步骤如下。

(1) 如图 3-29 所示，单击 VS Code 程序左侧中部的 DevEco 图标，然后在窗口中 PROJECT TASKS 下方列表中找到 LED 项目，单击打开 LED 项目，在其下方找到 Rebuild 菜单。单击 Rebuild 出现如图 3-30 所示的窗口。

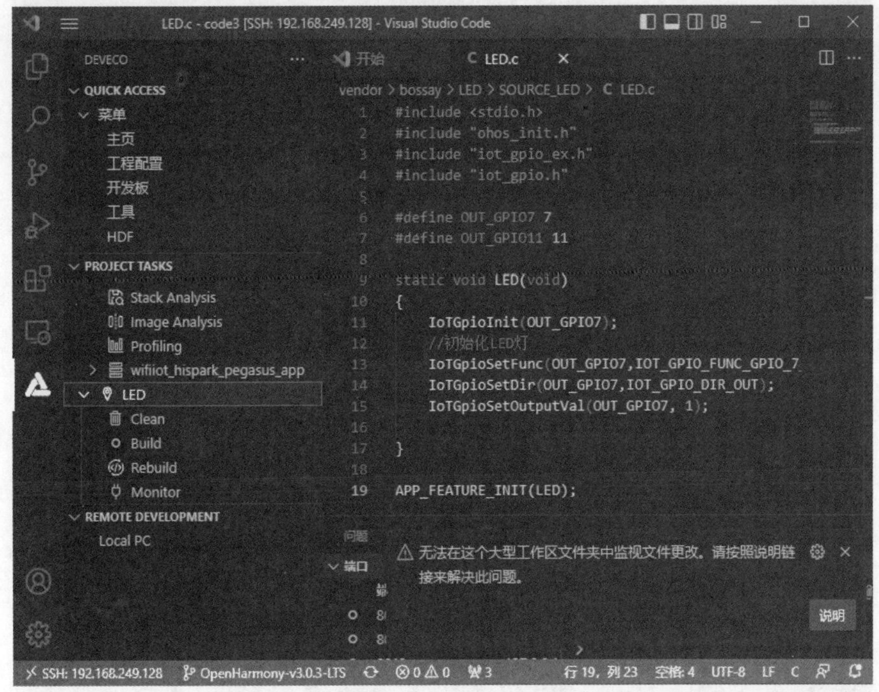

图 3-29　准备编译 LED 项目

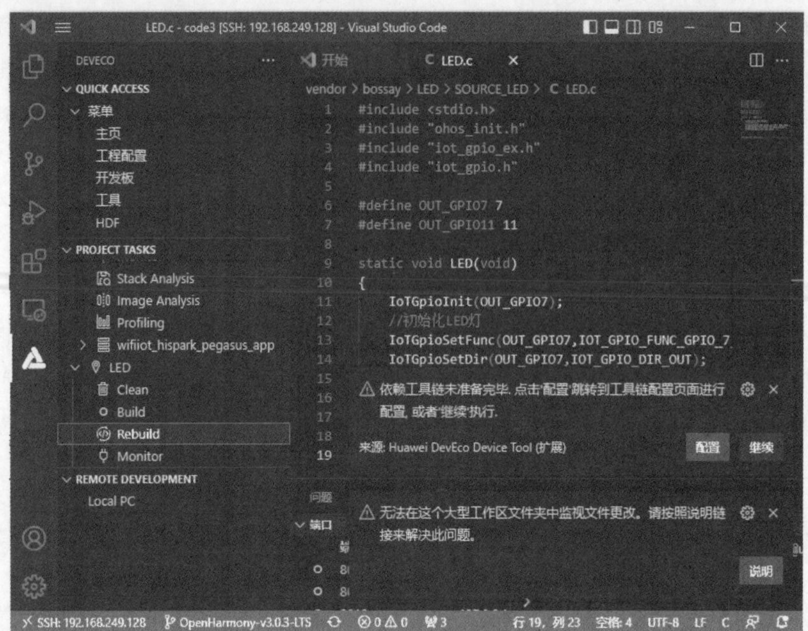

图 3-30 使用 Rebuild 编译 LED 项目

(2) 在如图 3-30 所示的窗口中,单击“继续”按钮,利用编译工具链对构成 LED 项目的所有文件进行编译和链接,直到出现如图 3-31 所示的窗口,在此窗口中可以看到 LED clean SUCCESS 和 LED buildprog SUCCESS,如果看到这两行信息,表明 LED 项目已经成功完

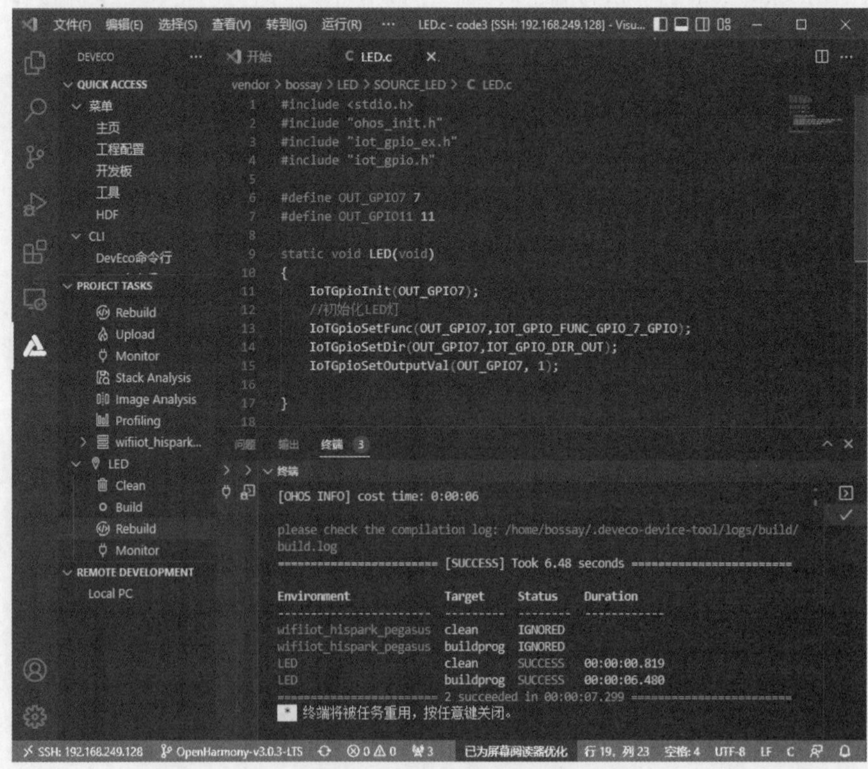

图 3-31 LED 项目编译成功

成编译，此时会在路径 code3\out\hi3861_l0\LED 中生成二进制可执行程序代码文件 Hi3861_wifiiot_app_allinone.bin。如果看不到这两行信息而是看到错误信息，就要查找和改正错误，然后重新进行编译。如果编译工具链还不完善，应在单击“继续”按钮编译之前，先单击窗口右下方的“配置”按钮，对编译工具链进行配置完善，然后才能编译项目。

2）在 VS Code 中使用 DevEco 的 Build 功能编译 LED 灯程序项目

如果一个程序项目已经编译过一次，一般采用 DevEco 的 Build 功能进行程序编译，编译方法和步骤与使用 DevEco 的 Rebuild 功能进行程序编译类似，但是编译时只对修改过的程序文件进行编译。

编译方法二：在 VS Code 中利用 DevEco 命令行或者 HPM 命令行方式编译 LED 灯程序项目

这种程序编译方式是程序员在 VS Code 程序软件中，在 SSH 连接的支持下，通过 DevEco 命令行或者 HPM 命令行方式，利用 hb 编译程序，对 LED 项目进行编译，而且这两种命令行方式的具体方法和步骤类似，下面以 HPM 命令行方式为例予以介绍。

（1）如图 3-32 所示，单击 VS Code 程序左侧中部的 DevEco 图标，然后在窗口中“CLI”下方列表中找到“HPM 命令行”，单击“HPM 命令行”，在窗口中间下部看到“终端”区域。

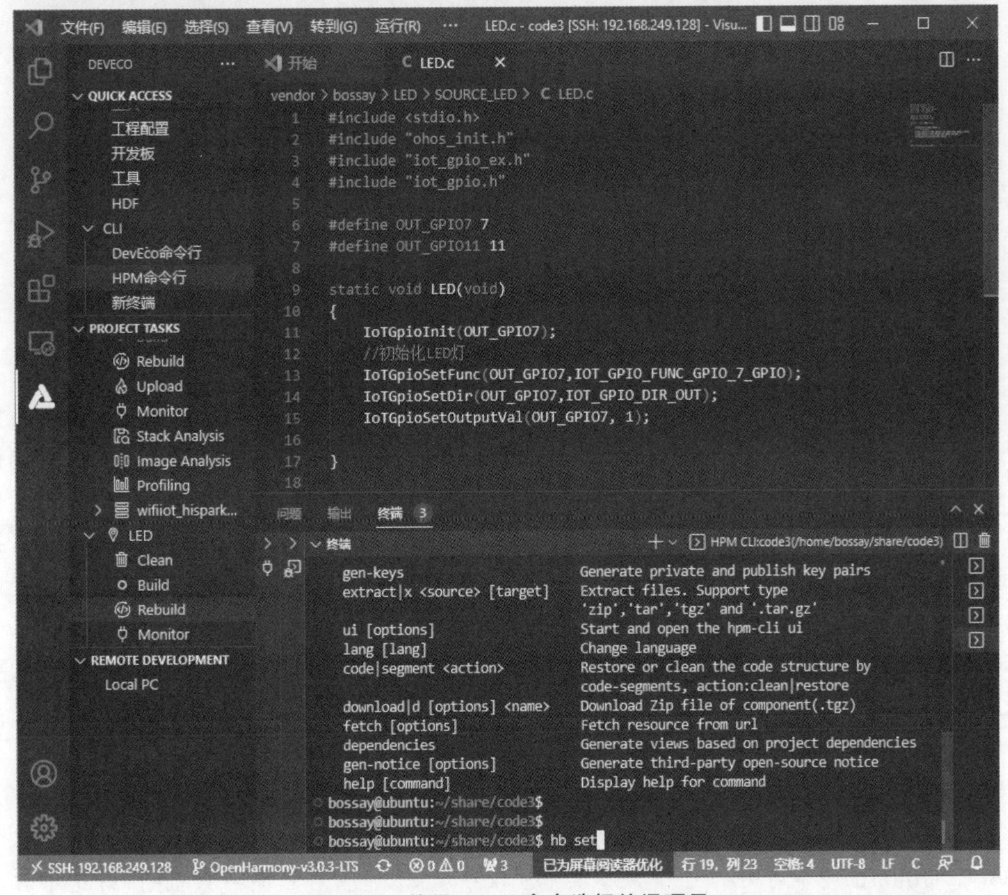

图 3-32　使用 hb set 命令选择编译项目

（2）如图 3-32 所示，在“终端”区域命令提示符 bossay@ubuntu：~/share/code3 $ 后面

输入命令"hb set"后按回车键,出现如图 3-33 所示窗口,在此窗口下部"终端"区域中看到 bossay 下面列出一些项目名称,此时用键盘的上下箭头键,移动选中 LED 项目,然后按下回车键,出现如图 3-34 所示窗口。

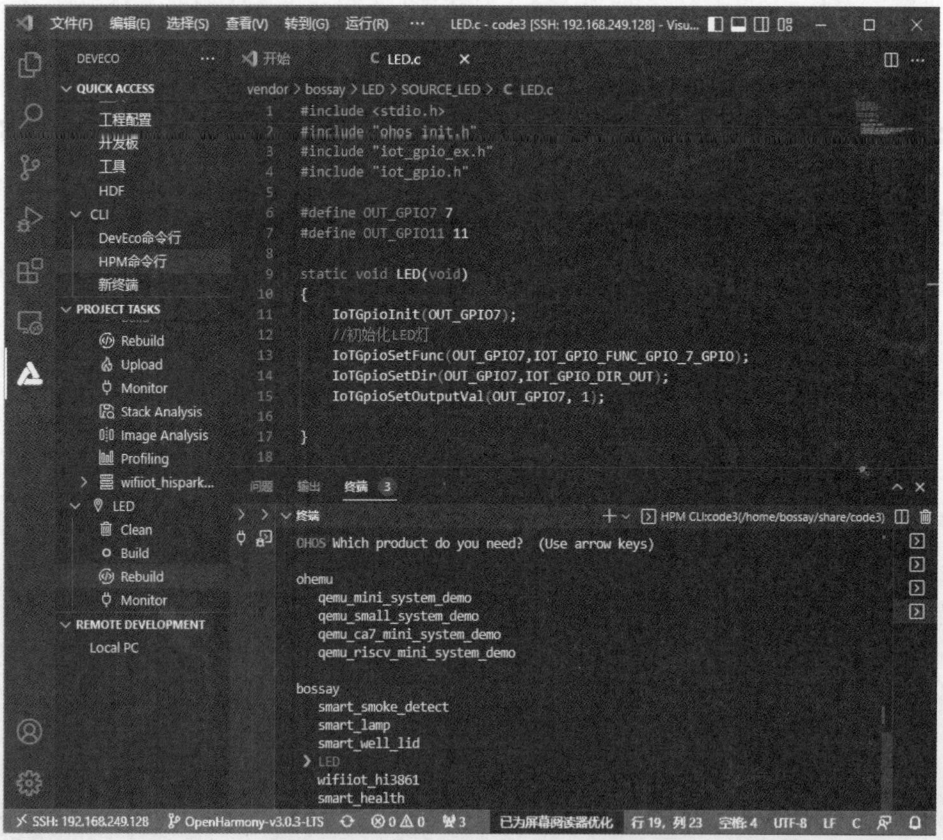

图 3-33　选中 LED 项目进行编译

(3) 如图 3-34 所示,在"终端"区域命令提示符 bossay@ubuntu:~/share/code3 $ 后面输入命令 hb build -f 后按回车键,利用 hb 编译工具对构成 LED 项目的所有文件进行编译和链接,直到出现如图 3-35 所示的窗口,在此窗口中可以看到 LED build success 这行信息,表明 LED 项目成功完成编译,且在路径 code3\out\hi3861_l0\LED 中,生成二进制可执行程序代码文件 Hi3861_wifiiot_app_allinone.bin。如果看不到这行信息而是看到错误信息,就要查找和改正错误,然后重新进行编译。如果不是第一次编译项目程序,此时输入的命令可以是"hb build",这个命令只对编译后又修改过的文件进行编译,然后连接所有的项目文件生成可执行代码。

编译方法三:利用虚拟机终端命令行方式编译 LED 灯程序项目

说明:这种程序编译方式是程序员离开 VS Code 程序软件,进入 Linux 虚拟机(BossayUbuntu)中准备好的 C 语言鸿蒙 OS 程序编译环境,对点亮一只 LED 灯这个程序项目进行编译,将 C 语言源程序代码编译成可执行程序代码文件。

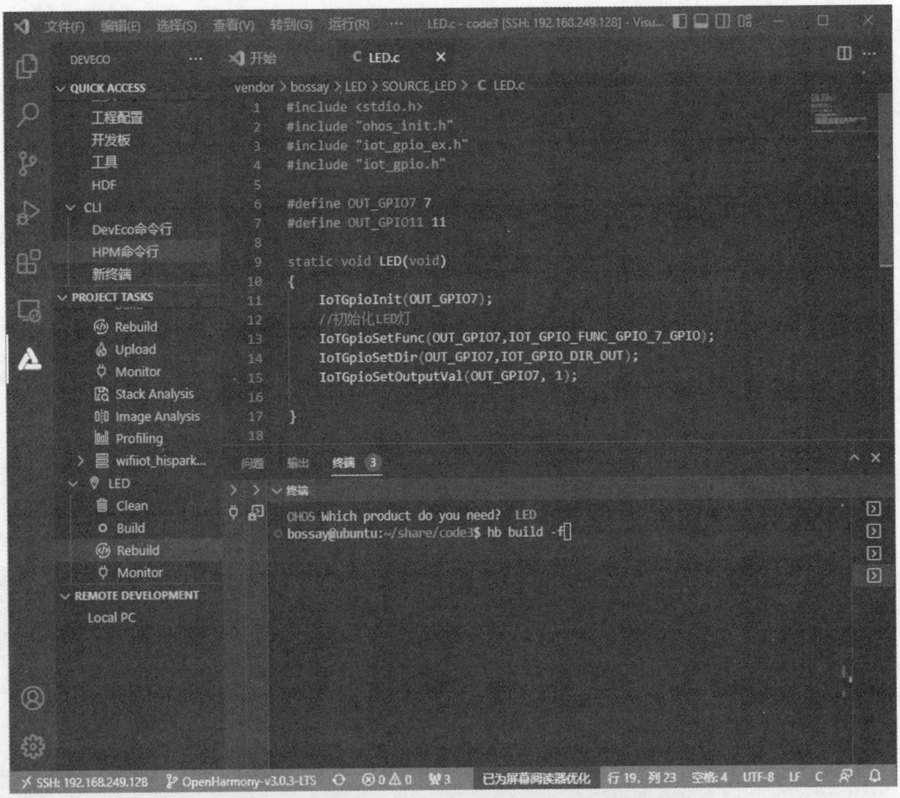

图 3-34　使用 hb build-f 命令编译 LED 项目

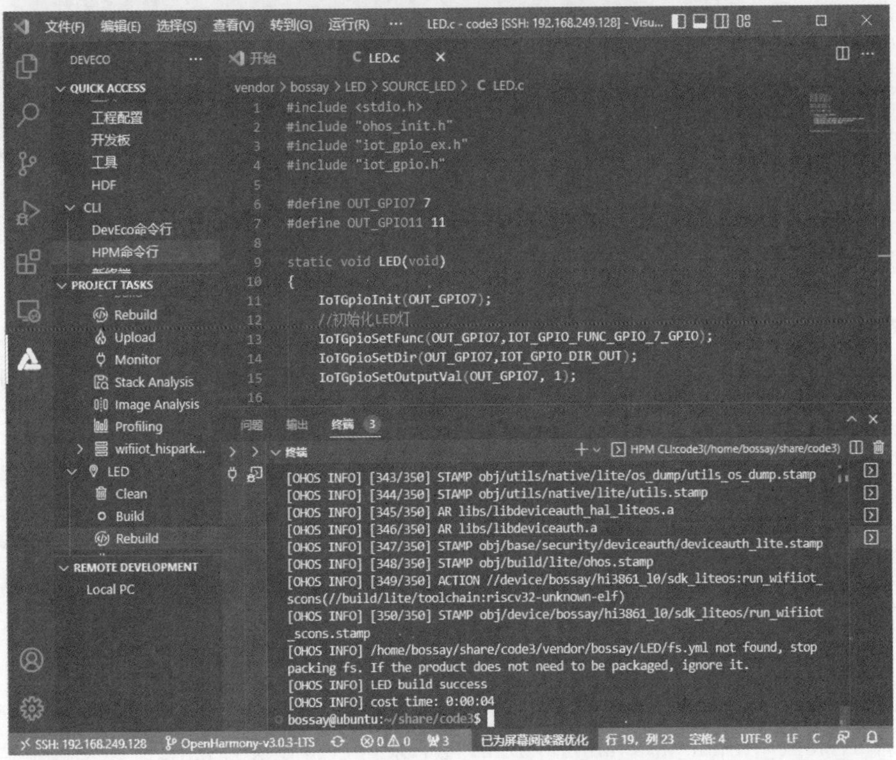

图 3-35　hb build-f 命令编译 LED 项目成功

这种编译操作由以下 5 步完成。

1) 退出 VS Code 程序,登录虚拟机

先保存好 VS Code 编辑的所有文件,然后打开虚拟机(BossayUbuntu)程序并登录。

2) 以 bossay 用户身份进入虚拟机终端操作方式,进入 share 文件夹下面的 code3

在虚拟机主页,按下键盘上的 Ctrl+Alt+T 快捷键,转到虚拟机操作的用户终端模式如图 3-36 所示。然后在终端的命令提示符 bossayubuntu:~ $ 后面输入命令"cd share"后按回车键,进入 share 文件夹,然后在命令提示符 bossayubuntu:~/share $ 的后面输入命令"cd code3"后按回车键,进入 code3 文件夹。

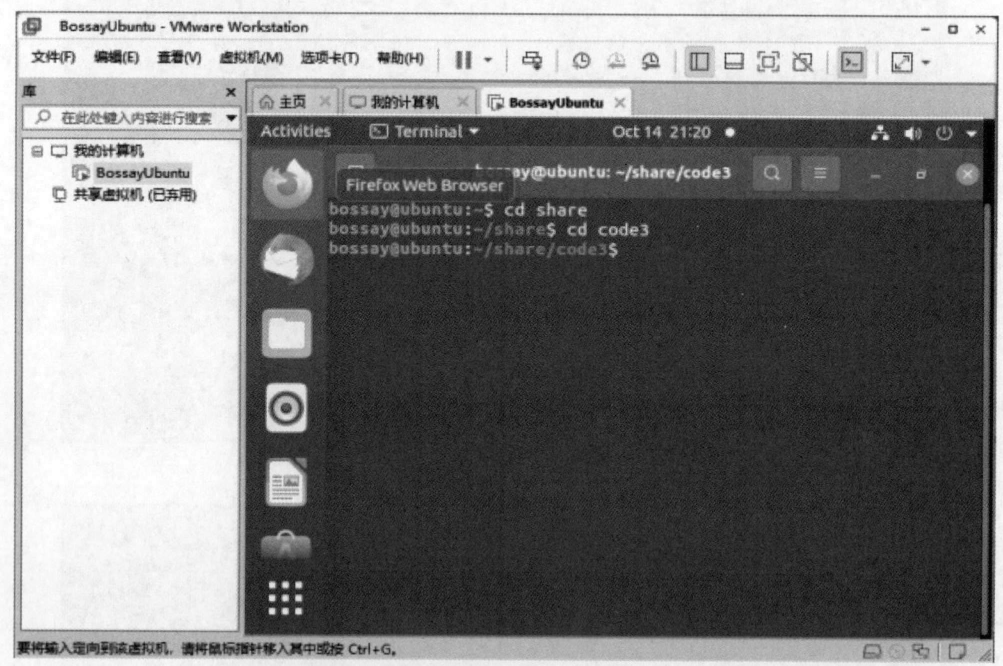

图 3-36 进入虚拟机的 code3 文件夹

3) 执行 hb set 命令选择编译项目

在如图 3-37 所示的窗口中,在终端的命令提示符 bossayubuntu:~/share/code3 $ 的后面输入命令"hb set"后按回车键,出现如图 3-38 所示的窗口,然后在此窗口中按键盘上的上下箭头键选中 LED 字符串,然后按回车键,出现如图 3-39 所示窗口,表示选定项目 LED 作为要编译的项目。

4) 执行 hb build -f 命令编译选定的项目

在如图 3-40 所示的窗口中,在终端的命令提示符 bossayubuntu:~/share/code3 $ 的后面输入命令"hb build -f"或者"hb build"后按回车键,出现如图 3-41 所示的窗口,表示正在编译选定的项目 LED,需要说明的是"hb build -f"命令是对构成项目的所有文件都重新编译一次,而命令"hb build"只编译上一次编译后修改过的文件。

如果项目文件没有任何语法错误,则在如图 3-41 的窗口中出现 LED build success 信息,表示项目编译成功,此时会在路径 code3\out\hi3861_l0\LED 中生成二进制可执行程序代码文件 Hi3861_wifiiot_app_allinone.bin,接下来可以将该文件烧录到开发板中运行它。

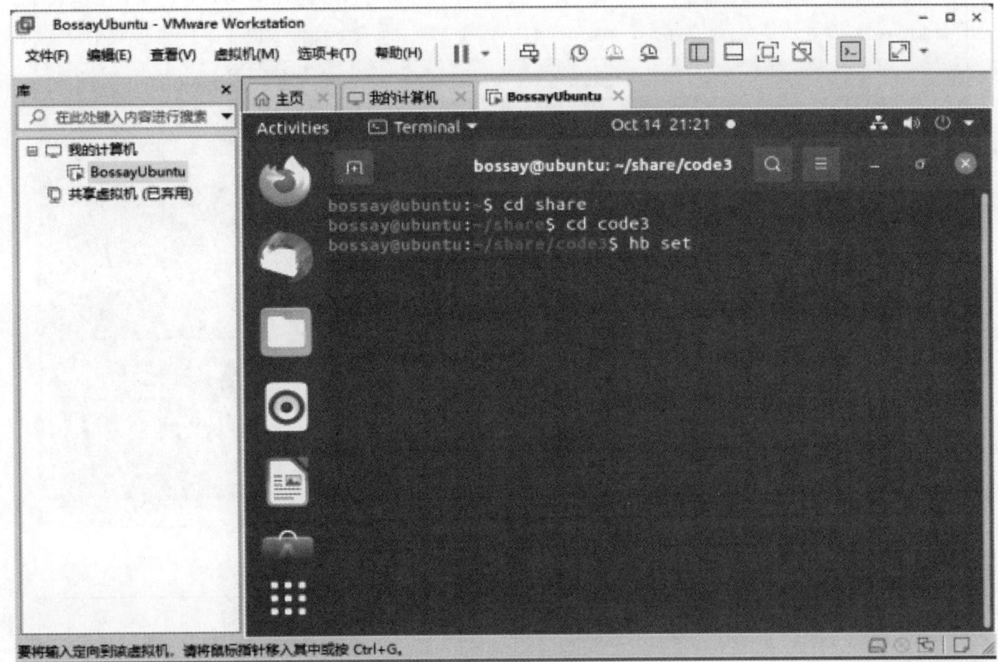

图 3-37　执行 hb set 命令选择编译项目

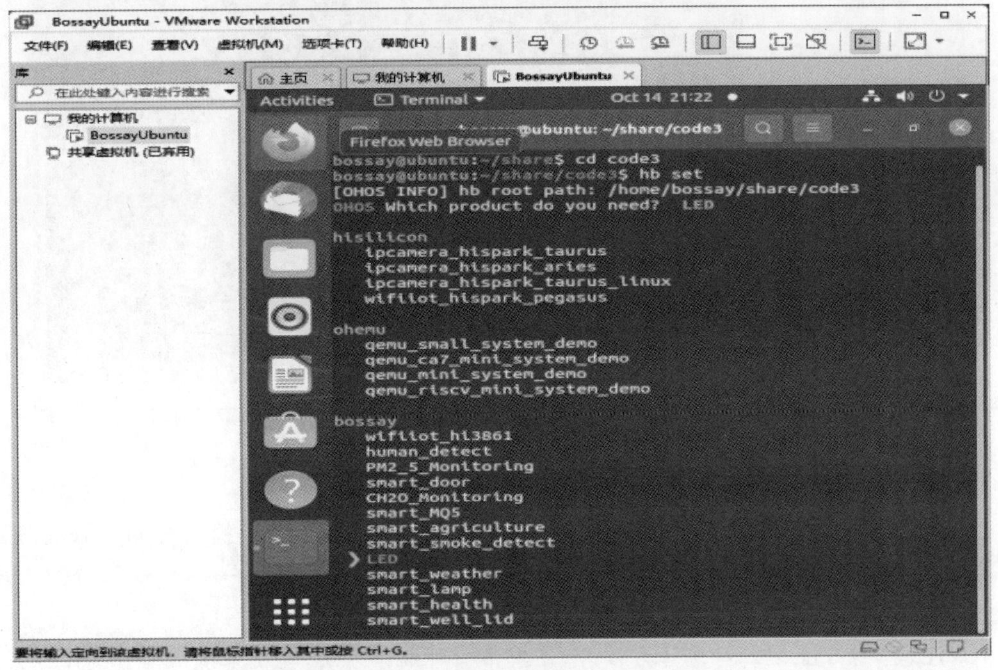

图 3-38　选择编译项目 LED

如果没有出现 LED build success 信息而出现编译出错信息，表示项目编译失败，需要程序员再次打开 VS Code 程序，查找并且改正程序中存在的任何错误。需要强调的是，程序编译通过只说明程序没有语法错误，但程序执行结果不一定正确，也就是说程序可能存在功能设计上的错误，也需要找到这种错误将其改正。

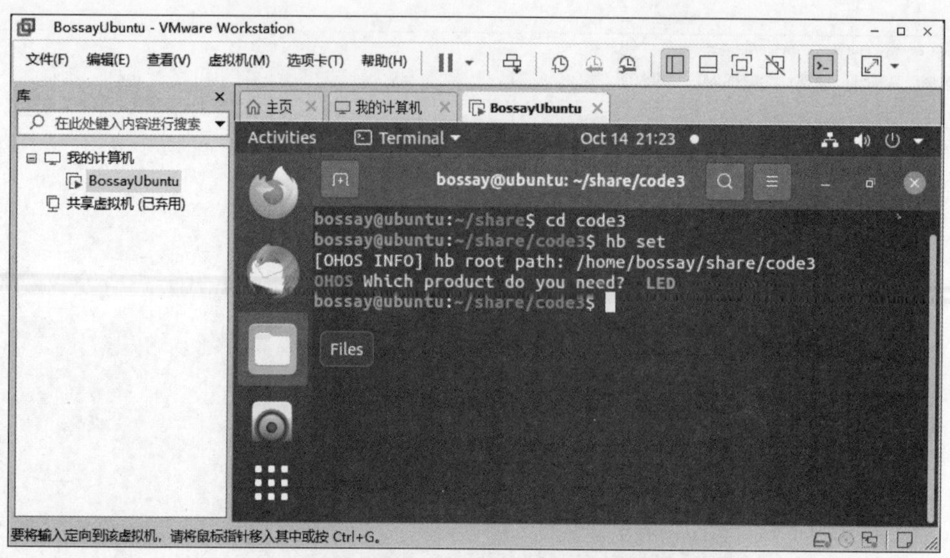

图 3-39　选定编译项目 LED

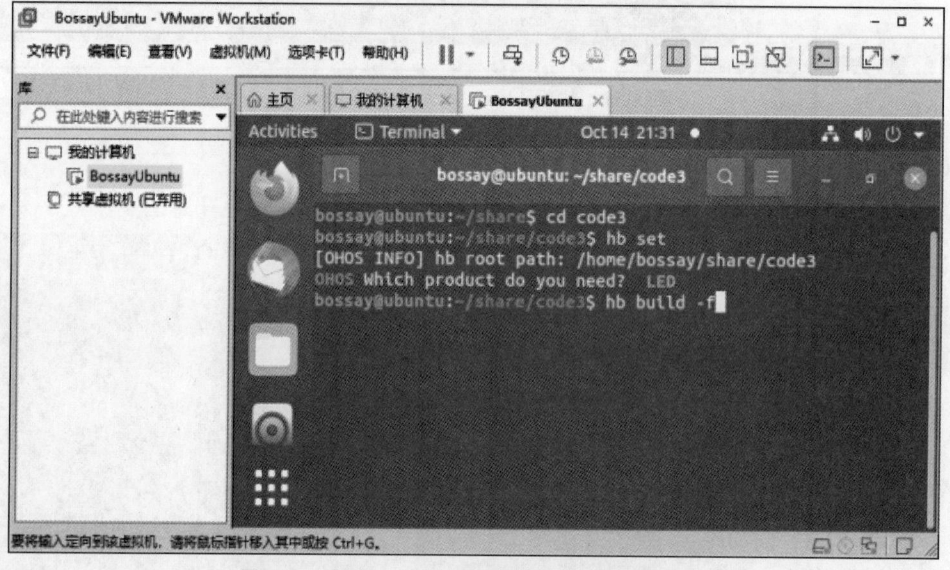

图 3-40　执行 hb build -f 命令编译选定的项目

5）项目编译成功后执行 exit 命令退出用户终端

在如图 3-41 所示的窗口中，如果项目编译成功，则在终端的命令提示符 bossayubuntu：～/share/code3 $ 的后面输入命令“exit”，退出用户终端模式。

注意：除了上述三种编译方法外，还有第四种编译方法，也就是使用网页编译方式编译 LED 灯程序项目，但使用该方法必须采用从本书配套网站下载的 C 语言鸿蒙 OS 设备开发虚拟机镜像文件，导入生成的 C 语言鸿蒙 OS 设备开发虚拟机编译环境才能进行。具体方法参照 2.5.3 节进行。需要注意的是这里生成的 LED 项目的二进制可执行代码文件的名称和存储路径，与前面讲的三种方法不一样，需要在下一步选择烧录文件时注意。

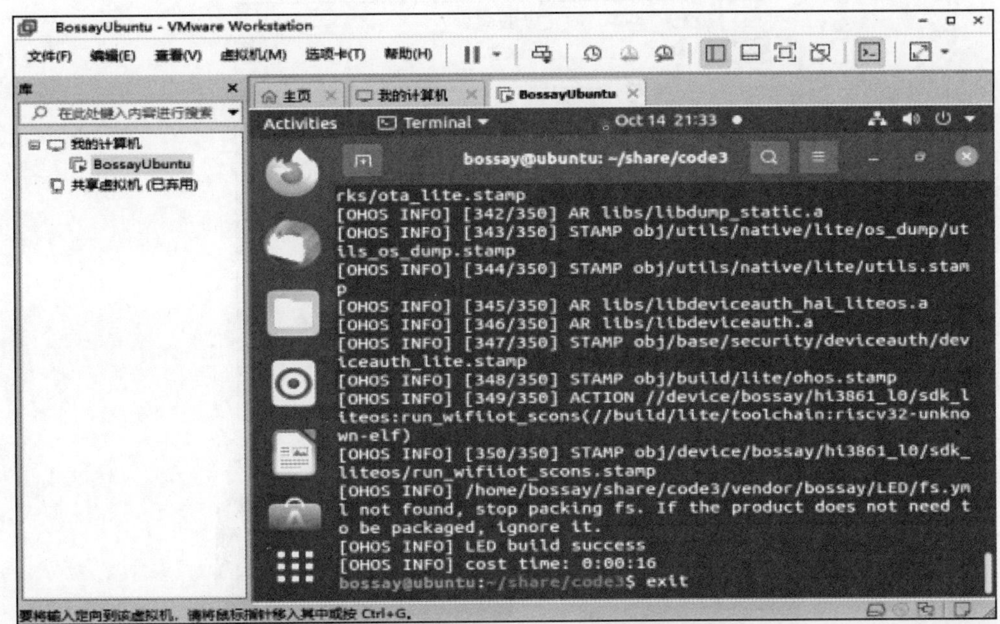

图 3-41　编译 LED 项目过程及结果

12. 将编译生成的可执行程序烧录到开发板并运行程序

说明：这一步是利用 Hiburn 烧录软件将编译好的、存放在共享文件夹 share 下的，路径 code3\out\hi3861_l0\LED 中的二进制可执行程序代码文件 Hi3861_wifiiot_app_allinone.bin，烧录到 Bossay 开发实验板中，然后去执行程序，验证程序执行结果，点亮一只 LED 灯。

本步操作由以下 5 步完成。

1) 打开虚拟机

开始烧录操作之前，要先打开行虚拟机(BossayUbuntu)，只有虚拟机处于运行状态，才能访问共享文件夹 share 里面保存的 Hi3861_wifiiot_app_allinone.bin，然后进行接下来的文件烧录操作。如果不确定文件夹 share 是否处于共享状态，可以参考图 3-42，通过打开“我的电脑”或者“此电脑”检查一下计算机存储器的共享文件夹 share(\\192.168.249.128)(z)前面是否有红色“×”。如果没有红色“×”，则表示文件夹 share 正常工作；否则，表示文件夹 share 没有正常工作，极大可能是虚拟机处于关闭状态，此时须先打开虚拟机。如果虚拟机处于运行状态，则省略此步。

2) 使用 USB Type-C 连线连接计算机(Windows 工作台)和开发板

如图 3-43 所示，使用 USB Type-C 连线将计算机和 Bossay 开发核心板连接起来，连接核心板之前要先插上“点亮一只灯”的实验板，并且要使虚拟机最大化显示。进行连接时计算机屏幕上会出现如图 3-44 所示的“检测到新的 USB 设备”对话框，看到该对话框时，勾选“连接到主机”单选按钮，然后单击“确定”按钮，确保建立开发板和 Windows 工作台的连接。

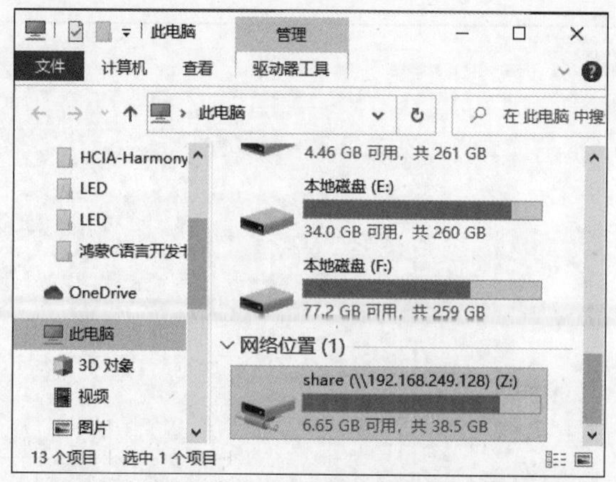

图 3-42　共享文件夹 share

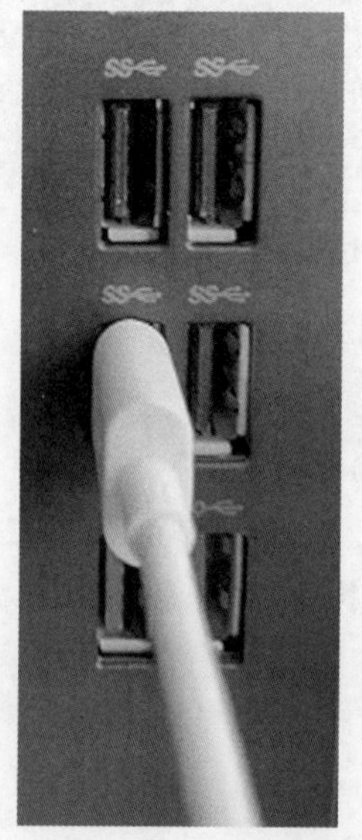

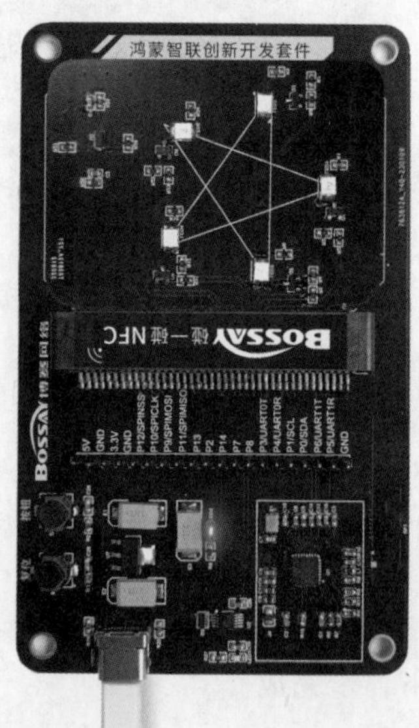

图 3-43　USB Type-C 连线连接计算机和开发板

检测到新的 USB 设备

选择您希望将 QinHeng USB Serial 连接到的位置

◉连接到主机

○连接到虚拟机

虚拟机名称

BossayUbuntu

☐记住我的选择，以后不再询问

确定　取消

图 3-44　检测到新的 USB 设备

3）运行烧录软件

在计算机上找到如图 3-45 所示的烧录软件的快捷方式图标，双击它运行烧录软件(HiBurn)，出现烧录软件运行的主窗口，如图 3-46 所示，在该窗口中要做以下几项工作：

(1) 要对连接的串口 COM 进行配置，配置方法是单击标签 COM 右侧的下拉箭头，在串口 COM 列表中选择连接开发板的串口即可，这里选择的是 COM3，不同的计算机采用的串口有所不同，必须选择正确的 COM 口才能进行成功的烧录。选择好串口后还必须要对选定的串口进行配置，配置方法是单击烧录软件左上方的 Setting 菜单，在弹出的子菜单中单击选择 Com settings，弹出如图 3-47 所示的串口配置对话框，在此设置串口 COM 通信的配置，设置串口通信的波特率(Baud)为 115200 或 9600，设置数据位数(Data Bit)为 8 位，停止位(Stop Bit)为 1 位，奇偶校验位(Parity)为 None，流量控制(Flow ctrl)为 None，强制读取时间(Force Read Time)为 10 等。设置完成后，单击"确定"键回到如图 3-46 所示的烧录软件窗口。

图 3-45　HiBurn 快捷图标

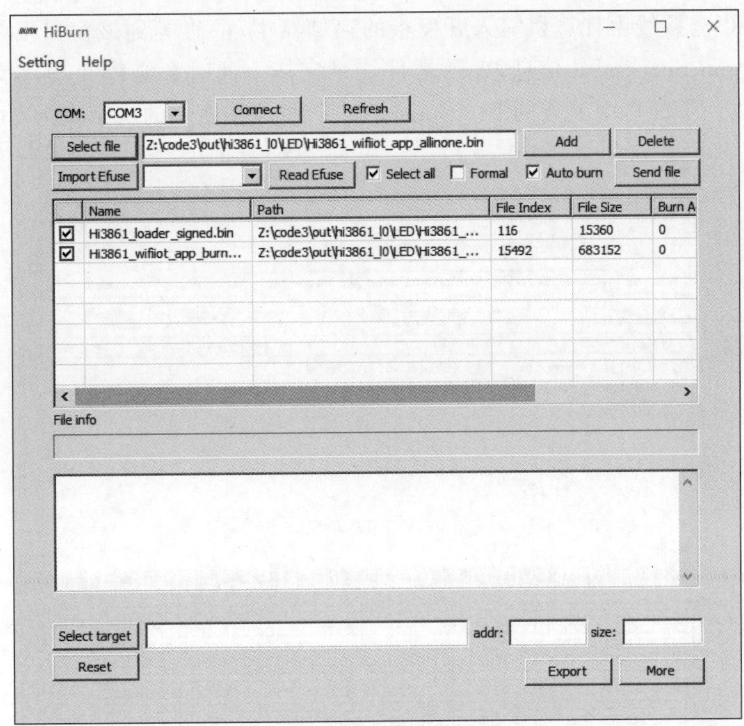

图 3-46　烧录软件 HiBurn 主窗口

(2) 选择烧录文件，单击如图 3-46 所示窗口左上方 Select file 按钮，在映射磁盘文件夹 z:\code3\out\hi3681_10\LED 路径中找到 Hi3861_wifiiot_app_allinone.bin 文件，双击打开它。此时在图 3-46 所示窗口中间列表框中列出了要烧录的两个文件，一个文件就是 Hi3861_wifiiot_app_allinone.bin，另一个是引导文件。到此烧录文件就选择好了。

(3) 配置烧录选项，单击如图 3-46 所示窗口中上方的 Select all 和 Auto Burn 复选框，使它们处于勾选状态。

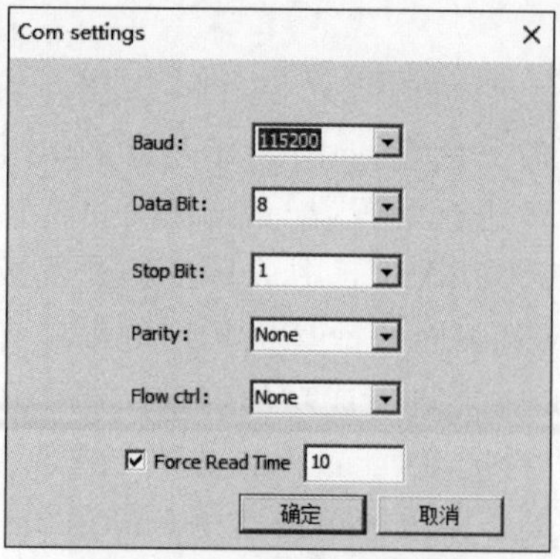

Com settings
Baud: 115200
Data Bit: 8
Stop Bit: 1
Parity: None
Flow ctrl: None
Force Read Time 10
确定 取消

图 3-47 串口配置对话框

4) 烧录程序文件

通过上一步操作做好烧录准备后,单击如图 3-46 所示窗口中上方的 Connect 按钮,此按钮文字变为 Disconnect,此时按一下开发板上的 Reset 复位按钮,出现如图 3-48 所示的窗口,表示烧录文件开始了,烧录程序将可执行代码文件 Hi3861_wifiiot_app_allinone.bin 通过 USB Type-C 连接线由计算机写入开发板的存储器中,一直等到该窗口下方文本显示框中显示 Execution Successful 信息,表示文件烧录完毕。此时务必停止程序文件的烧录进程,方法是单击一下窗口中上方的 Disconnect 按钮,将该按钮上的文字变为 Connect 即可。

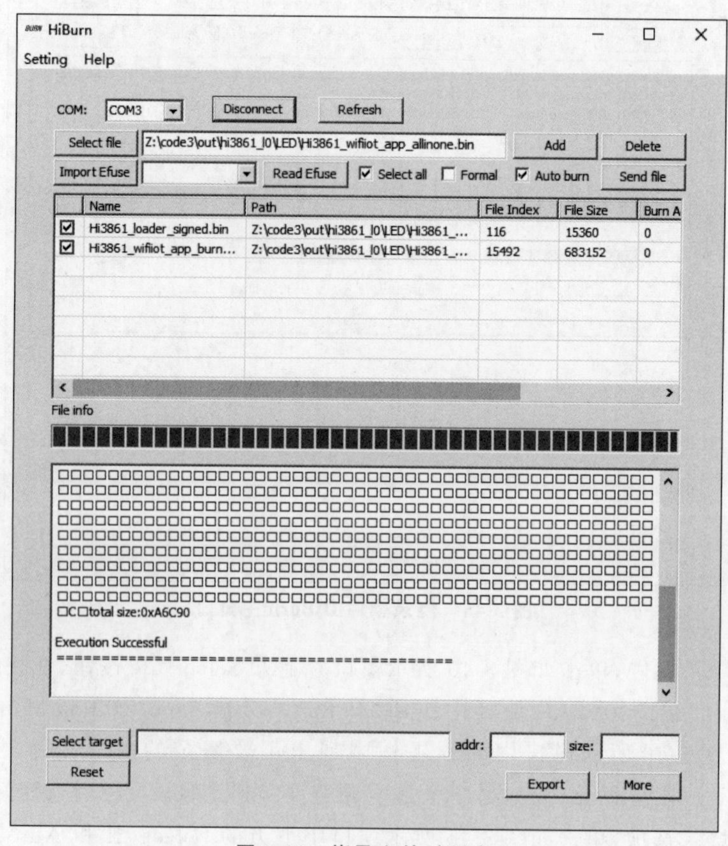

图 3-48 烧录文件过程中

5）运行程序

通过上一步完成程序烧录后，就可以在开发实验板中执行烧录好的程序了，方法非常简单，只须按一下开发板上的复位按键（Reset），即可看到灯（紫色）被点亮的程序执行结果，如图 3-49 所示。

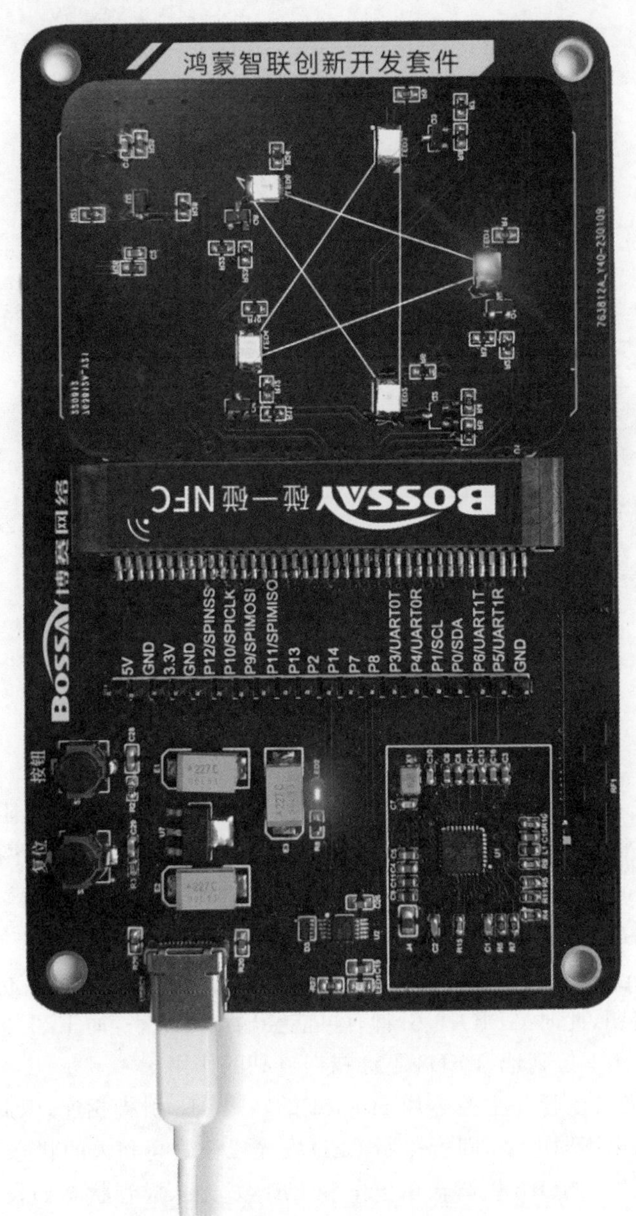

图 3-49　点亮一只灯程序执行效果

到此为止，点亮一只灯的 C 语言鸿蒙 OS 程序就开发结束了，本书后续章节所有的 C 语言鸿蒙 OS 程序设计案例都参照本节介绍的方法和步骤开发即可。

3.4

3.4 点亮一只LED灯的工作原理

开发板可编程LED灯的工作原理如图3-50所示。

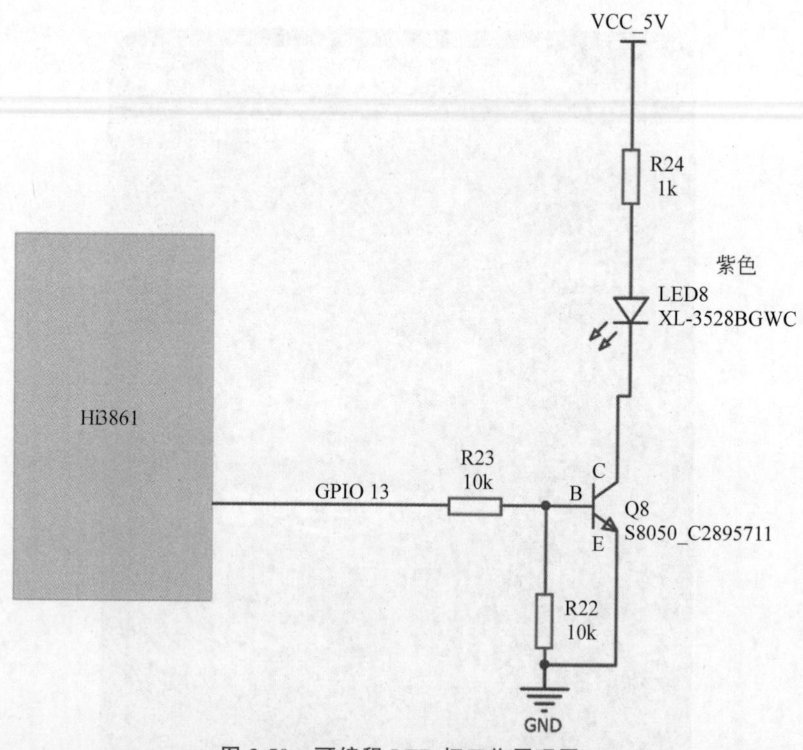

图3-50 可编程LED灯工作原理图

在原理图中,LED8发光二极管就是一只LED灯,它的一端通过电阻值为1KΩ的R24分压电阻连接到5V的电源,另一端通过一个NPN型三极管Q8和一个限流电阻R23以及Hi3861的GPIO13引脚相连,用一个NPN型三极管来驱动发光二极管,也就是LED灯。

当GPIO13输出高电平时,Q8的BE极会有一个弱电流,驱动Q8的CE极导通。5V电源串联R24、发光二极管LED8通过Q8导通形成回路,LED8点亮。在单片机启动时IO口引脚处于不稳定期,此时GPIO13引脚有可能会输出高电平,而R22下拉电阻,主要起到保持Q8的B极默认下拉到地、LED8不会错误点亮的作用。

由于LED发光二极管和主控芯片Hi3861的GPIO13引脚相连,因此主控芯片Hi3861的GPIO13引脚输出不同电平,即可控制LED发光二极管亮和灭的状态,综合原理图分析,主控芯片Hi3861的GPIO13引脚输出电平和LED发光二极管状态如表3-2所示。

表3-2 主控芯片Hi3861控制LED灯状态一览表

GPIO13引脚输出电平	LED发光二极管状态
高电平	亮
低电平	灭

3.5 习　　题

一、问答题

1. 简述构成 C 语言鸿蒙 OS 开发硬件环境的设备有哪些。

2. 简述 C 语言鸿蒙 OS 设备开发的方法。

3. 简述 C 语言鸿蒙 OS 设备程序项目的结构和内容。

二、实验题

开发实验板的扩展板上有 5 个 LED 灯，端口分别是 GPIO9～GPIO13，请读者自行编程完成点亮实验板上全部 LED 灯的实验。

第4章

C 语言鸿蒙 OS 设备开发板串口实验

【本章学习目标】

(1) 学会 C 语言鸿蒙 OS 设备程序网页编译环境搭建。

(2) 学会利用网页编译环境编译 C 语言鸿蒙 OS 设备程序。

(3) 学会使用串口调试器软件 QCOM 来查看程序执行结果。

本节使用配套的 C 语言鸿蒙 OS 设备开发板,通过简单的网页编译方式,完成一个简单的 C 语言鸿蒙 OS 设备开发板串口实验。需要强调的是,本章实验也可以完全采用第 3 章所讲的点亮一只 LED 灯的步骤和方法来做。

完成本实验需要的软件和设备有:

(1) USB 接口转串口驱动程序 CH341SER.EXE。

(2) 烧录工具软件 HiBurn.exe。

(3) 串口调试器软件 QCOM。

(4) VMware Workstation 虚拟机管理软件。

(5) C 语言鸿蒙 OS 设备开发虚拟机编译环境镜像文件。

(6) Bossay 鸿蒙开发板一个。

(7) USB Type-C 数据线一根。

完成本实验需要做以下 13 项工作。

(1) 下载安装 USB 接口转串口驱动程序 CH341SER.EXE。

(2) 下载安装烧录程序 HiBurn.exe。

(3) 下载安装串口调试助手软件 QCOM。

(4) 使用 Dev-C++ 编程工具编辑 C 语言鸿蒙 OS 设备实验程序 hello.c。

(5) 下载安装和运行 VMware Workstation 虚拟机管理软件。

(6) 下载 C 语言鸿蒙 OS 设备开发虚拟机编译环境镜像文件,生成用于程序编译的虚拟机。

(7) 查看用于 C 语言鸿蒙 OS 设备开发程序编译的虚拟机的 IP 地址。

(8) 使用 Dev-C++ 打开 hello.c 程序,将程序代码复制到粘贴板。

(9) 打开浏览器,输入编译环境的网页地址。

(10) 使用编译网页编译 hello.c 程序生成可执行代码。

(11) 下载保存 hello.c 程序的可执行代码到文件 hello.bin。

(12) 使用烧录工具软件 HiBurn.exe 烧录 hello.c 程序的可执行代码 hello.bin 到开发板中。

(13) 使用串口调试器软件 QCOM 查看开发板中 hello.bin 程序的执行结果。

下面详细介绍本实验的步骤和方法。

4.1 下载本实验所用的软件和文件

使用浏览器从本书配套网站或者清华大学出版社官方网站,下载与本实验相关的下列软件和文件。需要说明的是,已经下载过的软件不需要重复下载。下载文件后使用 Winrar 软件将它们分别解压缩。本书编者将下载的下列文件保存在计算机 D 盘的鸿蒙 OS C Setup 文件夹下。

(1) USB 口转串口驱动程序的压缩文件 CH341SER.rar 或者 CH341SER.zip。

(2) 烧录软件的压缩文件 HiBurn.rar 或者 HiBurn.zip。

(3) 串口调试器软件的压缩文件 QCOM.rar 或者 QCOM.zip。

(4) VMware Workstation 虚拟机管理软件的压缩文件 VMware-workstation.rar 或者 VMware-workstation.zip。

(5) 虚拟机镜像文件 BossayUbuntuWebMirror.rar。

4.2 安装 USB 接口转串口驱动、烧录软件、串口调试器软件

4.2

1. 安装 USB 接口转串口驱动

目前大量的计算机不配备串口,而 C 语言鸿蒙 OS 设备开发实验板采用串口通信方式与计算机之间进行数据传输,因此需要安装 USB 接口转串口驱动程序,使 USB 接口模拟实现串口通信。用 USB Type-C 连接线连接计算机和 C 语言鸿蒙 OS 设备开发板,实现数据传输。

本书 2.6.1 节详细介绍了 USB 接口转串口驱动程序的安装步骤和方法,在此不再赘述,如果已经安装过 USB 接口转串口驱动程序,则不需要再重新安装。

2. 安装烧录软件 HiBurn

HiBurn 烧录软件用于将编译生成的 C 语言鸿蒙 OS 设备执行代码从计算机传输到 C 语言鸿蒙 OS 设备开发板中。HiBurn 烧录软件是一个绿色软件,不需要专门安装,只需将下载的 HiBurn.rar 或者 HiBurn.zip 解压缩到 HiBurn 文件夹,在 HiBurn 文件夹里面存储烧录软件 HiBurn.exe。为方便使用,可以在 Windows 操作系统桌面创建 HiBurn.exe 的快捷方式。

本书 2.6.2 节详细介绍了烧录软件 HiBurn 的使用步骤和方法,在此不再赘述,如果已经安装过 HiBurn 烧录软件,则不需要再重新安装。

3. 安装串口调试器软件 QCOM

QCOM 串口调试器软件用于查看 C 语言鸿蒙 OS 设备程序的执行效果。QCOM 软件也是一个绿色软件,不需要专门安装,只需将下载的 QCOM.rar 或者 QCOM.zip 解压缩到 QCOM 文件夹,在 QCOM 文件夹里面存储串口调试器程序 QCOM_V1.6.exe、QCOM 使用手册、QCOM 配置文件 Config.ini 和 TP.ini。为方便使用,可以在 Windows 操作系统桌面创建 QCOM_V1.6.exe 的快捷方式。具体方法可以参照本书 3.7.2 节烧录软件 HiBurn 的使用步骤和方法,在此不再赘述。

4.3

4.3 编辑 hello.c 程序源代码

【例 4-1】 用 C 语言设计程序 hello.c,使用串口通信的方式,让鸿蒙开发板通过串口输出“Hello 鸿蒙 OS”信息,使用串口调试器软件 QCOM 接收并查看该信息。

1. 程序源代码

```
/*****************
源程序文件名: hello.c
功能: 展示变量、变量的地址、变量的值、变量占据的内存字节个数
输入数据: 无
输出数据: Hello 鸿蒙 OS
*********************************************/
#include <stdio.h>
#include "ohos_init.h"
static  void  hello (void)
{
    printf("Hello HarmonyOS\n");
}
APP_FEATURE_INIT(hello);
```

说明: 本实验的程序代码使用 include 引用了两个头文件。C 语言自身所带的标准头文件 stdio.h 提供了 printf 这个函数的定义,C 语言鸿蒙 OS 设备开发代码库中的头文件 ohos_init.h 提供了宏 APP_FEATURE_INIT 的定义。

需要注意的是这个程序是没有入口函数 main 的,这是因为该程序是作为鸿蒙 OS 设备开发程序,所以它的入口并不是 main 函数,而是通过 APP_FEATURE_INIT 来作为 hello 程序的入口,这在 C 语言鸿蒙 OS 设备开发程序中是允许的。

2. 使用 Dev-C++ 工具编辑程序源代码

按照本书前面讲述的方法,使用 Dev-C++ 工具编辑程序代码如图 4-1 所示,注意在输入程序代码的时候,为了节省时间,有关程序注释的内容不需要输入,输入程序代码并将其保存在 D 盘的 DemoExample 文件夹下面的 hello.c 文件中。

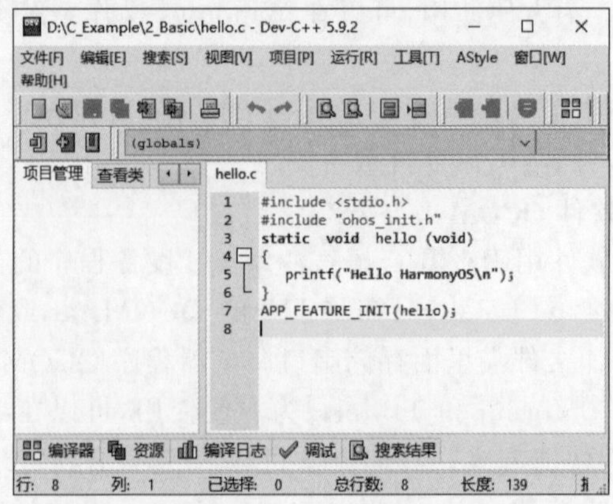

图 4-1 使用 Dev-C++ 编辑工具 hello.c 文件

4.4

4.4　准备 C 语言鸿蒙 OS 设备开发网页编译环境

通过前面第 3 章的学习可以看出，C 语言鸿蒙 OS 设备程序开发方法和步骤比较复杂，为了简化该过程，本书提供了一个网页版的编译环境，通过在网页中输入 C 语言鸿蒙 OS 代码，可以直接通过网页编译得到 C 语言鸿蒙 OS 可执行代码（也被称为固件），C 语言鸿蒙 OS 程序网页编译环境的搭建过程由以下 4 步完成。

1. 安装和运行 VMware Workstation 虚拟机管理软件

虚拟机管理软件 VMware Workstation 是用于创建和管理虚拟机的程序，它的安装和运行很简单，具体安装和运行的步骤和方法参看本书 2.3.1 节，在此不再赘述。如果虚拟机管理软件 VMware Workstation 已经安装过，不需要重新安装。虚拟机管理软件 VMware Workstation 运行如图 4-2 所示。

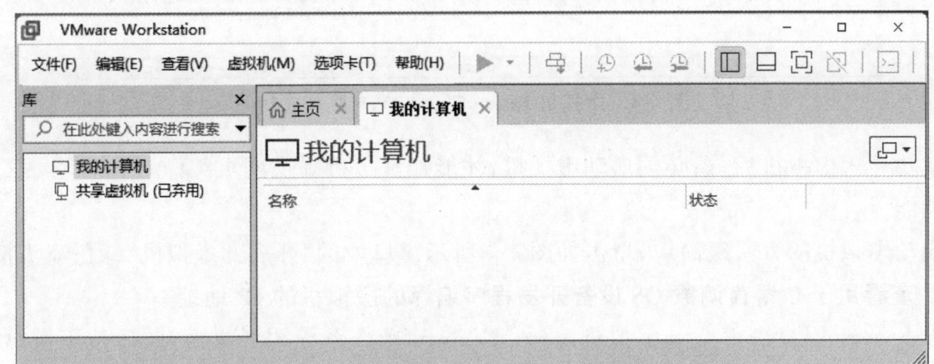

图 4-2　VMware Workstation 软件

2. 将虚拟机镜像文件解压缩

下载好的虚拟机镜像文件的压缩文件（BossayUbuntuWebMirror.rar）保存在计算机 D 盘的鸿蒙 OS C Setup 文件夹下，找到这个文件然后将其解压缩，得到 BossayUbuntuWeb.mf、BossayUbuntuWeb.ovf、BossayUbuntuWeb-disk1.vmdk 三个文件，它们就是虚拟机镜像文件。

3. 导入镜像文件，生成用于 C 语言鸿蒙 OS 设备开发编译环境的虚拟机

打开虚拟机管理软件 VMware Workstation，点击"文件"菜单，接着点击"打开"菜单，在弹出的导入虚拟机窗口中通过"浏览"功能找到文件"BossayUbuntuWeb.ovf"并双击打开它，出现如图 4-3 所示的"导入虚拟机"对话框。在该对话框中，将新虚拟机的存储路径修改为"D:\BossayUbuntuWeb"，意味着利用导入方式创建的虚拟机的程序将保存在 D 盘的 BossayUbuntuWeb 文件夹下。当然读者也可以将其保存在其他磁盘的其他文件夹下。设定好新建虚拟机名称和新虚拟机的存储路径后，单击窗口右下方的"导入"按钮，等待直到虚拟机导入成功，

导入虚拟机
存储新虚拟机
为新的虚拟机提供名称和本地存储路径。
新虚拟机名称(A):
BossayUbuntuWeb
新虚拟机的存储路径(P):
D:\BossayUbuntuWeb
浏览(R)...
帮助　导入(I)　取消

图 4-3　设置虚拟机的名称和存储路径

如图 4-4 所示,可以看到在窗口左侧列表“我的计算机”下创建了虚拟机“BossayUbuntuWeb”。

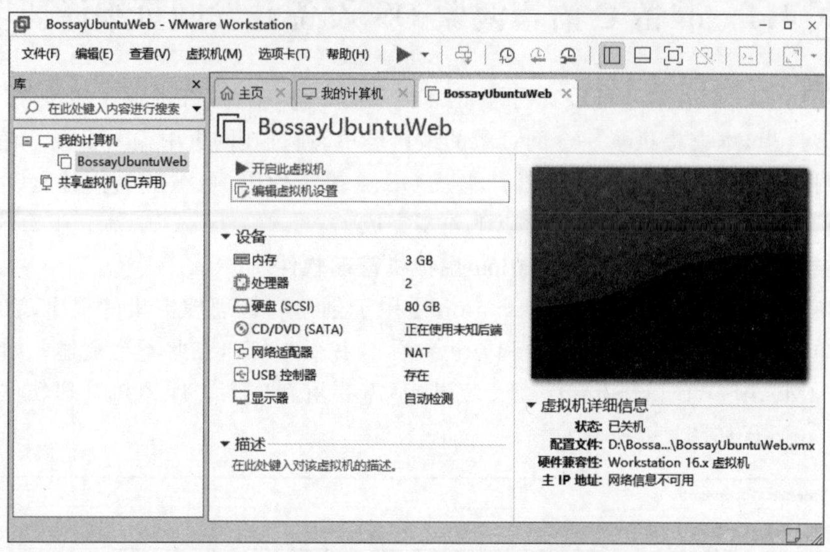

图 4-4　虚拟机 BossayUbuntuWeb 导入成功

成功导入虚拟机后,还必须启动虚拟机,才能让虚拟机提供网页编译 C 语言鸿蒙 OS 程序的功能。

启动虚拟机的方法很简单,单击如图 4-4 所示窗口中的“开启此虚拟机”绿色箭头按钮。

4. 查看用于 C 语言鸿蒙 OS 设备开发程序编译的虚拟机的 IP 地址

以 bossay 用户身份登录虚拟机,进入 Ubuntu 操作系统图形桌面,此后按下键盘上的 Ctrl+Alt+T 快捷键进入操作系统的 bossay 用户的终端界面如图 4-5 所示,然后在命令提示符 bossay@ubuntu:~$ 的后面输入命令“ifconfig”:

```
bossay@ubuntu:~$ ifconfig
```

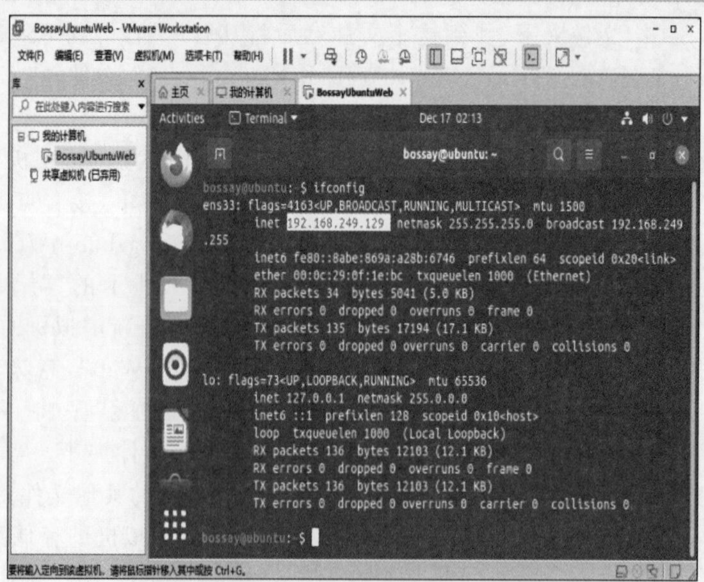

图 4-5　bossay 用户终端模式

输入上述命令后按回车键，从命令执行后显示的信息中，可以查询到虚拟机的主机地址是 192.168.249.129，记住这个主机地址，在后面浏览器中打开编译网页时要用它。当然，对于不同的虚拟机，其地址可能不一样，必须确保记住的是正确的虚拟机地址。查看并记住虚拟机地址后，将该窗口最小化。

4.5

4.5　使用编译网页编译鸿蒙 OS 程序源代码 hello.c

使用编译网页编译鸿蒙 OS 程序源代码 hello.c 由以下 4 步完成。

1）使用 Dev-C++ 打开 hello.c 程序，将程序代码复制到粘贴板

如图 4-6 所示，打开 Dev-C++ 工具，然后单击左上角的“文件”菜单，在弹出的菜单中继续单击“打开项目或文件”菜单，然后找到保存好的 hello.c 程序将其打开，将全部程序代码复制到 Windows 操作系统的粘贴板中，然后将 Dev-C++ 关闭。

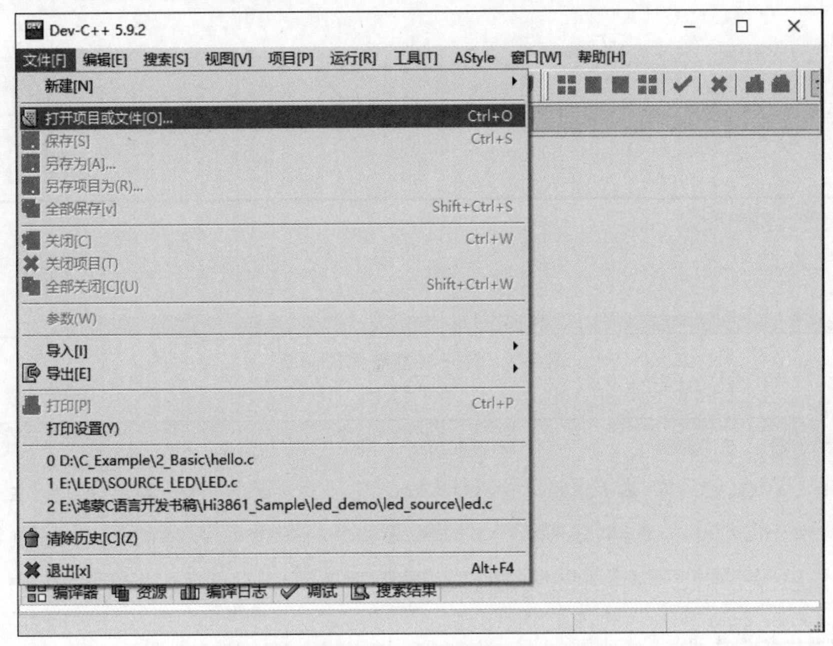

图 4-6　使用 Dev-C++ 打开 hello.c 程序

2）将 hello.c 的代码复制到编译网页

打开浏览器，然后在浏览器的地址栏中输入编译网站的地址“192.168.249.129:5000”后按回车键，出现编译网页如图 4-7 所示，将 Windows 操作系统粘贴板中程序 hello.c 的全部代码粘贴到编译网页中如图 4-8 所示。

3）使用编译网页编译 hello.c 程序生成可执行代码 hello.bin

如图 4-9 所示，单击编译网页程序代码下方的“全部编译”或者“快速编译”按钮，会连续出现程序编译信息，直到在编译信息的尾部出现 playgroud build success 信息，表示程序编译成功，此时也会出现“下载固件”链接。如果在编译信息中没有出现 playground build success 信息而是出现 error 信息，表明程序存在错误，必须找到并改正错误，然后重新复制粘贴程序代码到网页编译界面，重新进行编译，直到成功。

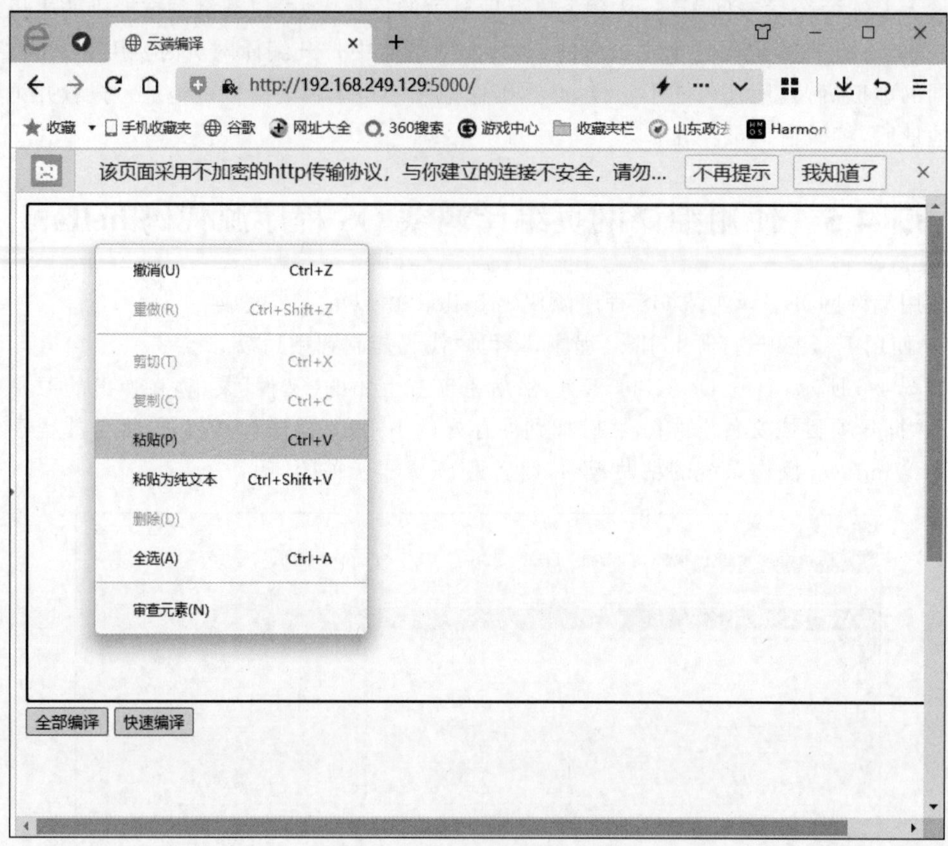

图 4-7 打开浏览器编译网页

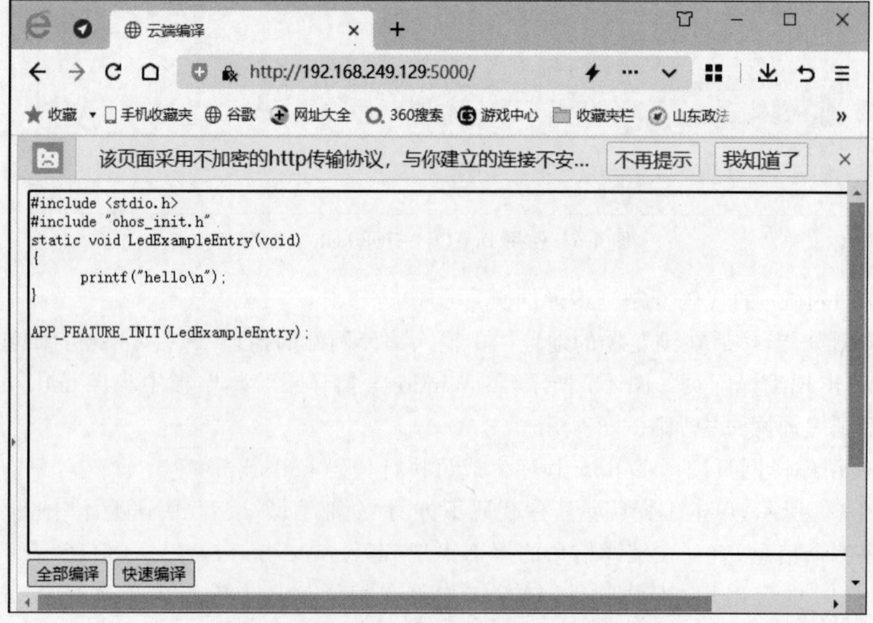

图 4-8 将 hello.c 程序代码复制到编译网页

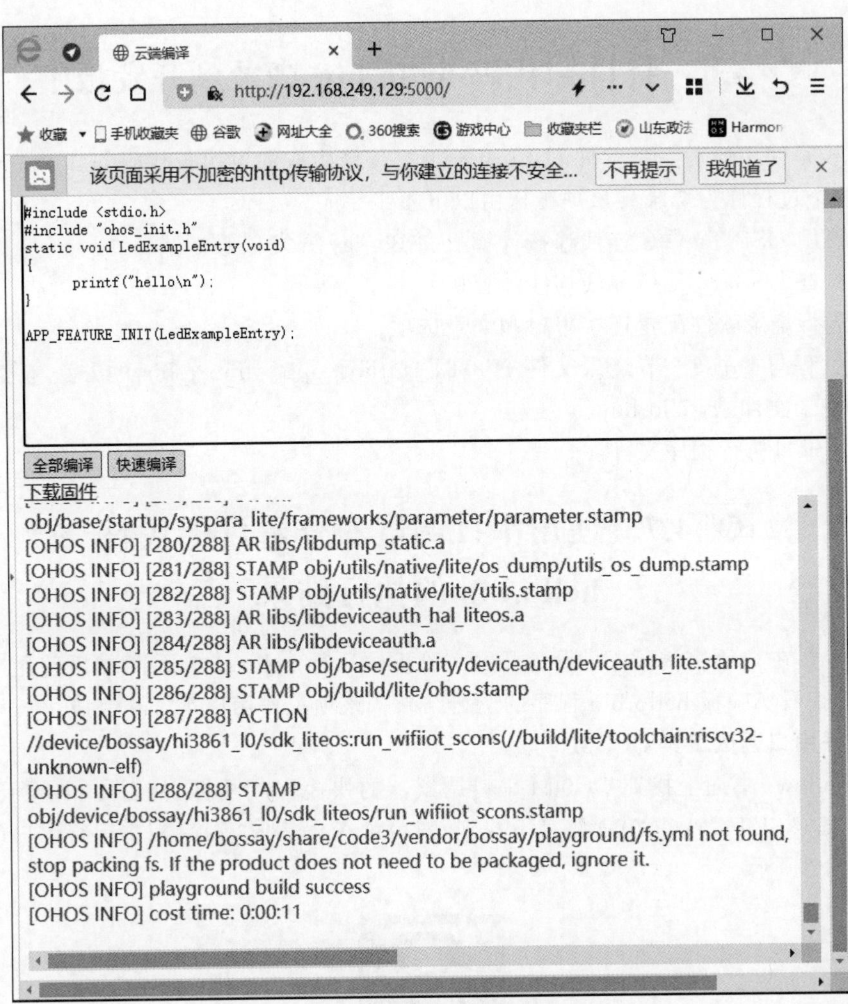

图 4-9　使用浏览器编译网页编译 hello.c

4）下载保存 hello.c 程序的可执行代码到文件 hello.bin

如图 4-9 所示，当程序编译成功后，单击编译网页中的"下载固件"链接，出现如图 4-10 所示的"新建下载任务"对话框，在此对话框中将名称修改为 hello.bin，然后单击"浏览"按钮，修改下载文件 hello.bin 的保存位置。编者在此选择将 D 盘的文件夹"C 语言鸿蒙 OS 设备开发代码"作为 hello.bin 的存放位置。读者可以按照自己意愿将网页编译结果存放于自己预先创建好的文件夹下。

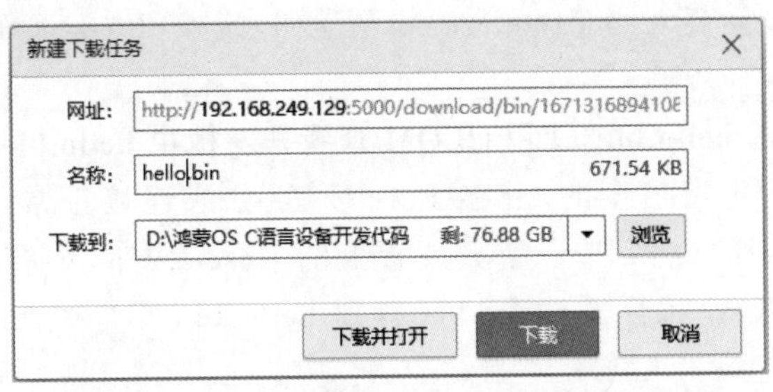

图 4-10　下载编译的 hello.c 程序可执行代码

4.6 将目标代码 hello.bin 烧录到开发板中

这一步是使用烧写工具软件 HiBurn.exe,将编译生成的可执行代码 hello.bin 上传到开发板中,这个过程称为烧录。该项工作由以下 4 步完成。

(1) 使用 USB Type-C 连线连接计算机和 Bossay 开发核心板。

(2) 检查 USB Type-C 连线连接计算机的串口设备。

(3) 运行烧录软件配置连接串口和烧录选项。

配置过程与本书 3.3 节烧录文件 Hi3861_wifiiot_opp_olinore.bin 的方法与步骤一致,区别仅在烧录文件是 hello.bin。

(4) 烧录可执行程序文件。

4.7 使用串口调试器查看目标代码 hello.bin 的执行结果

这一步要在 C 语言鸿蒙 OS 设备开发实验板中运行 hello.bin 程序,然后使用串口调试器 QCOM 查看实验板 hello.bin 程序的运行结果。该项工作由以下 3 步完成。

1. 打开串口调试工具 QCOM

在 Windows 桌面上找到 QCOM 串口调试器的快捷方式图标,如图 4-11 所示,或者在 D:\鸿蒙 OS C SETUP\QCOM 路径下找到 QCOM_V1.6.exe 程序,双击运行串口调试器程序,如图 4-12 所示。

图 4-11 QCOM 程序快捷图标

2. 设置串口调试器串口通信方式

在 QCOM 串口调试工具主窗口中,设置正确的串口(COM Port)参数(编者将串口设置为 COM4),波特率(Baudrate)设置为 115200,停止位(StopBits)设置为 1,奇偶校验(Parity)设置为 None,字节大小(ByteSize)设置为 8,流控(Flow Control)设置为 No Ctrl Flow。

3. 运行开发板中的 hello.bin,使用 QCOM 查看开发板中 hello.bin 的执行结果

单击 QCOM 运行主窗口中的 Open Port 按钮,如果连接正常可以看到 Open COM Port Success 的提示字样。然后按一下开发板上的 Reset 按钮,重启开发板运行 hello.bin 程序,这时就能在 QCOM 程序左边窗口区看到 hello.bin 程序的 printf 打印出的"Hello HarmonyOS"信息了。

到此,实验取得圆满成功。

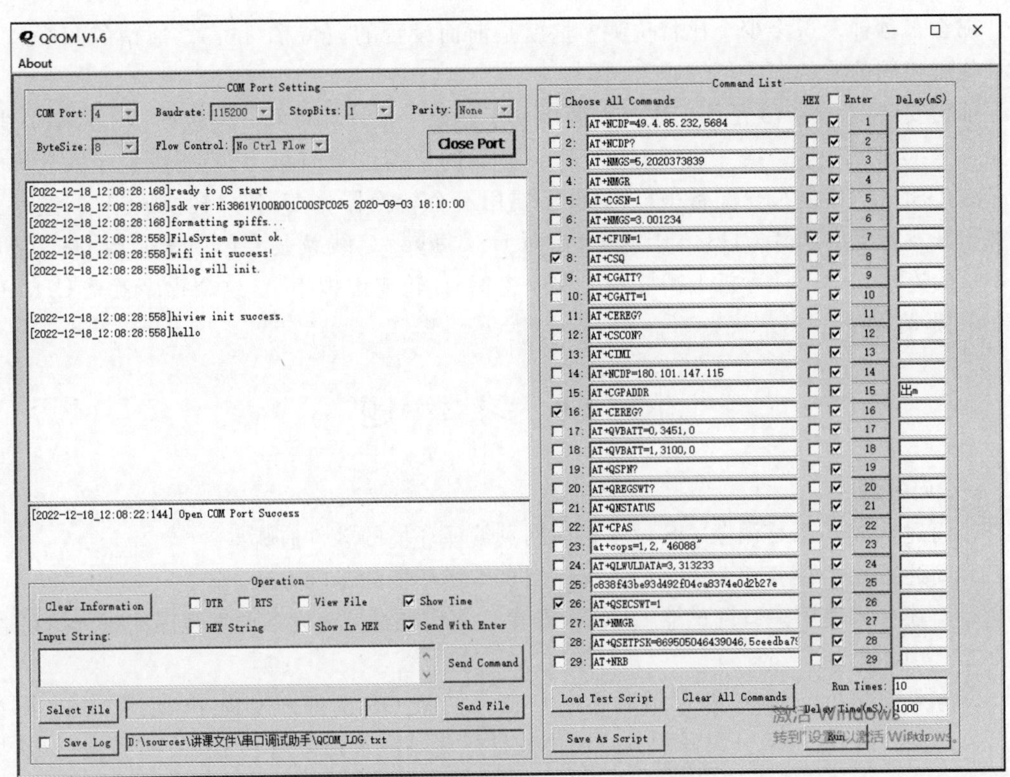

图 4-12　QCOM 串口调试器运行主窗口

4.8　本实验串口通信工作原理

串口通信是一种常见的通信方式,常用于开发板和开发板、开发板和个人计算机、个人计算和个人计算之间的通信。串口有 UART、RS232 和 RS485 等多种类型,用于开发板和开发板之间近距离通信的串口叫作 UART(Universal Asynchronous Receiver/Transmitter,异步收发传输器),它把要传输的资料在串行通信与并行通信之间加以转换,把并行信号转成串行信号进行输入和输出。关于串口的更多内容在此不作赘述。大多数芯片(MCU)都具备硬件的 UART 串口,本书配套开发板使用的 Hi3861 芯片就有 3 个硬件 UART 串口。UART 通常只需要 2 根数据线就能实现串口通信功能,2 根数据线分别是发送(TxD)和接收(RxD)。如图 4-13 所示,两个通信的芯片需要将芯片 1 的发送端接到芯片 2 的接收端,芯片 1 的接收端接到芯片 2 的发送端。

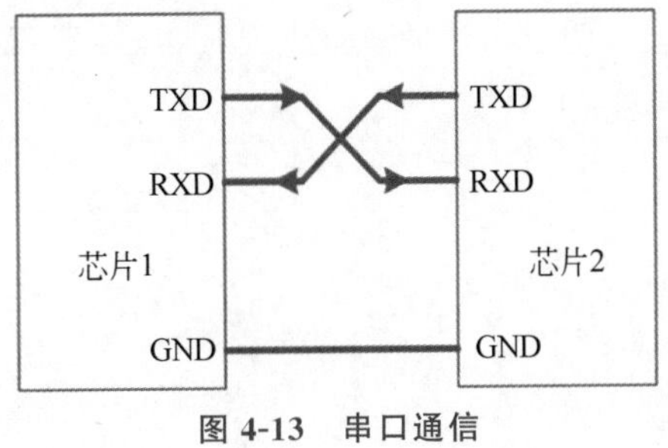

图 4-13　串口通信

那么 1 秒钟发送多少个比特位呢? 这就是前面设置的波特率(bps)。通信的两个芯片必须使用相同的波特率才可以正常通信。

前面安装的 CH340 是什么呢? 实验中用于连接个人计算机和开发板的并不是串口线,而是一个 USB Type-C 线。使用 USB Type-C 线的原因也很简单,几乎所有的个人计算机都带有 USB 接口,但很少配备串口,这就需要用一个转换器将 USB 口转换成串口,这就是存在于开发版上的芯片 CH340 干的事情,而 USB Type-C 线就是专门用来连接 USB 接口和串口的连线。个人计算机上需要一个程序将 USB 转成虚拟串口,这个程序就是 CH340/CH341 驱动程序。

4.9 习　　题

一、问答题

1. 简述构成 C 语言鸿蒙 OS 设备程序网页编译环境的软件有哪些。
2. 简述搭建 C 语言鸿蒙 OS 设备程序网页编译环境的步骤方法。
3. 简述如何使用串口调试器 QCOM 查看 C 语言鸿蒙 OS 设备开发程序的执行结果。

二、实验题

模仿本章 hello.c 程序,自己编写一个 C 语言鸿蒙 OS 设备开发程序,使用 printf 函数输出数据,将程序使用网页编译的方式编译成目标代码烧录到鸿蒙 OS 开发实验板,然后执行鸿蒙 OS 开发实验板中的程序并通过串口调试器 QCOM 查看程序执行结果。

第5章

闪烁的 LED 实验

【本章学习目标】

(1) 动手完成闪烁的 LED 灯实验，熟练掌握 C 语言鸿蒙 OS 设备程序项目的架构和内容。

(2) 动手完成呼吸灯实验，熟练掌握 C 语言鸿蒙 OS 设备程序项目的开发步骤和方法。

(3) 了解闪烁的 LED 灯和呼吸灯程序的工作原理。

第 3 章的 C 语言鸿蒙 OS 设备开发实验点亮了一个 LED 灯(发光二极管)，本章利用循环控制实现一个闪烁的 LED 灯。

5.1 闪烁的 LED 灯

5.1.1 闪烁的 LED 灯程序项目的结构和内容

闪烁的 LED 灯 C 语言鸿蒙 OS 程序项目由 1 个 C 语言源程序文件 FLASHING.c、2 个 BUILD.gn 文件和 1 个 config.json 文件组成。各个文件在计算机磁盘上的存储情况如图 5-1 所示。

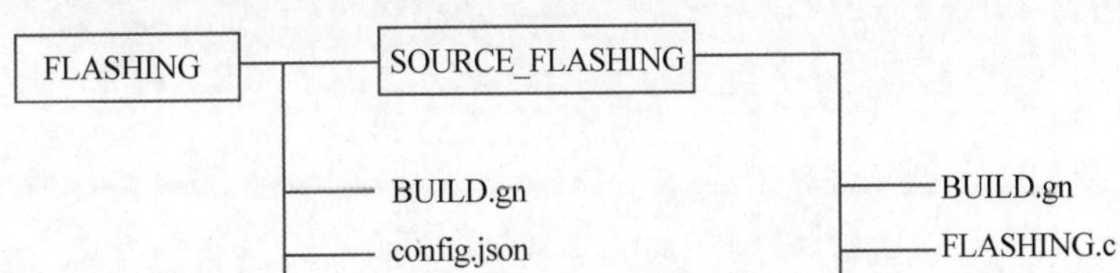

图 5-1 闪烁的 LED 灯 C 语言鸿蒙 OS 程序项目结构和内容示意图

图中外带方框的 FLASHING 和 SOURCE_FLASHING 是文件夹，而且 SOURCE_FLASHING 文件夹是 FLASHING 文件夹下面的子文件夹。在 FLASHING 文件夹下有 BUILD.gn 和 config.json 两个文件，在 SOURCE_FLASHING 子文件夹下也有一个 BUILD.gn 文件和一个 FLASHIN.c 文件。其中，config.json 文件内容和第 3 章的点亮一只 LED 灯项目的 config.json 文件内容基本相同，只有第一行“product_name”后面的项目名称有区别，因为是两个不同的项目。点亮一只 LED 灯项目的项目名称为 LED，闪烁的 LED 灯项目的项目名称为 FLASHING。各文件的内容分别如下所示。

(1) FLASHING 文件夹下的 BUILD.gn 文件内容。

```
group("FLASHING")
{
    deps = [
          "SOURCE_FLASHING:FLASHING",
          "//device/bossay/hi3861_l0/sdk_liteos:wifiiot_sdk",
          "../common/iot_wifi:iot_wifi",
         ]
}
```

(2) FLASHING 文件夹下的 config.json 文件内容。

```
{
    "product_name": "FLASHING",
    从第 2 行开始,剩余内容跟点亮一只 LED 灯项目的 config.json 文件从第 2 行开始的各行内
容相同,在此不再赘述。
}
```

(3) SOURCE_FLASHING 文件夹下的 BUILD.gn 文件内容。

```
static_library("FLASHING")
{
    sources = [ "FLASHING.c",  ]
    include_dirs = [
                "//utils/native/lite/include",
                "//base/iot_hardware/peripheral/interfaces/kits",
                "//device/bossay/hi3861_l0/iot_hardware_hals/include",
                "//device/bossay/hi3861_l0/sdk_liteos/include"
              ]
}
```

(4) SOURCE_FLASHING 文件夹下的 FLASHING.c 文件内容。

```
#include <stdio.h>
#include "ohos_init.h"
#include "iot_gpio.h"
#include "iot_gpio_ex.h"

#define LED_GPIO 9
static void led(void* args)
{
  printf("led running...");
  IoTGpioInit(LED_GPIO);
  IoTGpioSetDir(LED_GPIO,IOT_GPIO_DIR_OUT);
  IoTGpioSetFunc(LED_GPIO,IOT_GPIO_FUNC_GPIO_9_GPIO);
  int v = 1;
  while(1)
  {
    IoTGpioSetOutputVal(LED_GPIO,v);
    v = 1-v;
```

```
        usleep(200 * 1000);
    }
}

APP_FEATURE_INIT(led);
```

5.1.2　编辑、编译、烧录、运行闪烁的 LED 灯程序

5.1.2

参照本书第 4 章网页编译的方法，将源程序 FLASHING.c 的代码复制到网页进行编译，生成可执行目标代码；或参照第 3 章的方式，利用 VS Code 的 DevEco 工具建立闪烁的 LED 灯程序项目，编辑程序代码、编译生成可执行目标代码。然后使用 USB-Type 连线连接计算机和开发板，利用 Hiburn 工具烧录可执行目标代码到开发实验板，按下开发板上的 RESET 复位键运行项目程序，程序运行效果如图 5-2 所示。

图 5-2　闪烁的 LED 效果图

5.1.3　闪烁的 LED 灯程序的工作原理

5.1.3

图 5-3 是一个 32 引脚的 Hi3861 芯片。大多数引脚有多重功能，例如，本次实验使用的 GPIO9 实际上是 27 号引脚，可以作为通用输入输出端口。

闪烁的 LED 灯程序代码开头使用 include 引用了四个类库，stdio 为标准输入输出库，包含 printf 函数的定义，ohos_init 包含宏 APP_FEATURE_INIT 的定义，iot_gpio 包含控制 Hi3861 芯片的引脚 GPIO 驱动函数的定义，iot_gpio_ex 包含 IOT_GPIO_FUNC_GPIO_9_GPIO 的定义。

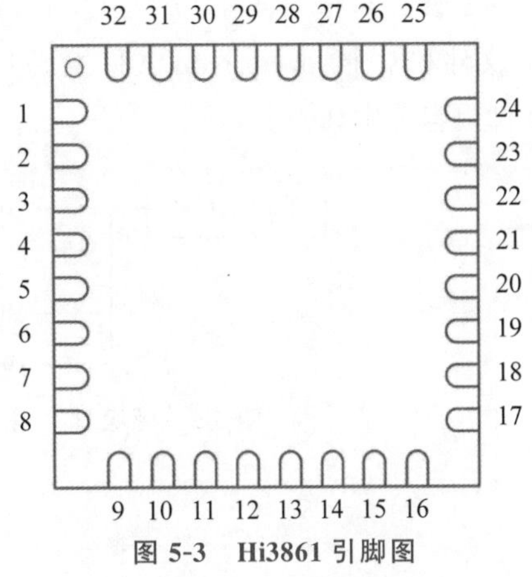

图 5-3　Hi3861 引脚图

APP_FEATURE_INIT 指出程序入口为 led 函数。该函数中使用 printf 打印了提示信息，并对 Hi3861 芯片的第 27 引脚（即 LED_GPIO）的 GPIO 功能进行了初始化。通过 IoTGpioSetDir 函数设定

第 27 引脚为输出方向,功能为通用输入输出。之所以要进行这些设计,是因为芯片中的引脚是有限的,引脚多了芯片的面积增大、外部电路设计也会变得复杂。

这个 27 端口一共有 9 种功能,在使用时需要用程序将信息传输到芯片,当前想使用哪一种功能。在 iot_gpio_ex 中对这些功能进行了定义。

程序的主体是一个 while 循环,关键变量是 v,其初始值为 1,使用 IoTGpioSetOutputVal 将 v 的值设置到如图 5-4 所示的 GPIO09 上。第一次循环 v 的值为 1,随后 v=1−v, v 的值变为 0,下次循环将 0 输出后,v 的值又翻转为 1。就这样,v 的值一直在 1 和 0 之间翻转,GPIO 输出的电压也在 1 对应的高电平和 0 代表的低电平之间反复转换,GPIO09 连接的灯也会在亮和灭之间切换,形成闪烁的效果。

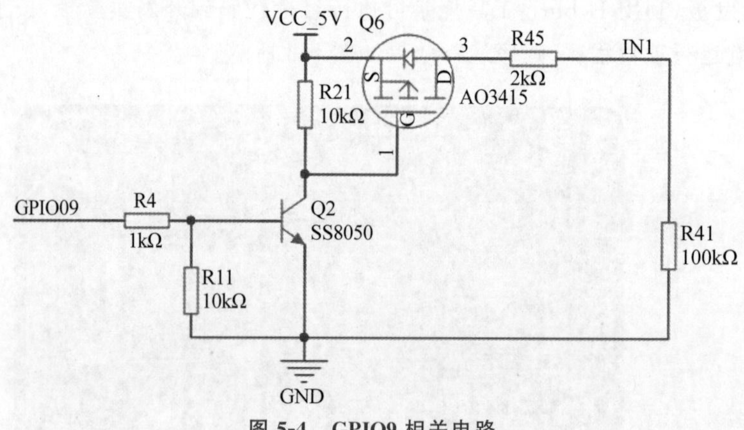

图 5-4 GPIO9 相关电路

函数 usleep 为延迟函数,单位为 μs,程序里为 0.2s。可以通过修改 usleep 的参数观察闪烁频率的变化。

5.2 C 语言鸿蒙 OS 设备开发实验:呼吸灯

5.2.1 呼吸灯项目的程序代码

呼吸灯 C 语言鸿蒙 OS 程序项目由 1 个 C 语言源程序文件 BREATHE.c、2 个 BUILD.gn 文件和 1 个 config.json 文件组成。各个文件在计算机磁盘上的存储情况如图 5-5 所示,文件内容分别如下所示。

图 5-5 呼吸灯 C 语言鸿蒙 OS 程序项目结构和内容示意图

(1) BREATHE 文件夹下的 BUILD.gn 文件内容。

```
group("BREATHE")
{
    deps = [
          "SOURCE_BREATHE:BREATHE",
          "//device/bossay/hi3861_l0/sdk_liteos:wifiiot_sdk",
          "../common/iot_wifi:iot_wifi",
          ]
}
```

(2) BREATHE 文件夹下的 config.json 文件内容。

```
{
    "product_name": "BREATHE",
    从第 2 行开始,剩余内容跟点亮一只 LED 灯项目的 config.json 文件从第 2 行开始的各行内
容相同,在此不再赘述。
}
```

(3) SOURCE_BREATHE 文件夹下的 BUILD.gn 文件内容。

```
static_library("BREATHE")
{
    sources = [ "BREATHE.c",  ]
    include_dirs = [
              "//utils/native/lite/include",
              "//base/iot_hardware/peripheral/interfaces/kits",
              "//device/bossay/hi3861_l0/iot_hardware_hals/include",
              "//device/bossay/hi3861_l0/sdk_liteos/include"
            ]
}
```

(4) SOURCE_BREATHE 文件夹下的 BREATHE.c 文件内容。

```
#include <stdio.h>
#include "ohos_init.h"
#include "iot_gpio.h"
#include "iot_gpio_ex.h"
#include "iot_pwm.h"
#define PWM_GPIO 9
void pwm_entry()
{
  printf("pwm_entry called \n");
  IoTGpioInit(PWM_GPIO);
  IoTGpioSetDir(PWM_GPIO,IOT_GPIO_DIR_OUT);
  IoTGpioSetFunc(PWM_GPIO,IOT_GPIO_FUNC_GPIO_9_PWM0_OUT);
  IoTPwmInit(0);
  int i;
  while(1)
   {
    for(i=0;i<100;i++)
    {
```

```
        IoTPwmStart(0,i,40000);
        usleep(1000 * 10);
      }
      for(i=100;i>=0;i--)
      {
        IoTPwmStart(0,i,40000);
        usleep(1000 * 10);
      }
    }
  }
  APP_FEATURE_INIT(pwm_entry);
```

5.2.2

5.2.2 编辑、编译、烧录、运行呼吸灯程序

参照本书第 4 章网页编译的方法,将源程序 BREATHE.c 的代码复制到网页进行编译,生成可执行目标代码;或参照第 3 章的方式,利用 VS Code 的 DevEco 工具建立呼吸灯程序项目,编辑程序代码、编译生成可执行目标代码。然后使用 USB-Type 连线连接计算机和开发板,利用 Hiburn 工具烧录可执行目标代码到开发实验板,按下开发板上的 RESET 复位键运行项目程序。

5.2.3

5.2.3 呼吸灯程序的电气工作原理

呼吸灯是像呼吸一样慢慢变亮又慢慢变暗的周期性亮度变化的灯。单片机中无法输出这种不断变化的模拟信号,必须配合相应的电路才能实现,那么怎样控制 LED 的亮度呢?单片机提供了一种通用的解决方案:脉冲宽度调制(Pulse Width Modulation,PWM)方案,即使用周期性的脉冲输出代替持续稳定的电压输出。图 5-6 给出了使用 PWM 模拟 2.5V、3.75V 和 1V 电压输出的样例。该样例中 5V 是基准电压,如果只有一半的时间输出高电平(占空比 50%),那么对于同一个负载来说,功率就是原本的一半,那么就可以模拟 2.5V 电压。同样的原理,如果只有 20%的时间输出高电平,结果就是原本电压的 1/5,即 1V。如果有 75%的时间输出高电平,则为 3.75V。

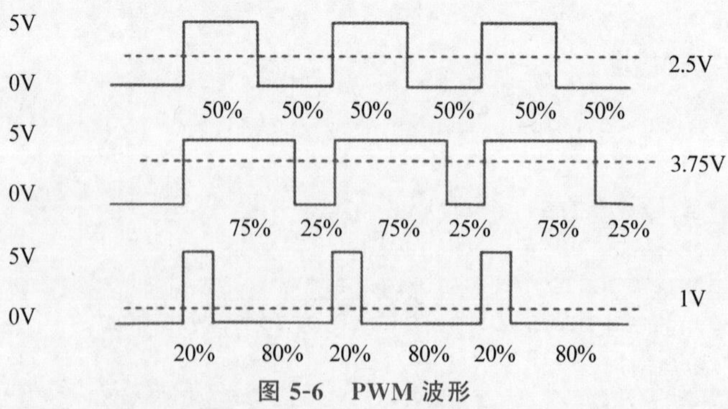

图 5-6 PWM 波形

当然,这样输出的电压是周期性变化的,如果想保持特定电压的稳定输出,就需要将 PWM 输出的信号通过带有电容的滤波电路来实现,对于驱动一个 LED 来说,显然不需要通过这样的滤波电路。那么使用周期性变化的信号来驱动点亮 LED 会不会让肉眼看到闪

烁呢？这个问题等价于看电影时能不能看到闪烁一样，答案是只要闪烁得够快，肉眼就看不到闪烁。

Hi3861 芯片不仅支持 6 个硬件 PWM 输出，而且也可以通过程序代码来控制 PWM 的输出，PWM 的输出不过是周期性地快速拉高拉低电平而已，使用 GPIO 操作就可以实现，这种是软件 PWM。硬件 PWM 的好处是可以达到更高的频率，频率越高越不容易看到闪烁，另外，只需要启动硬件 PWM，程序就可以做别的事情，而不需要进入一个不断地拉高和拉低引脚电平的循环，这样 CPU 空闲以后就可以做别的事情。

鸿蒙系统提供一组 API（应用编程接口）函数实现引脚的 PWM 功能控制。首先通过 IoTGpioInit 初始化引脚，随后使用 IoTGpioSetDir 将方向设为输出，最重要的是使用 IoTGpioSetFunc 将功能设置为 PWM。前面提到支持 6 路硬件 PWM，这意味着只有 6 个引脚可以支持硬件 PWM，它们是 GPIO9、GPIO10、GPIO5、GPIO12、GPIO13、GPIO14，分别对应 PWM0～PWM5，可以从 Hi3861 的用户指南中查到。这里使用 GPIO9 引脚（PWM0）进行实验。

函数 IoTPwmInit 传入 PWM 的编号 0 实现了初始化，函数 IoTPwmStart 则实现了 PWM 的启动。其中，三个参数中的第一个参数传入 0 表示操作的是 PWM0，第二个参数 i 为占空比，最后一个参数为频率，传入了 40000。

为了实现灯慢慢变亮的效果，程序将占空比从 0 逐渐调整到了 100，再慢慢降低至 0。第一个循环实现从 0 到 99，第二个循环实现 100 到 0。

外层嵌套着的 while 循环保证这个过程持续运行，这样一个会呼吸的灯就做好了。

5.3 习　题

bossay 实验板上呈五角星分布的 5 个 LED 灯的 GPIO 分别是 GPIO9、GPIO10、GPIO11、GPIO12、GPIO13。

(1) 设计程序实现流水灯功能，让实验板上呈五角星分布的 LED 灯循环依次点亮。

(2) 设计程序实现让实验板上呈五角星分布的 LED 灯全部闪烁。

第6章 跑马灯实验

【本章学习目标】

(1) 动手完成跑马灯实验,进一步熟练掌握C语言鸿蒙OS设备程序项目的架构和内容,熟练掌握C语言鸿蒙OS设备程序开发的步骤和方法。

(2) 了解跑马灯程序的工作原理。

Bossay开发板上有布局呈五角形的5个LED灯,如图6-1所示,前面点亮一只LED、闪烁的LED和呼吸灯项目只使用了1个LED灯,这次实验将使用全部的5个LED灯。在电路板设计中将这5个LED分别连接了Hi3861芯片的GPIO9~GPIO13,这样使用一个循环就可以周期性地让这些灯亮起来。

图6-1 Bossay开发板上的5个LED灯

6.1 跑马灯项目的程序代码

跑马灯C语言鸿蒙OS程序项目由1个C语言源程序文件MARQUEE.c、2个BUILD.gn文件和1个config.json文件组成。各个文件在计算机磁盘上的存储情况如图6-2所示,文件内容分别如下所示。

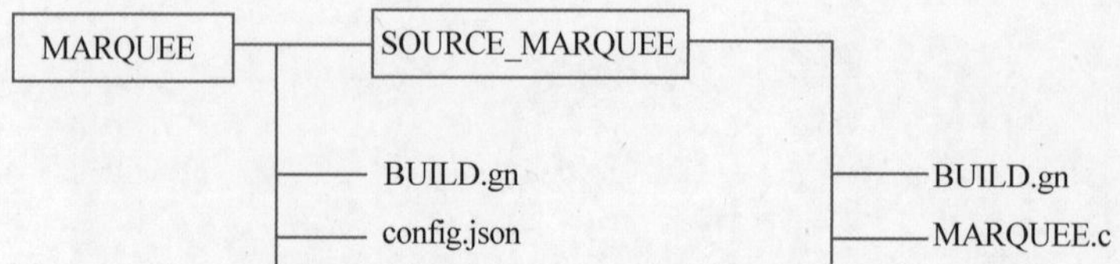

图6-2 呼吸灯C语言鸿蒙OS程序项目结构和内容示意图

(1) MARQUEE 文件夹下的 BUILD.gn 文件内容。

```
group("MARQUEE")
{
    deps = [
            "SOURCE_MARQUEE:MARQUEE",
            "//device/bossay/hi3861_l0/sdk_liteos:wifiiot_sdk",
            "../common/iot_wifi:iot_wifi",
           ]
}
```

(2) MARQUEE 文件夹下的 config.json 文件内容。

```
{
    "product_name": "MARQUEE",
    从第 2 行开始,剩余的内容跟前几章 C 语言鸿蒙 OS 设备开发项目的 config.json 文件从第 2
行开始的各行内容相同,在此再赘述。
}
```

(3) SOURCE_MARQUEE 文件夹下的 BUILD.gn 文件内容。

```
static_library("MARQUEE")
{
    sources = [ "MARQUEE.c",  ]
    include_dirs = [
                "//utils/native/lite/include",
                "//base/iot_hardware/peripheral/interfaces/kits",
                "//device/bossay/hi3861_l0/iot_hardware_hals/include",
                "//device/bossay/hi3861_l0/sdk_liteos/include"
               ]
}
```

(4) SOURCE_MARQUEE 文件夹下的 MARQUEE.c 文件内容。

```
#include <stdio.h>
#include "ohos_init.h"
#include "iot_gpio.h"
#include "iot_gpio_ex.h"
void led(void* args )
{
int i;
printf("led thread running...");
for(i=9;i<=13;i++)
{
  IoTGpioInit(i);
  IoTGpioSetDir(i,IOT_GPIO_DIR_OUT);
  IoTGpioSetFunc(i,0);
}
IoTGpioSetFunc(13,IOT_GPIO_FUNC_GPIO_13_GPIO);
int c = 9;
while(1)
{
```

```
    for(i = 9;i<=13;i++)
    {
     if (i == 9)
     {
      IoTGpioSetOutputVal(13,0);
     }else
     {
      IoTGpioSetOutputVal(i-1,0);
     }
     IoTGpioSetOutputVal(i,1);
     usleep(200 * 1000);
    }
  }
}
APP_FEATURE_INIT(led);
```

6.2

6.2 编辑、编译、烧录、运行跑马灯程序

参照本书第 4 章网页编译的方法,将源程序 MARQUEE.c 的代码复制到网页进行编译,生成可执行目标代码;或参照第 3 章的方式,利用 VS Code 的 DevEco 工具建立跑马灯程序项目,编辑程序代码、编译生成可执行目标代码。然后使用 USB-Type 连线连接计算机和开发板,利用 Hiburn 工具烧录可执行目标代码到开发实验板,按下开发板上的 RESET 复位键运行跑马灯项目程序,可以看到 5 个 LED 逐个点亮,然后按照点亮顺序逐个熄灭。

6.3

6.3 跑马灯程序的工作原理

这段程序入口为 led 函数,使用 for 循环对 GPIO9～GPIO13 这 5 个端口进行了初始化,并将方向设置为输出,功能设置为 GPIO。前面在使用 IoTGpioSetFunc 的时候,传入了 IOT_GPIO_FUNC_ GPIO_7_GPIO 这个在 iot_gpio_ex.h 中定义的量,它的值为 0。实际上,GPIO9～GPIO13 对应的 GPIO 的定义都为 0,所以这里直接传入 0。每一个 LED 的点亮和熄灭的工作原理与第 3 章点亮一个 LED 灯的工作原理是一样的,在此不再赘述。

硬件上的不同端口存在差异是很正常的,而对每个端口进行的宏定义也不一样,例如,IOT_GPIO_FUNC_ GPIO_7_GPIO 定义的值为 0,而 IOT_GPIO_FUNC_ GPIO_13_GPIO 定义的值却不是 0,而是 4。如果不注意区分这些差异,就会给端口的使用带来麻烦和错误。

后面的 while 循环保证持续运行,而里面的 for 循环则做两件事情,第一件是关闭上一个 LED,第二件是打开下一个 LED。当 i 为 GPIO9 的时候,关 GPIO13 开 GPIO9;当 i 为 GPIO10 的时候,关 GPIO9 开 GPIO10;当 i 为 GPIO11、GPIO12、GPIO13 的时候和 i 为 GPIO10 时类似。

这样跑马灯的效果就实现了。可以通过修改程序代码得到其他绚丽的效果,例如:

(1) 5 个 LED 逐个点亮,然后按照点亮顺序逐个熄灭。

(2) 5 个 LED 逐个点亮,然后按照点亮顺序的逆序逐个熄灭。

(3) 3 个点亮的 LED 像蛇一样向前移动。

在实验中,读者可以尝试实现这些效果。

6.4 习　　题

1. 设计程序,实现开发实验板 5 个 LED 逐个点亮,然后按照点亮顺序逐个熄灭。

2. 设计程序,实现开发实验板 5 个 LED 逐个点亮,然后按照点亮顺序的逆序逐个熄灭。

3. 设计程序,实现开发实验板 3 个点亮的 LED 像蛇一样向前移动。例如 9、10、11 点亮,随后 9 熄灭 12 点亮,随后 10 熄灭、13 点亮。

第7章 读取按钮状态实验

【本章学习目标】

(1) 动手完成读取按钮状态实验,进一步熟练掌握C语言鸿蒙OS设备程序项目的架构和内容,熟练掌握C语言鸿蒙OS设备程序开发的步骤和方法。

(2) 了解读取按钮实验程序的工作原理。

7.1 读取按钮状态实验设备

按钮是各种电器中常见的输入设备。按钮不止表现在外,有的还隐藏在内,像有些扫地机器人的碰撞检测,就是一种按键式的开关,由一个塑料壳内加一个按钮构成。虽然按钮外观各式各样,但最终实现的就是一个按钮功能。

按钮的电气工作原理很简单,一般的按钮当按下时导通,松开时断开。也有带有锁定装置的按钮,按下一次锁定,再按一次松开,按一下锁定这种功能可以用软件实现。因为带有锁定的按钮成本上更高一些,所以不带有锁定的按钮较为常用。

如图7-1所示,在鸿蒙开发板上带有两个按钮。一个按钮是复位(Reset)按钮,另外一个则可以用做本例读取按钮状态的试验。因此本实验只需要核心板即可,不需要扩展板。

图7-1 核心板上的复位按钮和一般按钮

实验时将核心板与电脑连接，使用 Hiburn 烧写固件，并通过串口调试器来观察核心板的输出。

本实验下面只给出了程序的源码 BUTTON.c，读者可参考第 3、5、6 章的 C 语言鸿蒙 OS 设备开发实验项目，自己建立“读取按钮状态”实验项目进行实验。或者参考第 4 章将程序的源码 BUTTON.c 使用网页编译生成目标代码进行实验。

7.2　读取按钮状态实验程序源码

7.2

【例】 求解问题：使用鸿蒙开发板验证按钮状态读取。

程序代码：

```
/*******************************************
源程序名: BUTTON.c
功能: 验证鸿蒙开发板按钮状态读取
输入数据: 按下和松开鸿蒙开发板上的按钮
输出数据: 按钮状态如图 7-2 所示
******************************************/
#include <stdio.h>
#include "ohos_init.h"
#include "iot_gpio.h"
#include "iot_gpio_ex.h"
#define BUTTON_GPIO 14
/*
 * ? 这是基于轮询方式的按钮处理
 */
void button(void* args )
{
 printf("button thread running...");
 IoTGpioInit(BUTTON_GPIO);
 IoTGpioSetDir(BUTTON_GPIO,IOT_GPIO_DIR_IN);
 IoTGpioSetPull(BUTTON_GPIO,IOT_GPIO_PULL_UP);
 IoTGpioSetFunc(BUTTON_GPIO,IOT_GPIO_FUNC_GPIO_14_GPIO);

 int v;

 while(1)
 {
 IoTGpioGetInputVal(BUTTON_GPIO,&v);
 printf("read data 0x%x \n",v);
 usleep(200*1000);
 }
}
APP_FEATURE_INIT(button);
```

参照本书第 4 章网页编译的方法，将源程序 BUTTON.c 的代码复制到网页进行编译，生成可执行目标代码；或参照第 3、5、6 章的方式，利用 VS Code 的 DevEco 工具建立读取按钮状态程序项目 BUTTON，编辑程序代码、编译生成可执行目标代码。然后使用 USB-Type 连线连接计算机和开发板，利用 Hiburn 工具烧录可执行目标代码到开发实验板，按下开发板 RESET 复位键运行读取按钮状态项目程序,在运行该项目程序的同时,打开 QCOM 程序,设置 QCOM 的 COM 通信端口参数如图 7-2 所示。最后单击 Open Port 按钮,测试按下和松开开发板上的按钮,QCOM 程序采集到的最后按钮数据结果如图 7-2 所示。

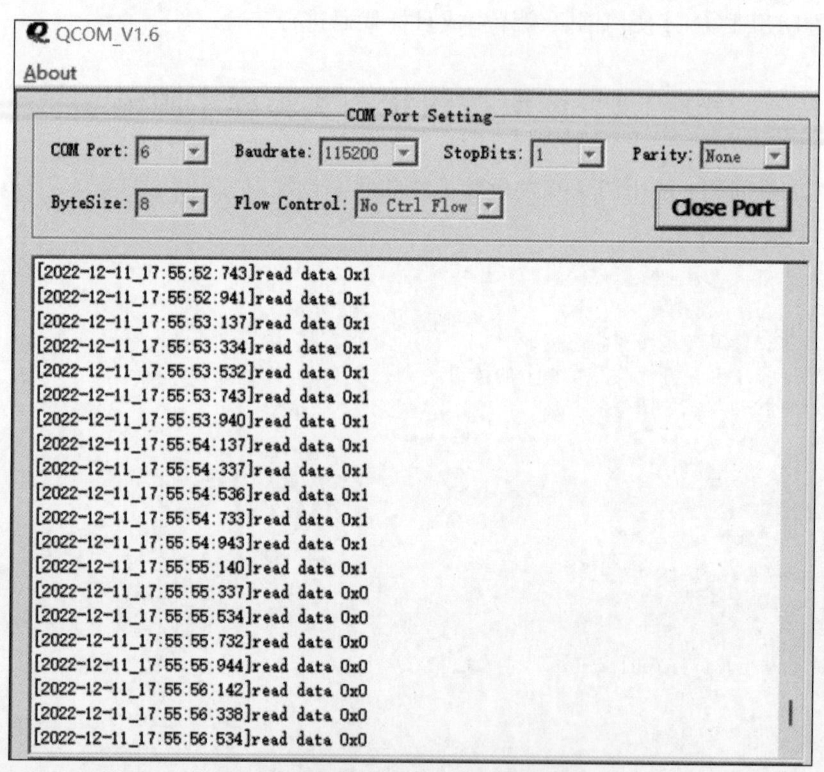

图 7-2 串口调试工具读取的按钮状态

7.3

7.3 读取按钮状态实验电气工作原理

如图 7-3 所示,核心板上 Hi3861 主控芯片的 GPIO14 引脚(图 7-3 未画出)与该按钮 SW2 相连,如果想获取按钮的状态,必须使用该电路将按钮的联通状态转换成电平状态。

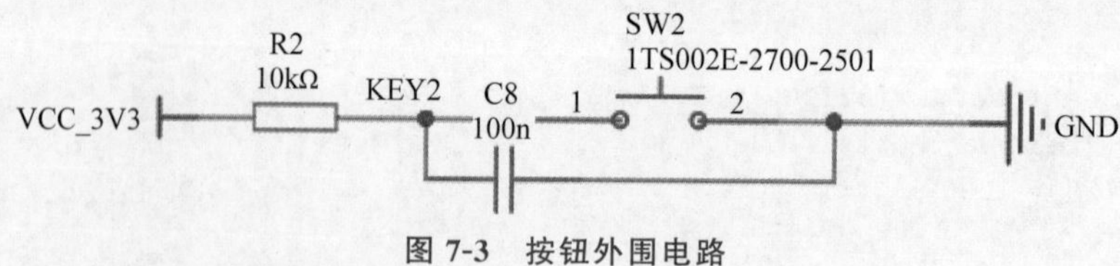

图 7-3 按钮外围电路

电路中 KEY2 与 Hi3861 主控芯片的 GPIO14 引脚相连,当按钮 SW2 未被按下时,VCC 和 KEY2 之间没有电流,KEY2 的电压为 3.3V;当按钮 SW2 按下时,KEY2 和 GND 直接导通,电压为 0V。这样,按钮按下和松开 KEY2 的电压就分别为低电平和高电平两种状态。使用程序代码读取 GPIO14 的值即可得知按钮的状态。

这种将芯片引脚通过一个电阻(这里是 10kΩ)和高电平相连的方式称为上拉,该电阻称为上拉电阻。这种连接方式保证当芯片引脚和其他部分没有连通时为高电平。相应的，如果芯片引脚通过一个电阻和地(GND)相连，就称为下拉。一般单片机内部都设计有实现上拉和下拉的电路，使用时可以进行配置。

程序设计时首先对 GPIO14 引脚功能进行初始化，然后将引脚数据传输方向设置为 IOT_GPIO_DIR_IN，即输入，并使用 IoTGpioSetPull 进行上拉，将 14 端口功能设置为 GPIO 口。实际上因为外部硬件包含了上拉电路，所以设置内部上拉的 IoTGpioSetPull 语句可以省略，如果没有外部上拉电路，这里就必须设定为上拉，不然按钮会出现读数不稳定的状态。

实验中，先将代码写好，然后进行编译，将编译得到的可执行二进制 bin 代码烧录到开发板。烧录后断开烧录软件 Hiburn 的连接，使用串口调试工具 QCOM 进行连接，QCOM 工具参数设置如图 7-2 所示。按 RESET 复位键重启电路板后，可以在 QCOM 中看到“read data 0x1”的字样。这时按下“按钮”，发现输出变为了“read data 0x0”的字样，看到这样的结果，实验就成功了。

7.4　习　题

1. 设计程序，实现开发实验板单击按钮点亮灯，松开按钮熄灭灯的功能。

2. 设计程序，实现按钮和开发实验板上 5 个 LED 灯的联动，按一次按钮，点亮任意一个 LED 灯。再按一次按钮，将点亮的灯熄灭。

3. 设计程序，实现按钮和开发实验板上 5 个 LED 灯的联动，按一次按钮，实现开发实验板 5 个 LED 逐个点亮。再按一次按钮，按照点亮顺序的逆序逐个熄灭。

4. 设计程序，实现按钮和开发实验板上 5 个 LED 灯的联动，按一次按钮，实现开发实验板 3 个点亮的 LED 像蛇一样向前移动。如 9、10、11 点亮，随后 9 熄灭 12 点亮，随后 10 熄灭、13 点亮。再按一次按钮，停止 LED 灯的蛇形移动，熄灭所有灯。

第8章

电子秤实验

【本章学习目标】

(1) 动手完成电子秤实验项目，进一步熟练掌握C语言鸿蒙OS设备程序项目的架构和内容，熟练掌握C语言鸿蒙OS设备程序开发的步骤和方法。

(2) 了解电子秤实验程序的工作原理。

8.1 电子秤实验设备

电子秤是日常生活和工业生产中常用的一种设备，本实验将实现一个简单的电子秤。

图8-1是本实验所需的核心板和扩展板。扩展板中有一个栅格状的器件，用不同力度下压其电阻会发生改变，也就是说通过可变电阻工作原理来实现一个电子秤，图8-2为其对应的原理图。

图8-1　电子秤核心板和扩展板

当电子秤上没有放置物体时，R5阻值最大。在放置物体后，电阻会随着重量的增加而减少。当R5阻值减少的时候，GPIO13上的电压就会降低，所以通过对电压值的观测就可以间接得知放置在电子秤上物体的重量。

那么如何读取 GPIO13 上的电压值呢？按钮实验中通过 IoTGpioGetInputVal 获取的结果非 0 即 1。也就是说读取到的是数字量。而像读取的电压值为 2.7V 还是 1.5V 或者其他数据值这种变化的量，则称为模拟量。单片机读取模拟量并将它转换成一个数值的操作叫作模数转换（ADC）。Hi3861 支持 7 路 ADC 的输入，分别是 GPIO12、GPIO04、GPIO05、GPIO07、GPIO09、GPIO11、GPIO13，对应模数转换 ADC0～ADC6。

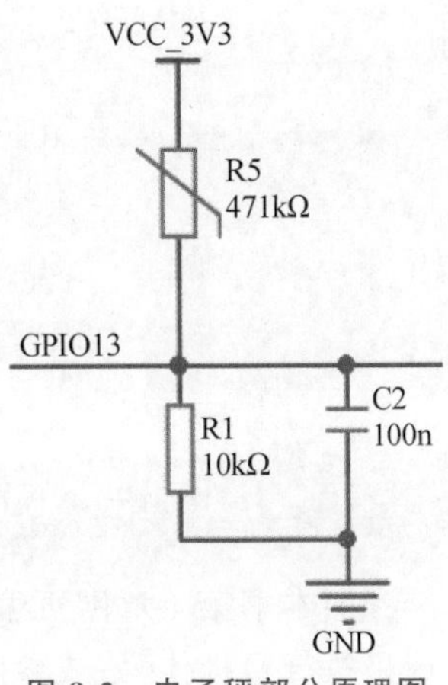

图 8-2　电子秤部分原理图

本实验只给出了程序的源码 ESCALE.c，读者可参考第 3 章的 C 语言鸿蒙 OS 设备开发实验，自己建立“电子秤”实验项目进行实验。或者参考第 4 章将程序的源码 ESCALE.c 使用网页编译生成目标代码进行实验。

8.2　电子秤实验程序源码

8.2

鸿蒙系统同样为 ADC 封装了一组函数，使用这些函数可以轻松实现模拟量的读取。模拟电子秤的程序如下。

【例】　求解问题：使用鸿蒙开发板实现一个电子秤。

程序代码：

```
/*********************************************
源程序名：ESCALE.c
功能：使用博赛鸿蒙开发板实现一个电子秤
输入数据：
输出数据：如图 8-3 所示
*****************************************/
#include <stdio.h>
#include "ohos_init.h"
#include "iot_gpio.h"
#include "iot_gpio_ex.h"
#include "iot_adc.h"
#define ADC_PIN 13
#define ADC_IDX 6
#ifndef IOT_SUCCESS
#define IOT_SUCCESS  0
#endif

void adc_entry()
{
 printf("pwm_entry called \n");
 IoTGpioInit(ADC_PIN);
 IoTGpioSetDir(ADC_PIN,IOT_GPIO_DIR_IN);
 IoTGpioSetFunc(ADC_PIN,IOT_GPIO_FUNC_GPIO_13_GPIO);
 while(1)
 {
  unsigned short data = 0;
  int ret = IoTAdcRead(ADC_IDX, &data, IOT_ADC_EQU_MODEL_1, IOT_ADC_CUR_BAIS_
DEFAULT, 0);
```

```
    if(ret == IOT_SUCCESS)
    {
      printf("read %d\n",(int)data);
    }else
    {
     printf("read error\n");
    }
  usleep(1000 * 1000);
  }
}
APP_FEATURE_INIT(adc_entry);
```

参照本书第 4 章网页编译的方法,将源程序 ESCALE.c 的代码复制到网页进行编译,生成可执行目标代码;或参照第 3 章的方式,利用 VS Code 的 DevEco 工具建立电子秤程序项目 ESCALE,编辑程序代码、编译生成可执行目标代码。然后使用 USB-Type 连线连接计算机和开发板,利用 Hiburn 工具烧录可执行目标代码到开发实验板,按下开发板 RESET 复位键运行电子秤项目程序,在运行程序的同时,打开 QCOM 串口调试工具,设置 COM 通信参数,按下"OpenPort"按钮,将程序运行结果使用 QCOM 工具进行查看,程序运行结果如图 8-3 所示。程序运行时用手指按压实验板模拟重物,可以看到在不同的手指按压力度下,采集到的数据发生变化。

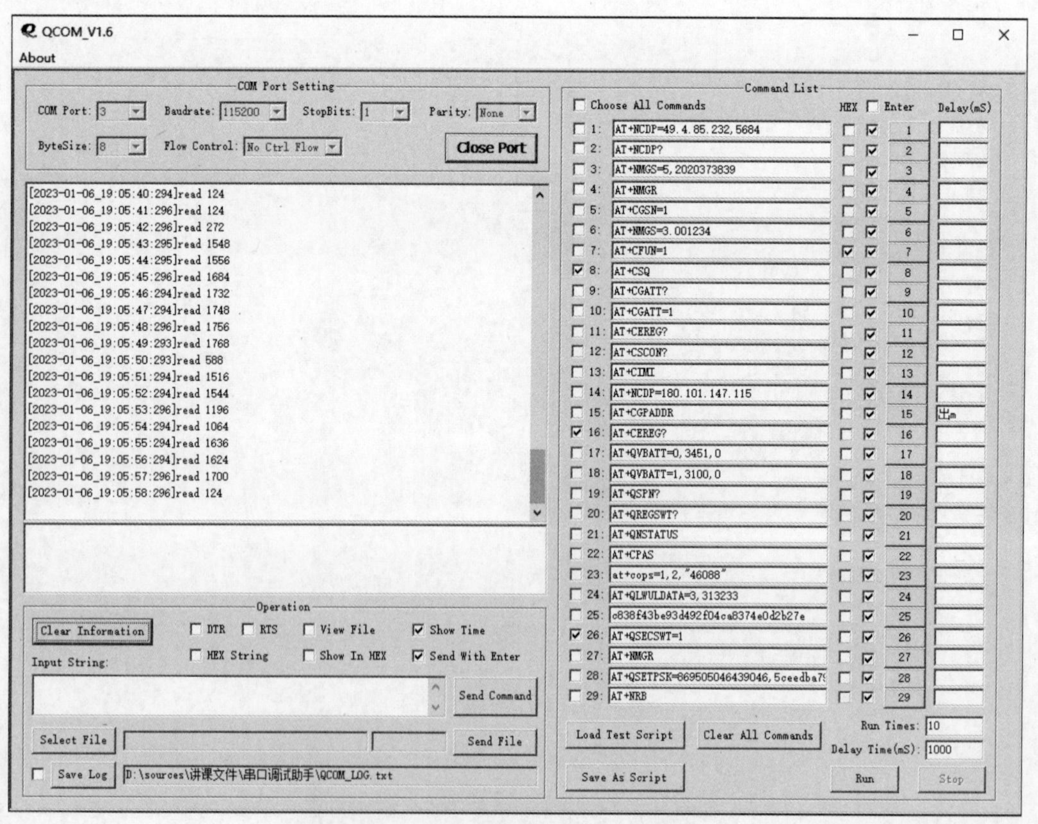

图 8-3 串口调试器读取的电子秤数据

8.3

8.3　电子秤实验程序工作原理解析

本实验的硬件连接决定了 Hi3861 的引脚 GPIO13(即 ADC6)用来实现电子秤的数据采集输入。所以首先对 13 号引脚进行初始化,随后将方向设为输入,将引脚功能设为 IOT_GPIO_FUNC_GPIO_13_GPIO,即 GPIO 口。然后就是使用 IoTAdcRead 实现 ADC 读取。这个函数参数较多,第一个参数为 ADC 的下标,这里传 6 因为 GPIO13 是 ADC6,第二个参数是一个指针,该函数会将读取的数据放到这个无符号 short 类型变量中。后面三个参数可暂不了解。

程序随后将读取的 ADC 数据输出到了串口上。实验过程参照第 3 或者第 4 章的编辑、编译、烧录步骤和方法,然后使用 QCOM 观察输出。随后在开发板上电子秤区域放置物体或用手按压,可以看到串口输出的数值随着受压力度的增加,采集到的数值在逐渐地减少。

这个实验到这里已经实现了电子秤数据的读取和 AD 转换,至于如何将读取到的电子秤数据转换为重量,下面提供一个如图 8-4 所示的思路,读者可以自行尝试实现。

(1) 取各种重量的砝码进行测试,观察串口输出的数据并进行记录。例如,取 20g、50g、100g、200g、500g、1kg、2kg、5kg、10kg。

(2) 将放置各种重量的砝码和采集到的相应电子秤数据的关系看成是一个线性关系,整个采集到的数据和重量的函数就是一个分段线性函数。放置未知重量的物体采集到了测量值之后,可以利用这种线性函数关系来计算物体的重量。例如,放置 50g 物体读取的数值为 x_i,放置 100g 物体读取的数值为 x_j,现在放了一个未知重量的物体得到的读数为 x_k,且 x_k 在 x_i 和 x_j 之间,即 $x_i <= x_k <= x_j$。因为设计的电子秤保证 x_i 到 x_j 这一段读数对应重量关系为线性的,根据数学知识,可以得到计算公式 8-1。其中 x_i、x_j 和 x_k 都是读取得到的已知数值,这样重量 w 就可以通过公式 8-1 计算得到。

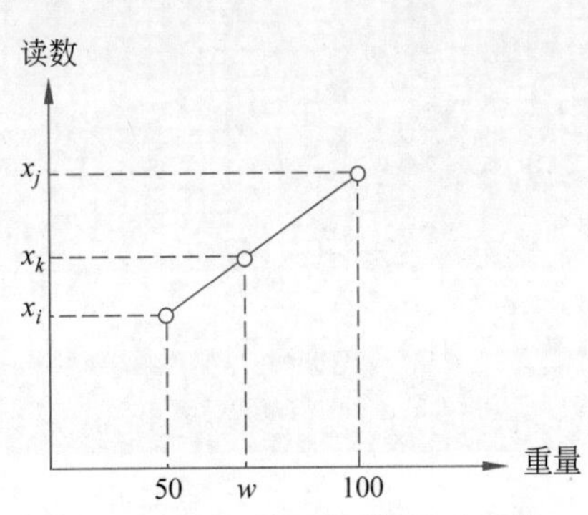

图 8-4　将 ADC 的读取转换为重量

$$\frac{100 - w}{x_j - x_k} = \frac{w - 50}{x_k - x_i} \tag{8-1}$$

读者可以借鉴这个实验来实现一个真正的电子秤。

8.4　习　题

设计程序完善本章电子秤的实验,按照 8.3 节提供的原理,实现重物质量的输出。

第9章 点阵显示实验

【本章学习目标】

(1) 动手完成点阵显示字符实验项目,进一步熟练掌握C语言鸿蒙OS设备程序项目的架构和内容,熟练掌握C语言鸿蒙OS设备程序开发的步骤和方法。

(2) 了解点阵显示字符程序的工作原理。

9.1 点阵显示

9.1.1

9.1.1 点阵显示实验设备及其工作原理

点阵屏是常见的一种显示设备,有单色的也有彩色的,大的点阵屏通常由多个小的8×8的点阵屏构成,如图9-1所示。

图9-1 点阵屏

本实验使用的扩展板包含8x8的点阵和4个七段数码管,如图9-2所示。观察可知,该点阵屏由64个LED构成,即点阵屏本质上是一组LED。让LED点亮的方法无非是给它一个电压差。如果使用单片机直接驱动点阵则至少需要16个GPIO口。

图9-3给出了一个16脚点阵的原理示意图。16个引脚分为两组,8个行引脚和8个列引脚。每个点阵的LED都是输入接行引脚、输出接列引脚。那么想将所有的灯点亮就可以给所有的行引脚高电平,给所有的列引脚低电平。

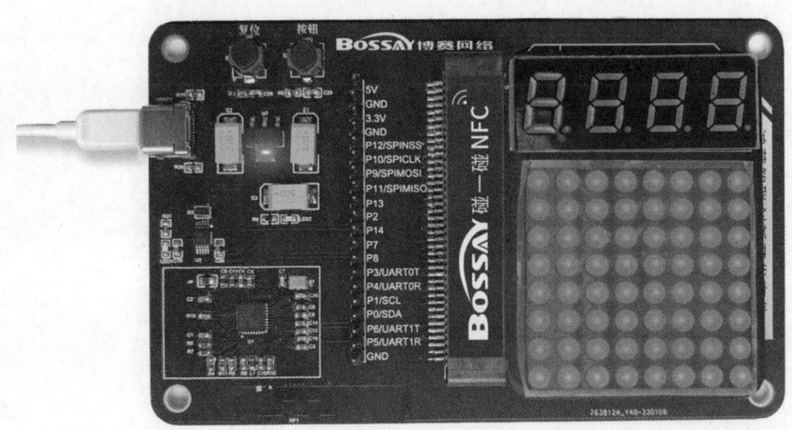

图 9-2　核心板与点阵扩展板

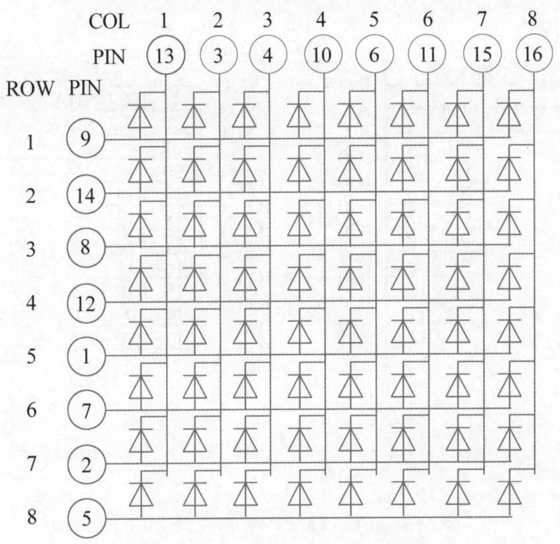

图 9-3　16 脚点阵原理示意图

Hi3861 芯片引脚总数为 32 个，将这 32 个引脚分出 16 个来驱动一个点阵屏显然不够划算。为此，实验扩展板使用 PCA9535PW 作为 IO 扩展芯片，这个芯片的输入为两根 GPIO 线，输出 16 根 GPIO 线，相当于将 2 根 GPIO 线扩展为 16 根 GPIO 线。该芯片的两根输入 GPIO 线和 Hi3861 的两个引脚相连。

Hi3861 和 PCA9535PW 之间使用 I2C 总线进行通信，I2C 使用两根数据线实现数据的串行传输。Hi3861 支持两组硬件 I2C，分别为 I2C0 和 I2C1，其中，I2C0 可以使用 Hi3861 芯片的 GPIO09 和 GPIO10 或者 GPIO13 和 GPIO14，I2C1 可以使用 GPIO00 和 GPIO01 或者 GPIO03 和 GPIO04。图 9-4 中 PCA9535PW 的引脚 22 和引脚 23 就是该芯片的两根 GPIO 输入引脚，该芯片使用引脚 22 和引脚 23 与 Hi3861 的 GPIO03 和 GPIO04 建立起连接，接受 Hi3861 芯片的输出。

如图 9-5 所示，I2C 有两条线，一条为时钟线称为 SCL，另一条为数据线称为 SDA。当 SCL 保持为高电平时，将 SDA 拉低表示一次数据传输的开始，称为起始信号；当 SCL 保持为高电平时，将 SDA 拉高表示一次数据传输的结束，称为停止信号。在传输数据的时候，总

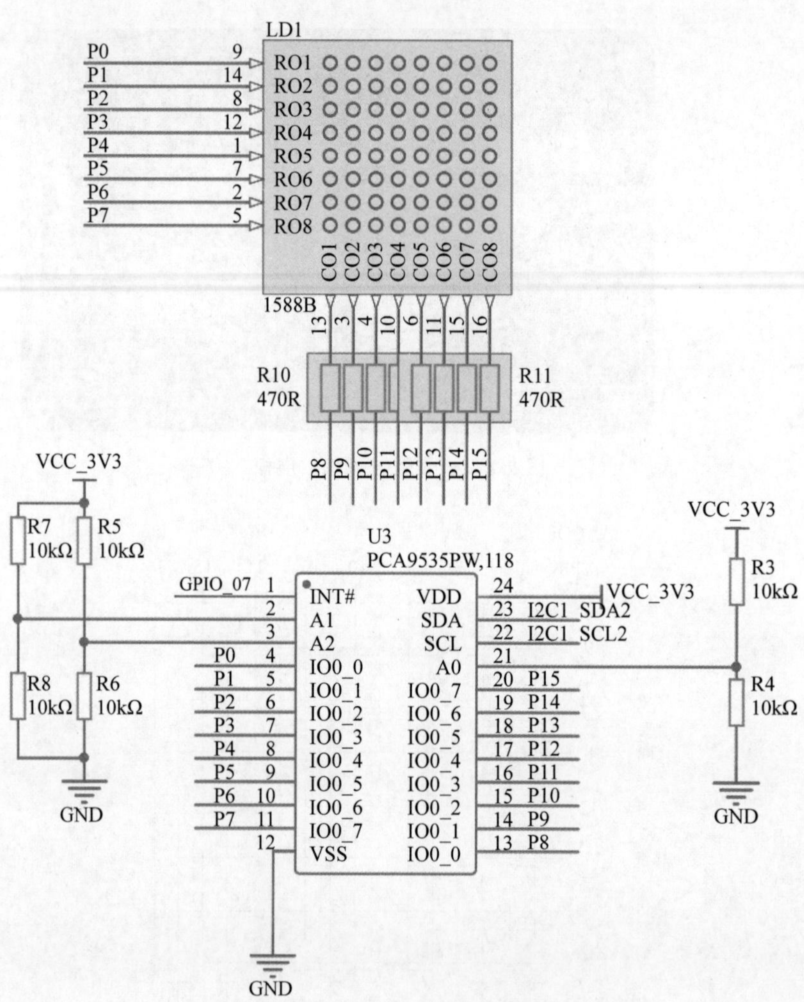

图 9-4 **PCA9535PW** 和点阵示意图

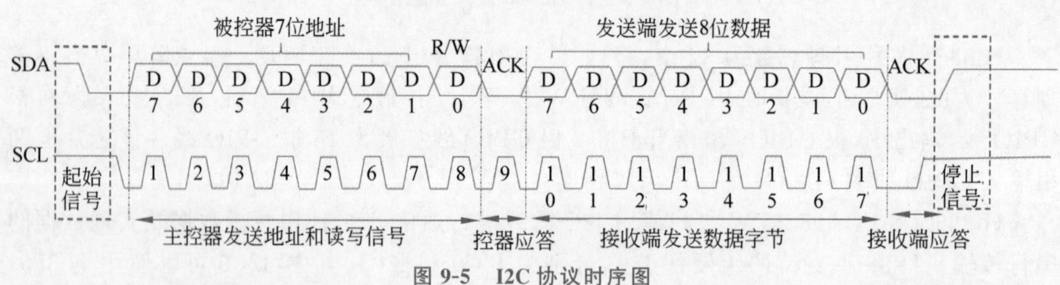

图 9-5 **I2C** 协议时序图

是先将 SCL 置位点平，设置 SDA 的数据，然后拉高 SCL。这意味着当 SCL 为高电平的时候，SDA 不允许变化。总结为：

SCL 为高电平时，SDA 变化，由高到低为起始信号。

SCL 为高电平时，SDA 变化，由低到高为停止信号。

SCL 为低电平时，设置 SDA 数据。

SCL 为高电平时，SDA 不变，为数据传输。

I2C 的通信双方是不对等的，分为主方和从方，或者称主控制器和被控制器，整个通信过程总是由主控制器发起。主控制器会先发送 7 位的地址信息，这就可以将所有连接在该 I2C 总线上的设备进行筛选，只有地址匹配的设备才会对这次通信响应。第 8 位为读写信号，决定了传输数据的方向。后面紧接着是从控制器对主控制器发出的 ACK 应答(确认字符，在数据通信中，接收站发给发送站的一种传输类控制字符，表示发来的数据已确认接收无误)信号。

当 7 位的地址加上第 8 位的方向位发送完成后，被控制器如果发现地址为自己的地址，必须立即拉低 SDA 表示自己收到了；如果被控制器没有拉低 SDA，说明总线上没有这个地址的设备。主机收到 ACK 信号以后，就按照 R/W 信号的规定方向开始通信。0 表示写，即主控制器发送给被控制器；1 表示读，即被控制器发送给主控制器。发送完 8 位的数据后接收端通过 ACK 表示自己已经收到。

实验中使用 GPIO00 和 GPIO01(即 I2C1)作为通信用的两个端口。鸿蒙提供了 I2C 操作函数，直接使用即可。

9.1.2 点阵显示实验程序源码

9.1.2

【例 9-1】 解问题：C 语言鸿蒙 OS 设备开发点阵显示实验。

程序代码由程序源码 DMATRIX.c、配置文件 config.json 和 BUILD.gn 组成。

```
/*********************************************
源程序名: DMATRIX.c
功能: 用 C 语言程序控制点阵将其全部点亮
输入数据:
输出数据: 如图 9-2 所示
*********************************************/
#include <stdio.h>
#include "ohos_init.h"
#include "iot_gpio.h"
#include "iot_gpio_ex.h"
#include "iot_i2c.h"
#include "cmsis_os2.h"
#define IIC_SDA  0
#define IIC_SCL  1
#define ADDR 0x27  //0100111
#define IIC_IDX 1

/*
Command Register
0 Input port 0
1 Input port 1
2 Output port 0
3 Output port 1
4 Polarity Inversion port 0
5 Polarity Inversion port 1
6 Con? guration port 0
7 Con? guration port 1
```

```
*/
#define CMD_CFG0 6
#define CMD_CFG1 7
#define CMD_OUT0 2
#define CMD_OUT1 3

int write_iic(uint8_t* data)
{
 int ret = IoTI2cWrite(IIC_IDX, (ADDR << 1) | 0x00, data, 3);
 if (ret != 0)
  {
   printf("Error:Write ret = 0x%x! \r\n", ret);
  }else
  {
   printf("i2c send succ %02x %02x %02x \n" , data[0], data[1], data[2]);
  }
  usleep(200*1000);
  return ret;
}

//start
uint8_t CFG0[] = {CMD_CFG0,0x0,0x0};              //配置为输出
uint8_t CFG1[] = {CMD_CFG1,0x0,0x0};              //配置为输出
uint8_t OUT0[] = {CMD_OUT0,0x00,0xff};            //输出
uint8_t OUT1[] = {CMD_OUT1,0x00,0xff};            //输出

void iic(void* args )
{
 printf("iic thread running...");
 IoTGpioInit(IIC_SDA);
 IoTGpioInit(IIC_SCL);
 IoTGpioSetFunc(IIC_SDA, IOT_GPIO_FUNC_GPIO_0_I2C1_SDA);
 IoTGpioSetFunc(IIC_SCL, IOT_GPIO_FUNC_GPIO_1_I2C1_SCL);
 IoTI2cInit(IIC_IDX, 400000);
 write_iic(CFG0);
 write_iic(CFG1);
 write_iic(OUT0);
 write_iic(OUT1);
 printf("set finish! \n");
}
APP_FEATURE_INIT(iic);
```

参照本书第 4 章网页编译的方法,将源程序 DMATRIX.c 的代码复制到网页进行编译,生成可执行目标代码;或参照第 3 章的方式,利用 VS Code 的 DevEco 工具建立读取按钮状态程序项目 DMATRIX、编辑程序代码、编译生成可执行目标代码。然后使用 USB-Type 连线连接计算机和开发板,利用 Hiburn 工具烧录可执行目标代码到开发实验板,按下开发板 RESET 复位键运行点阵显示实验项目程序,点阵 LED 全部点亮,程序运行效果如图 9-2 所示。

9.1.3　点阵显示实验程序源码解析

首先使用 IoTGpioInit 和 IoTGpioSetFunc 将 GPIO00 和 GPIO01 设置为 I2C1，随后使用 IoTI2cInit 将 I2C1 初始化，波特率设置为 400000。

然后编写一个名为 write_iic 的函数，并在 iic 函数中调用它四次。write_iic 函数调用系统提供的 IoTI2cWrite 完成 I2C 写操作，有关 write_iic 函数的一些具体知识来源于芯片手册。该芯片的 I2C 地址是 0x27。根据芯片手册，该芯片的地址由固定的 0100 和 A2、A1、A0 三个端口的输入决定。参见图 9-6，A2-A0 均输入 1.65V 的电压为高电平，所以地址应为 0100111，即 0x27。

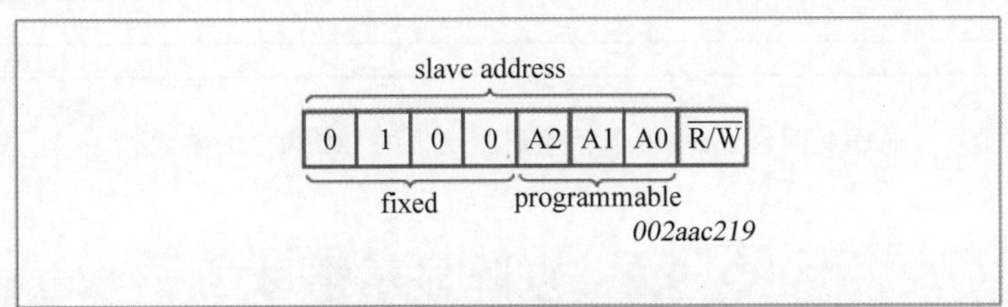

图 9-6　PCA9535 芯片地址

这种可编程的地址允许在一个 I2C 总线中配置最多 8 个 PCA9535 芯片，每个芯片均可以有不同的地址。芯片输出的 16 个引脚可以是输出也可以是输入。这里自然要配置为输出以方便驱动点阵。

参见芯片数据手册（图 9-7 和图 9-8），应该向 6 和 7 中写入 0 将 16 个端口全部配置为输出端口。随后向 0 中 1 中分别写入 0x00 和 0xff。

Command	Register
0	Input port 0
1	Input port 1
2	Output port 0
3	Output port 1
4	Polarity Inversion port 0
5	Polarity Inversion port 1
6	Configuration port 0
7	Configuration port 1

图 9-7　PCA9535 芯片手册中给出的命令和对应的功能

6.2.5 Registers 6 and 7: Configuration registers

This register configures the directions of the I/O pins. If a bit in this register is set (written with '1'), the corresponding port pin is enabled as an input with high-impedance output driver. If a bit in this register is cleared (written with '0'), the corresponding port pin is enabled as an output. At reset, the device's ports are inputs.

图 9-8　PCA9535 芯片手册中给出的对于配置的解释

如图 9-9 所示，芯片要求 I2C 的数据要有三字节组成，第一字节为命令，第二字节为对应 port0 的数据，第三字节为对应 port1 的数据，所以在配置端口 0 和 1 时（前两个 write_iic）都写入了 0 表示输出。在写 port0 时（第三个 write_iic），传入的数据是 0x00 和 0xff，实际上只有 0x00 生效,后面 0xff 传什么都可以。在向 port1 写输入时(第四个 write_iic),传入的是 0x00 和 0xff,实际上只有 0xff 生效,前面 0x00 传什么都可以。

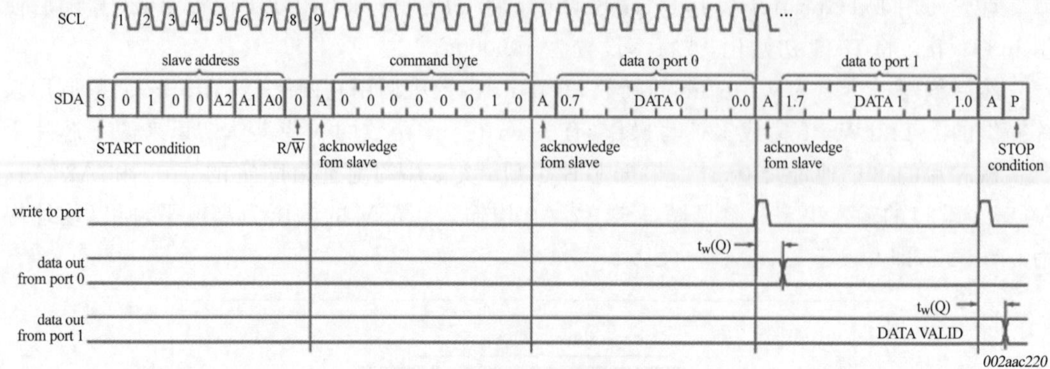

图 9-9　PCA9535 芯片手册中给出的 I2C 命令的格式

9.2.1

9.2　点阵显示字母

9.2.1　点阵显示字母的工作原理

将一个 LED 点阵全部点亮较为简单,而要将一个字母在 LED 点阵中显示,就需要进行扫描。所谓扫描就是先将点阵的第一行输入设置为高,随后根据显示图形的第一行的像素情况设置每个列的引脚电平,如果设置为低表示点亮,如果设置为高则因为没有电压差就不点亮。这样第一行设置完成后,将点阵第一行输入设置为低电平。紧接着进行第二行的显示,这时就要将第二行的行引脚设为高电平,再根据显示图形的第二行的像素情况设置每个列引脚电平,这样就完成了第二行的图像设置。同样的,根据要显示的字母需要重复进行其余各行点阵的控制。通过快速刷新就能让肉眼看到一个“静止”的字母图片。

9.2.2

9.2.2　点阵显示字母实验程序源码

【例 9-2】　求解问题:C 语言鸿蒙 OS 设备开发点阵显示字母实验。

程序代码由程序源码 EMATRIX.c、配置文件 config.json 和 BUILD.gn 组成。

```
/*********************************************
源程序名: EMATRIX.c
功能: 用 C 语言程序控制点阵显示字母 E 的实验
输入数据:
输出数据: 如图 9-10 所示
*********************************************/
#include <stdio.h>
#include "time.h"
#include "los_swtmr.h"
#include "los_sys.h"
#include "ohos_init.h"
#include "iot_gpio.h"
#include "iot_gpio_ex.h"
```

```
#include "iot_i2c.h"
#include "cmsis_os2.h"
#include <string.h>
#include <stdlib.h>
#include <unistd.h>
#include <stdbool.h>

#define IIC_SDA  0
#define IIC_SCL  1
#define ADDR 0x27  //0100111
#define IIC_IDX 1

/*
Command Register
0 Input port 0
1 Input port 1
2 Output port 0
3 Output port 1
4 Polarity Inversion port 0
5 Polarity Inversion port 1
6 Con? guration port 0
7 Con? guration port 1
*/
#define CMD_CFG0 6
#define CMD_CFG1 7
#define CMD_OUT0 2
#define CMD_OUT1 3

UINT32 g_timerCount1 = 0;
UINT32 g_timerCount2 = 0;

int write_iic(uint8_t* data){
    int ret = IoTI2cWrite(IIC_IDX, (ADDR << 1) | 0x00, data, 3);
    //printf("***@@@###$$$ret = %d\n",ret);

    return ret;
}

//start
uint8_t CFG0[] = {CMD_CFG0,0x0,0x0};          //配置为输出
uint8_t CFG1[] = {CMD_CFG1,0x0,0x0};          //配置为输出
uint8_t OUT0[] = {CMD_OUT0,0x00,0x00};        //输出
uint8_t OUT1[] = {CMD_OUT1,0x00,0x00};        //输出

char alpha[8][9] = {
    "11111111",
    "11100000",
    "11100000",
    "11111111",
    "11111111",
```

```
    "11100000",
    "11100000",
    "11111111"
};

void write_data(char byte1,char byte2){
    uint8_t data[3] = {CMD_OUT0,0x00,0x00};
    data[1] = byte1;
    data[2] = byte2;
    write_iic(data);

    data[0] = CMD_OUT1;
    write_iic(data);

}

void iic(void* args )
{
    int i,j;
    UINT16 id1;      //Timer1 id
    UINT16 id2;      //Timer2 id
    UINT32 tick;
    printf("iic thread running...\n");
    IoTGpioInit(IIC_SDA);
    IoTGpioInit(IIC_SCL);
    IoTGpioSetFunc(IIC_SDA, IOT_GPIO_FUNC_GPIO_0_I2C1_SDA);
    IoTGpioSetFunc(IIC_SCL, IOT_GPIO_FUNC_GPIO_1_I2C1_SCL);
    IoTI2cInit(IIC_IDX, 400000);
    write_iic(CFG0);
    write_iic(CFG1);
    usleep(20);
    write_iic(OUT0);
    write_iic(OUT1);
    //usleep(1000 * 1000);
    usleep(100);
    while(1)
    {

        for(int i=0;i<8;i++){
            unsigned char hex = 0;
            for(int j=0;j<8;j++){
                hex = hex <<1;
                if(alpha[i][j] == '1'){
                    hex =  hex  | 0x1;
                }
            }
            write_data(~(1 << i),hex);
            for(int a=0;a<3;a++){printf("delay:%d\r\n",a);}

        }
```

```
        printf("set count :%d\r\n",a=a+1);
    }

}

void iic_entry()
{
    printf("iic_entry called \n");
    osThreadAttr_t attr;
    attr.name = "thread_iic";
    attr.attr_bits = 0U;                //如果为 1,则可以使用 osThreadJoin 函数
    attr.cb_mem = NULL;                 //控制快的指针
    attr.cb_size = 0U;
    attr.stack_mem = NULL;              //栈内存指针
    attr.stack_size = 1024 * 4;         //栈大小
    attr.priority = 25;                 //优先级
    if (osThreadNew((osThreadFunc_t)iic, NULL, &attr) == NULL)
    {
        printf("Fail to create thread! \n");
    }
}

APP_FEATURE_INIT(iic_entry);
```

参照本书第 4 章网页编译的方法，将源程序 EMATRIX.c 的代码复制到网页进行编译，生成可执行目标代码；或参照第 3 章的方式，利用 VS Code 的 DevEco 工具建立读取按钮状态程序项目 EMATRIX，编辑程序代码、编译生成可执行目标代码。然后使用 USB-Type 连线连接计算机和开发板，利用 Hiburn 工具烧录可执行目标代码到开发实验板，按下开发板 RESET 复位键运行点阵显示字母 E 实验项目程序，程序运行效果如图 9-10 所示。

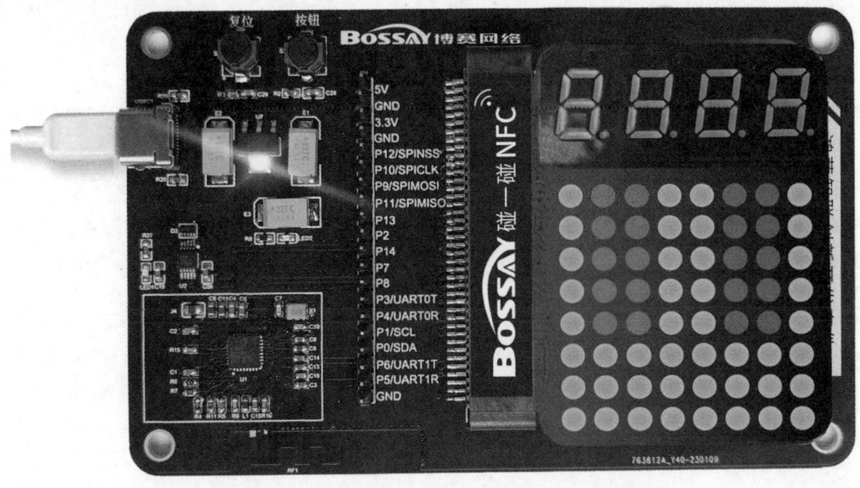

图 9-10　点阵显示字母实验程序运行效果图

9.2.3 点阵显示字母实验程序解析

程序代码使用一个二维数组 alpha 定义了字母 E 的像素图。定义 write_data 函数来设置 16 个引脚对应的电平。

代码中使用 i 变量控制 for 循环实现逐行扫描。对 j进行循环得到和每行文本对应的 hex 值,随后将其写入 I2C 芯片中。比较有意思的点在于:使用了不少位移操作来实现二进制位的处理,如使用"<<"实现了左移;使用"|0x1"设置最低位。

需要指出的是,目前鸿蒙系统提供的 usleep 的最低 sleep 间隔是一个 Tick,所以导致刷新率有些低,显示的字母会有轻微闪烁,拍出的程序运行效果图的质量不佳。

9.3 习 题

1. 请编写程序,实现整个点阵的闪烁,即所有灯熄灭和所有灯点亮的切换。
2. 请编写程序,在鸿蒙实验板显示点阵输出自己所希望输出的任意字符。

第10章

四位七段数码管实验

【本章学习目标】

(1) 动手完成四位七段数码管实验项目，进一步熟练掌握C语言鸿蒙OS设备程序项目的架构和内容，熟练掌握C语言鸿蒙OS设备程序开发的步骤和方法。

(2) 了解四位七段数码管程序的工作原理。

10.1 四位七段数码管及其工作原理

10.1

七段数码管是用来显示数字的设备，广泛应用于各种场景中，如图10-1所示。日常生活中的时钟、电梯楼层显示等都使用了这种设备。七段数码管实际上是由7个LED构成，加上小数点对应的数码管共8个数码管，可以和一字节的8个位对应。四位七段数码管是由并排的四个七段数码管构成。一个七段数码管由8个引脚构成。

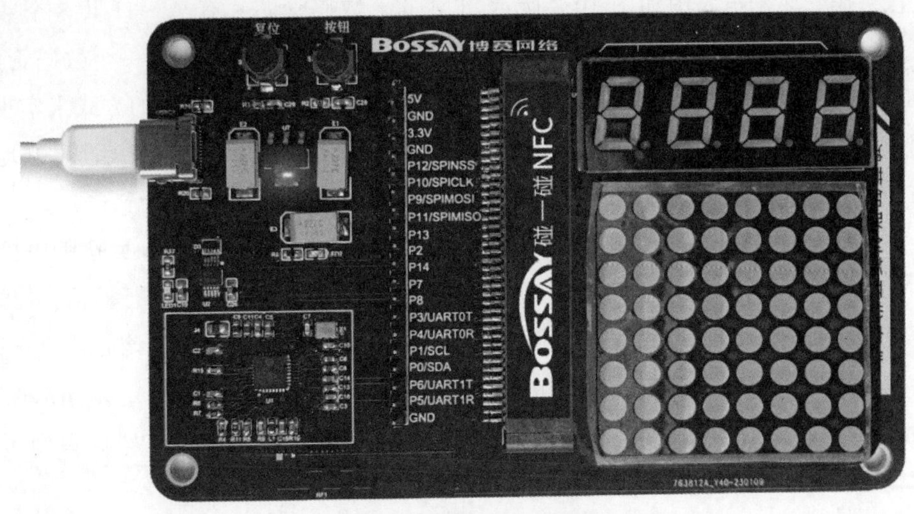

图10-1 四位七段数码管

七段数码管字码图如图10-2所示，一个七段数码管一般有8个引脚，分别对应8个发光二极管。七段数码管分共阴极和共阳极两种，图10-1所示的数码管为共阴极数码管，即所有二极管的阴极接在一起，这样需要给输入引脚高电平才能点亮对应的LED。如果要显示数字应该给出怎样的数码呢？

图 10-2 给出了 0～F 一一对应的字码。例如，0x3F 为 0 的字码，对应二进制位 0011 1111，这会使得 abcdef 点亮，其他 LED 熄灭，这样就会显示出 0 的字样。其他字符的显示原理与此相同。

显示字符	字码	hgfedcba
0	0x3F	0011 1111
1	0x06	0000 0110
2	0x5B	0101 1011
3	0x4f	0100 1111
4	0x66	0110 0110
5	0x6D	0110 1101
6	0x7D	0111 0010
7	0x07	0000 0111
8	0x7F	0111 1111
9	0x6F	0110 1111
A	0x77	0111 0111
B	0x7C	0111 1100
C	0x39	0011 1001
D	0x5E	0101 1110
E	0x79	0111 1001
F	0x71	0111 0001

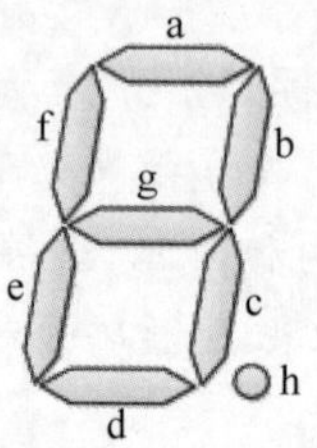

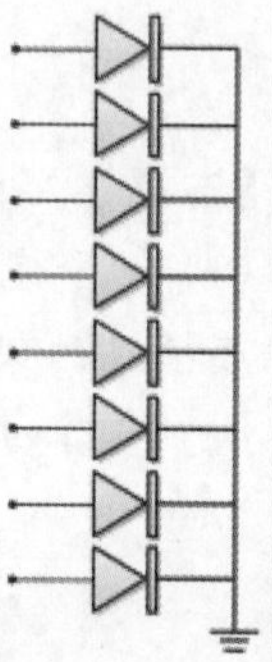

图 10-2　七段数码管字码图

四位七段数码管的显示原理跟本书第 8.5 节点阵实验的显示原理差不多，都需要刷新。七段数码管驱动电路图如图 10-3 所示，TM1637 数码管芯片有 A～H 共 8 个数码管的输入，还有 4 个选通信号。GR1 选通表示当前在 A～H 上输入的是第一个数码管的数值，当 GR2 拉高的时候为第二个数码管的数值，其他类似。这种通过选通的方式来实现引脚的复用减少了引脚的占用，即原本需要 32(4×8)个引脚，现在只需要 12 个引脚(接地引脚为算在内)。虽然减少了引脚的占用，但需要通过程序控制进行快速的刷新。

在实际应用中一般使用专门的数码管驱动芯片来驱动数码管，实验所用扩展板使用 TM1637 作为驱动芯片，这个芯片使用了一个非标准的 I2C 协议进行通信，导致没法使用系统提供的通用 I2C 程序对它进行读写，只能通过自己编码去实现该芯片要求的时序，这对初学者来说有点困难，所以编者将实现这些功能的编码封装成 iic_my.c、iic_my.h、tm1637.h 和 tm1637.c 四个类库文件，在实验中读者只需要调用这些函数即可实现数码管显示功能。

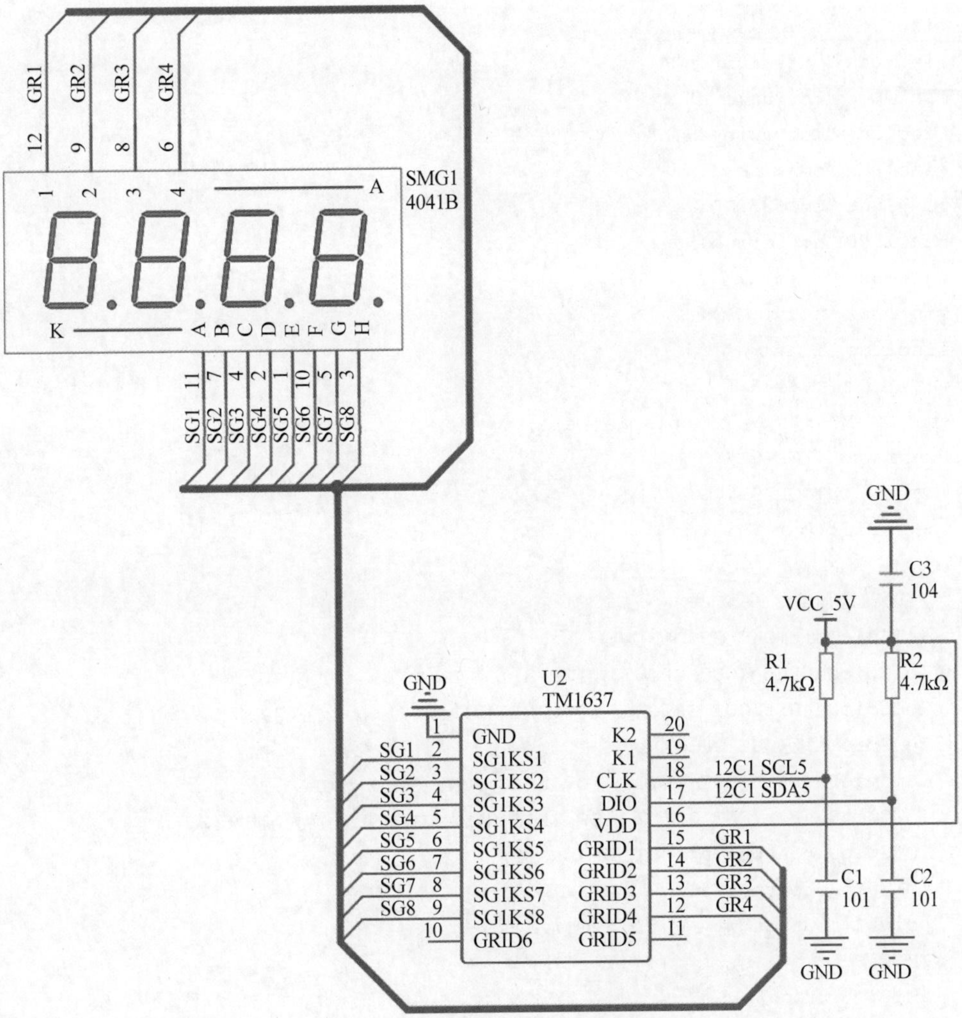

图 10-3　七段数码管驱动电路图

10.2　四位七段数码管实验程序代码

10.2

【例】 求解问题：C 语言鸿蒙 OS 设备开发四位七段数码管实验。

程序代码由程序源码 NIXIETU.c、iic_my.h、iic_my.c、tm1637.h、tm1637.c、配置文件 config.json 和 BUILD.gn 组成。

其中，程序源码文件内容分别如下所示。

(1) 主程序 NIXIETU.c 文件。

```
/******************************************
源程序名: NIXIETU.c
功能: 用 C 语言程序控制四位七段数码管显示实验
输入数据:
输出数据: 如图 10-4 所示
******************************************/
```

```
#include <stdio.h>
#include "ohos_init.h"
#include "iot_gpio.h"
#include "iot_gpio_ex.h"
#include "cmsis_os2.h"
#include "tm1637.h"
#include "iot_errno.h"
#include <stdio.h>
#include <string.h>
#include <unistd.h>
int led_state = 1;
static TM1637Tube_ts sDisplayData;
#define OUT_GPIO13    13
#define OUT_GPIO2    2
void tm1637(void* args)
{
  //设置选择器
  IoTGpioInit(OUT_GPIO13);
  IoTGpioSetFunc(OUT_GPIO13, IOT_GPIO_FUNC_GPIO_13_GPIO);
  IoTGpioSetDir(OUT_GPIO13, IOT_GPIO_DIR_OUT); //设置 GPIO_0 为输出模式
  IoTGpioInit(OUT_GPIO2);
  IoTGpioSetFunc(OUT_GPIO2, IOT_GPIO_FUNC_GPIO_2_GPIO);
  IoTGpioSetDir(OUT_GPIO2, IOT_GPIO_DIR_OUT); //设置为输出模式
  IoTGpioSetOutputVal(OUT_GPIO2, 0);
  IoTGpioSetOutputVal(OUT_GPIO13, 1);
  printf("button thread running...\n");
  TM1637_Init(0,1);
  TM1637_Switch(1);             //开显示
  TM1637_SetBrightness(0x87); //设置亮度,开显示
  TM1637_WriteCmd(0x44);        //写数据到寄存器,固定地址模式
  int i = 0;
  while(1)
  {
   //IIC_Stop();
   sDisplayData.tube0 = i / 1000;
   sDisplayData.tube1 = i %1000 / 100;
   sDisplayData.tube2 = i %100 / 10;
   sDisplayData.tube3 = i %10 ;
   //memset(&sDisplayData, 0x8, sizeof(sDisplayData));
   TM1637_TubeDisplay(sDisplayData);
   usleep(1000 * 1000);
   i++;
  }
}
APP_FEATURE_INIT(tm1637);
```

（2）iic_my.h 文件。

```
#include "iot_gpio.h"
#include "iot_gpio_ex.h"
#include "cmsis_os2.h"
#include "tm1637.h"
#include "iot_errno.h"
#include <stdio.h>
#include <string.h>
#include <unistd.h>
#define IIC_SdaModeOut()   IoTGpioSetDir(IIC_SDA,IOT_GPIO_DIR_OUT)
#define IIC_SdaModeIn()   IoTGpioSetDir(IIC_SDA,IOT_GPIO_DIR_IN)
#define IIC_SdaOutput_H() IoTGpioSetOutputVal(IIC_SDA,1)
#define IIC_SdaOutput_L() IoTGpioSetOutputVal(IIC_SDA,0)
#define IIC_SclModeOut()   IoTGpioSetDir(IIC_CLK,IOT_GPIO_DIR_OUT)
#define IIC_SclModeIn()   IoTGpioSetDir(IIC_CLK,IOT_GPIO_DIR_IN)
#define IIC_SclOutput_H() IoTGpioSetOutputVal(IIC_CLK,1)
#define IIC_SclOutput_L()   IoTGpioSetOutputVal(IIC_CLK,0)
#define uint8_t unsigned char
#define delay_us(v) osDelay(1);
/*
说明：标准 IIC 协议传输数据时为 MSB 方式，即高位在前低位在后，但有些器件为 LSB 方式，即低
位在前，高位在后，如 TM1637 数码管驱动芯片
*/
#define IIC_LSB//定义了 IIC 在数据传输时低位在前
void IIC_SetPort(int sda,int clk);
int IIC_SdaRead(void);
void IIC_Start(void);
void IIC_Stop(void);
void IIC_Ack(void);
void IIC_NoAck(void);
uint8_t IIC_WaitAck(void);
void IIC_WriteByte(uint8_t u8Data);
uint8_t IIC_ReadByte(void);
```

（3）iic_my.c 文件。

```
#include "iic_my.h"
int IIC_SDA;
int IIC_CLK;
void IIC_SetPort(int sda,int clk)
{
 IIC_SDA = sda;
 IIC_CLK = clk;
}
int IIC_SdaRead(void)
{
 int READED;
```

```
 IoTGpioGetInputVal(IIC_SDA,&READED);
 printf("IIC_SdaRead %02x\n",READED);
 return READED;
}
/*************************************************************
 * 函数名: IIC_Start
 * 功  能: 起始信号
 * 参  数: 无
 * 返回值: 无
 * 说  明: 无
*************************************************************/
void IIC_Start()
{
 printf("iic_start\n");
 IIC_SdaModeOut();
 IIC_SclModeOut();
 IIC_SdaOutput_H();
 IIC_SclOutput_H();          //初始都是高电平
 delay_us(5);                //>4.7us
 IIC_SdaOutput_L();          //拉低 SDA
 delay_us(4);                //>4us
 IIC_SclOutput_L();          //拉低 CLK
}
/*************************************************************
 * 函数名: IIC_Stop
 * 功  能: 结束信号,CLK高电平时存在高跳变
 * 参  数: 无
 * 返回值: 无
 * 说  明: 无
*************************************************************/
void IIC_Stop(void)
{
 printf("IIC_Stop\n");
 IIC_SdaModeOut();
 IIC_SclOutput_L();
 delay_us(5);
 IIC_SdaOutput_L();
 delay_us(5);
 IIC_SclOutput_H();
 delay_us(5);//>4us
 IIC_SdaOutput_H();
 delay_us(4);//>4.7us
}
/*************************************************************
 * 函数名: IIC_Ack
 * 功  能: 应答信号
 * 参  数: 无
```

```
 * 返回值：无
 * 说  明：无
******************************************************************/
void IIC_Ack(void)
{
  printf("IIC_Ack\n");
  //原代码
  //IIC_SdaModeOut();
  //IIC_SclOutput_L();
  //IIC_SdaOutput_L();
  //IIC_SclOutput_H();
  //delay_us(4);//>4us
  //IIC_SclOutput_L();
  //新代码
  printf("IIC_Ack\n");
  IIC_SdaModeIn();
  IIC_SclOutput_L();
  IIC_SclOutput_H();
  delay_us(4);//>4us
  int ack= 1;
  if(ack = IIC_SdaRead())
   { //change while to if to debug
    printf("ACK is %d \n",ack);
    delay_us(5);
   }
  printf("ACK is %d \n",ack);
  IIC_SclOutput_L();
  delay_us(5);
}
/******************************************************************
 函数名：IIC_NoAck
 * 功  能：非应答信号
 * 参  数：无
 * 返回值：无
 * 说  明：无
******************************************************************/
void IIC_NoAck(void)
{
 printf("IIC_NoAck\n");
 IIC_SdaModeOut();
 IIC_SclOutput_L();
 IIC_SdaOutput_H();
 IIC_SclOutput_H();
 delay_us(4);//>4us
 IIC_SclOutput_L();
}
/******************************************************************
 * 函数名：IIC_WaitAck
```

```
 * 功  能: 等待应答信号
 * 参  数: 无
 * 返回值: 0 表示应答成功,1 表示应答失败
 * 说  明: 从机把总线拉低,为应答成功
*****************************************************************/
uint8_t IIC_WaitAck(void)
\ {
  printf("IIC_WaitAck\n");
  uint8_t u8ErrCnt = 0;
  IIC_SdaModeIn();          //输入状态
  IIC_SdaOutput_H();
  IIC_SclOutput_H();
  while (IIC_SdaRead() == 1)
  {
    u8ErrCnt++;
    if (u8ErrCnt > 250)
    {
     IIC_Stop();            //发送停止信号
     return 1;
    }
  }
    IIC_SclOutput_L();
    return 0;
  }
/*****************************************************************
 * 函数名: IIC_WriteByte
 * 功  能: SDA 线上输出一字节
 * 参  数: u8Data 需要写入的数据
 * 返回值: 无
 * 说  明: 无
*****************************************************************/
void IIC_WriteByte(uint8_t u8Data)
{
  printf("IIC_WriteByte %02x\n",u8Data);
  uint8_t i;
  uint8_t u8Temp;
  IIC_SdaModeOut();
  //拉低 SCL 并设置好 SDA 后拉高 SCL
  IIC_SclOutput_L();
  for (i = 0; i < 8; i++)
  {
   delay_us(2);
   #ifdef IIC_LSB           //低位在前
    u8Temp = ((u8Data << (7 - i)) & 0x80);
    (u8Temp == 0x80) ? (IIC_SdaOutput_H()) : (IIC_SdaOutput_L());
   #else                    //高位在前
    u8Temp = ((u8Data >> (7 - i)) & 0x01);
    (u8Temp == 0x01) ? (IIC_SdaOutput_H()) : (IIC_SdaOutput_L());
```

```
    #endif
    delay_us(2);
    IIC_SclOutput_H();              //时钟保持高电平
    delay_us(2);
    IIC_SclOutput_L();              //时钟拉低,才允许 SDA 变化
    delay_us(2);
  }
}
/*******************************************************************
* 函数名: IIC_ReadByte
* 功   能: 读一字节
* 参   数: 无
* 返回值: 读出的数据
* 说   明: 无
*******************************************************************/
uint8_t IIC_ReadByte(void)
{
 uint8_t i;
 uint8_t bit = 0;
 uint8_t data = 0;
 IIC_SdaModeIn();                   //输入状态
 for (i = 0; i < 8; i++)
  {
   IIC_SclOutput_L();
   delay_us(2);
   IIC_SclOutput_H();
   bit = IIC_SdaRead();             //读出 1 位
   #ifdef IIC_LSB                   //低位在前
    data |= (bit << i);
    #else                           //高位在前
    data = (data << 1) | bit;
    #endif
     delay_us(2);
   }
 printf("IIC_ReadByte %02x\n",data);
 return data;
}
```

(4) tm1637.h 文件。

```
/*******************************************************************
* 文件: TM1637.h
* 版本: v1.0
* 日期: 2021-11-2
* 说明: TM1637 驱动
*******************************************************************/
#ifndef _TM1637_H_
#define _TM1637_H_
#define TUBE_DISPLAY_NULL   26       //不显示
```

```
#define TUBE_DISPLAY_DECIMAL_PIONT_OFFSET  16    //带小数点的偏移量
#include "iic_my.h"
/*************************************************************
  Typedefine
*************************************************************/
typedef struct
{
 uint8_t tube0;
 uint8_t tube1;
 uint8_t tube2;
 uint8_t tube3;
}TM1637Tube_ts;
/*************************************************************
  Global Functions
*************************************************************/
void TM1637_Init(int sda,int clk);
void TM1637_WriteCmd(uint8_t u8Cmd);
void TM1637_WriteData(uint8_t u8Addr, uint8_t u8Data);
void TM1637_TubeDisplay(TM1637Tube_ts sData);
void TM1637_SetBrightness(uint8_t u8Brt);
void TM1637_Switch(int bState);
#endif
```

(5) tm1637.c 文件。

```
/*************************************************************
* 文件: TM1637.c
* 版本: v1.0
* 日期: 2021-11-2
* 说明: TM1637 驱动
*************************************************************/
#include "tm1637.h"
//段码表
const uint8_t u8NumTab[] =
{
 //0,  1,  2,  3,  4,  5,  6,  7,  8,  9,  A,  b,  C,  d,  E,  F,
 0x3F, 0x06, 0x5B, 0x4F, 0x66, 0x6D, 0x7D, 0x07, 0x7F, 0x6F, 0x77, 0x7C, 0x39, 0x5E,
0x79,0x71,
 //0., 1.,  2.,  3.,  4.,  5.,  6.,  7.,  8.,  9. Null
 0xBF,0x86,0xDB,0xCF,0xE6,0xED,0xFD,0x87,0xFF,0xEF,0x00
};
//最左至最右数码管,依次为 0~3 号,对应地显示寄存器地址
const uint8_t u8TubeAddrTab[] =
{
 0xC0,0xC1,0xC2,0xC3
};
void TM1637_Init(int sda,int clk)
{
```

```
 IIC_SetPort(sda,clk);
 IoTGpioInit(sda);
 IoTGpioSetFunc(sda,0);
 IoTGpioInit(clk);
 IoTGpioSetFunc(clk,0);
}
/*************************************************************
* 函数名: TM1637_WriteCmd
* 功  能: 写命令
* 参  数: 无
* 返回值: 无
* 说  明: 无
*************************************************************/
void TM1637_WriteCmd(uint8_t u8Cmd)
{
 IIC_Start();
 IIC_WriteByte(u8Cmd);
 IIC_Ack();
 IIC_Stop();
}
/*************************************************************
* 函数名: TM1637_WriteData
* 功  能: 向地址中写入数据
* 参  数: u8Addr 地址,u8Data 数据
* 返回值: 无
* 说  明: 用于向数码管固定地址写入显示数据
*************************************************************/
void TM1637_WriteData(uint8_t u8Addr, uint8_t u8Data)
{
 IIC_Start();
 IIC_WriteByte(u8Addr);
 IIC_Ack();
 IIC_WriteByte(u8Data);
 IIC_Ack();
 IIC_Stop();
}
/*************************************************************
* 函数名: TM1637_TubeDisplay
* 功  能: 4 个数码管显示
* 参  数: sData 显示数据结构体
* 返回值: 无
* 说  明: 无
*************************************************************/
void TM1637_TubeDisplay(TM1637Tube_ts sData)
{
 uint8_t temp[4], i;
 temp[0] = u8NumTab[sData.tube0];
 temp[1] = u8NumTab[sData.tube1];
```

```
 temp[2] = u8NumTab[sData.tube2];
 temp[3] = u8NumTab[sData.tube3];
 for (i = 0; i < 4; i++)
 {
  TM1637_WriteData(u8TubeAddrTab[i], temp[i]);
 }
}
/**************************************************************
 * 函数名: TM1637_SetBrightness
 * 功  能: 设置亮度
 * 参  数: u8Brt 亮度
 * 返回值: 无
 * 说  明: 0x88 为开显示
**************************************************************/
void TM1637_SetBrightness(uint8_t u8Brt)
{
 TM1637_WriteCmd(0x88 | u8Brt);
}
/**************************************************************
 * 函数名: TM1637_Switch
 * 功  能: 显示开关
 * 参  数: 0 表示关,1 表示开
 * 返回值: 无
 * 说  明: 0x88 为开显示,0x80 为关显示
**************************************************************/
void TM1637_Switch(int bState)
{
  bState ? TM1637_WriteCmd(0x88) : TM1637_WriteCmd(0x80);
}
```

参照本书第4章网页编译的方法,将源程序 NIXIETU.c 的代码复制到网页进行编译,生成可执行目标代码;或参照第3章的方式,利用 VS Code 的 DevEco 工具建立读取按钮状态程序项目 NIXIETU,编辑程序代码、编译生成可执行目标代码。然后使用 USB-Type 连线连接计算机和开发板,利用 Hiburn 工具烧录可执行目标代码到开发实验板,按下开发板 RESET 复位键运行四位七段数码管显示实验项目程序,程序运行效果如图10-4所示。

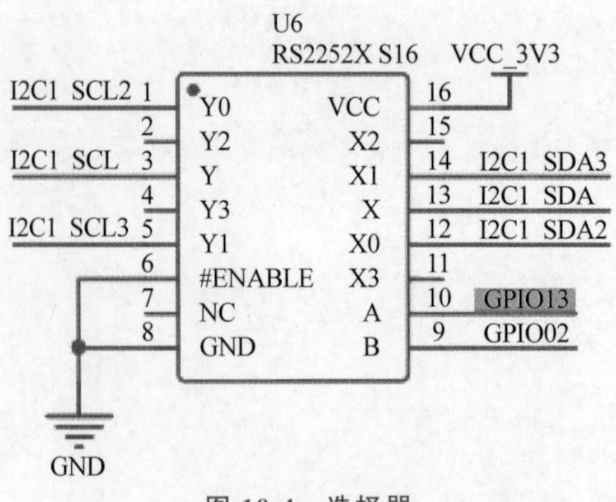

图10-4 选择器

10.3　四位七段数码管实验程序解析

程序的入口为 tm1637 函数,程序中首先将 GPIO2 设置为 0,将 GPIO13 设置为 1,这是为了控制 RS2252XS16 这个选择器(Mutiplexer)。因为开发板包含 2 个显示模块:点阵和数码管,所以使用如图 10-4 所示的选择器加以选择,上述设置就是选择数码管的过程。

随后使用 TM1637_Init 初始化 GPIO00 和 GPIO01 两个管脚作为通信管脚,将显示打开,设置亮度为 0x87,写 0x44 命令。然后对结构体中的四个字符进行赋值,赋值后调用 TM1637_TubeDisplay 传入这个结构体,并将结果显示到屏幕上。程序使用了一些除法和取模将整数 i 的四个数字分别取出来,放到结构体的四个成员中。While 循环实现每 1s 增加一个数字,实验效果见图 10-1。

10.4　习　　题

1. 请修改本章四位数码管实验的程序,实现倒计时功能,当数字为 0 时,停止计数。
2. 请结合开发实验板按钮、四位数码管,实现单击按钮加一的计数器功能。

第11章 电动机实验

【本章学习目标】

(1) 动手完成直流电动机、步进电动机实验项目，进一步熟练掌握C语言鸿蒙OS设备程序项目的架构和内容，熟练掌握C语言鸿蒙OS设备程序开发的步骤和方法。

(2) 了解直流电动机、步进电动机程序的工作原理。

11.1.1

11.1 简单直流电动机实验

11.1.1 简单直流电动机及其工作原理

电动机是一种将电能转换成机械能的装置。小到玩具小车，大到高铁、工程机械都有电动机的存在。直流电动机是一种非常简单的电动机，在儿童玩具中用的多是这种电动机。手机中用的振动马达也是一种特殊的直流电动机。

本次实验使用的电动机扩展板如图11-1所示，该扩展板包含一个震动马达(直流电动机)和一个步进电动机，可以用来完成直流电动机实验和步进电动机实验。

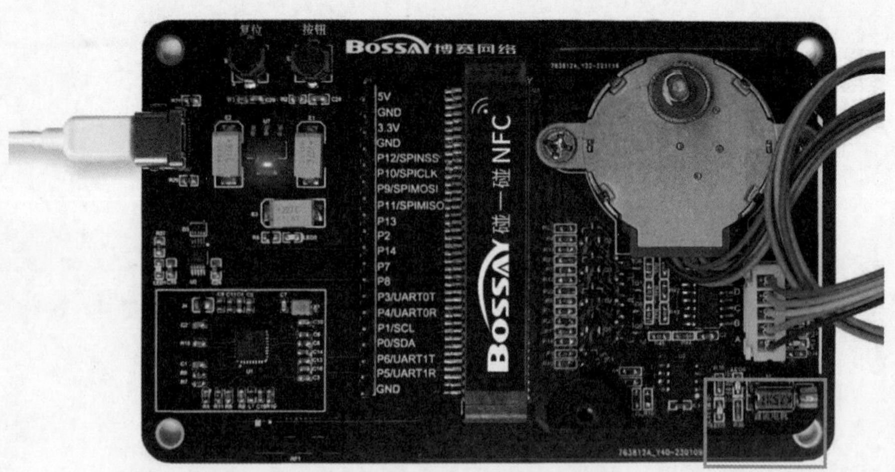

图11-1 核心板和电动机扩展板

直流电动机驱动电路图如图 11-2 所示，Hi3861 芯片的 GPIO07 和 GPIO08 引脚和一个名为 L9110 的芯片相连，该芯片是一个专门为控制和驱动电动机设计的两通道功率放大芯片。使用 L9110 芯片的原因是 Hi3861 芯片 GPIO 口的驱动能力有限（可以支持的电流较小），无法提供电动机旋转所需的功率，所以使用 L9110 放大芯片对 Hi3861 芯片的输出功率进行放大。这里可以简单理解为 GPIO07 和 GPIO08 连接着电动机的两端。当 GPIO 07 输出高电平而 GPIO 08 输出低电平的时候正转，反之则反转。

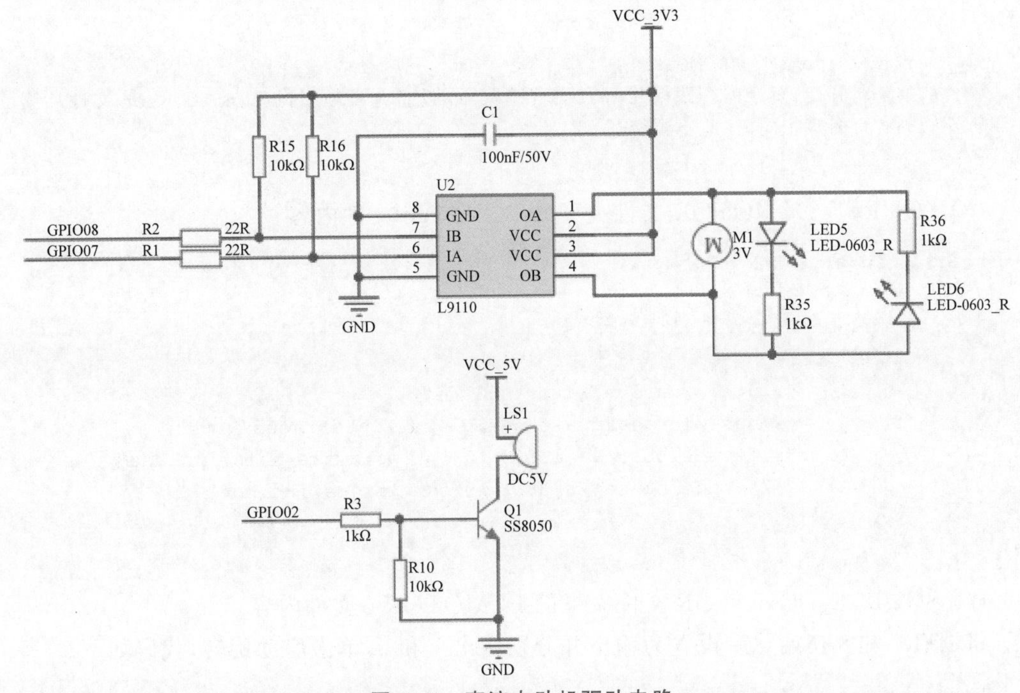

图 11-2　直流电动机驱动电路

11.1.2　简单直流电动机旋转实验

11.1.2

1. 启动简单直流电动机旋转的程序代码

简单直流电动机实验的 C 语言鸿蒙 OS 程序项目由 1 个 C 语言源程序文件 DCMOTOR.c、2 个 BUILD.gn 文件和 1 个 config.json 文件组成。各个文件在计算机磁盘上的存储情况如图 11-3 所示，文件的内容如下所示。

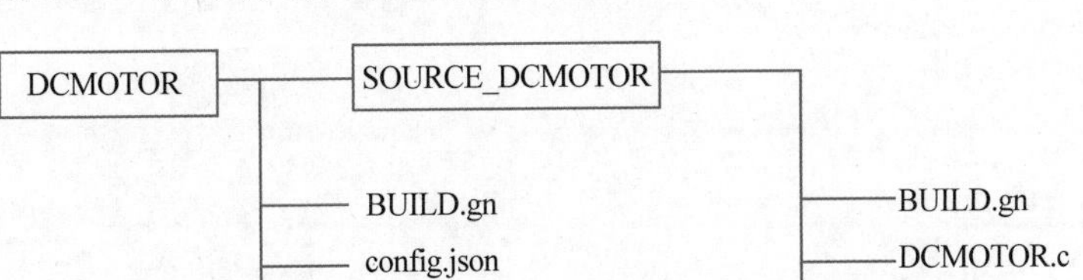

图 11-3　直流电动机 C 语言鸿蒙 OS 程序项目结构和内容示意图

(1) DCMOTOR 文件夹下的 BUILD.gn 文件内容。

```
group("DCMOTOR")
{
```

```
    deps = [
            "SOURCE_DCMOTOR:DCMOTOR",
            "//device/bossay/hi3861_l0/sdk_liteos:wifiiot_sdk",
            "../common/iot_wifi:iot_wifi",
           ]
}
```

(2) DCMOTOR 文件夹下的 config.json 文件内容。

```
{
    "product_name": "DCMOTOR",
    从第 2 行开始,剩余内容跟前几章 C 语言鸿蒙 OS 设备开发项目的 config.json 文件从第 2
行开始的各行内容相同,在此不再赘述。
}
```

(3) SOURCE_DCMOTOR 文件夹下的 BUILD.gn 文件内容。

```
static_library("DCMOTOR")
{
    sources = [ "DCMOTOR.c",  ]
    include_dirs = [
                "//utils/native/lite/include",
                "//base/iot_hardware/peripheral/interfaces/kits",
                "//device/bossay/hi3861_l0/iot_hardware_hals/include",
                "//device/bossay/hi3861_l0/sdk_liteos/include"
              ]
}
```

(4) SOURCE_DCMOTOR 文件夹下的 DCMOTOR.c 文件内容。

将端口 7 和 8 初始化后设置为输出并分别输出 1 和 0,单击启动旋转,代码如下。

```
#include <stdio.h>
#include "ohos_init.h"
#include "iot_gpio.h"
#include "iot_gpio_ex.h"
void moto_entry()
{
  printf("moto_entry called \n");
  IoTGpioInit(7);
  IoTGpioSetDir(7,IOT_GPIO_DIR_OUT);
  IoTGpioSetFunc(7,IOT_GPIO_FUNC_GPIO_7_GPIO);
  IoTGpioSetOutputVal(7,1);
  IoTGpioInit(8);
  IoTGpioSetDir(8,IOT_GPIO_DIR_OUT);
  IoTGpioSetFunc(8,IOT_GPIO_FUNC_GPIO_8_GPIO);
  IoTGpioSetOutputVal(8,0);
}
APP__FEATURE_INIT(moto_entry);
```

2. 编辑、编译、烧录、运行启动直流电动机旋转程序

参照本书第 4 章网页编译的方法,将源程序 DCMOTOR.c 的代码复制到网页进行编译,生成可执行目标代码;或参照第 3 章的方式,利用 VS Code 的 DevEco 工具建立读取按钮状态程序项目 DCMOTOR,编辑程序代码、编译生成可执行目标代码。然后使用 USB-

Type 连线连接计算机和开发板，利用 Hiburn 工具烧录可执行目标代码到开发实验板（注：烧录程序时，先将带电动机的实验板从实验母板上拔下来，烧好程序后，再将带电动机的实验板插到母板上，否则实验板电动机会因母版内原有的程序运行从而影响烧录），按下开发板 RESET 复位键运行直流电动机旋转实验项目程序，可以看到电动机已经开始旋转了，并发出嗡嗡的噪声。仔细观察电动机，可以发现电动机的输出上连接了一个偏心轮（只有一半），在旋转时对外界的作用力随着旋转变得忽大忽小从而产生震动。

11.1.3　简单直流电动机正转、反转实验

11.1.3

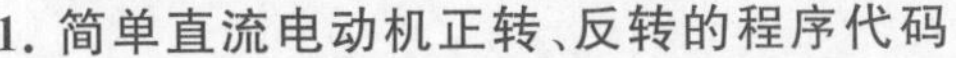

1. 简单直流电动机正转、反转的程序代码

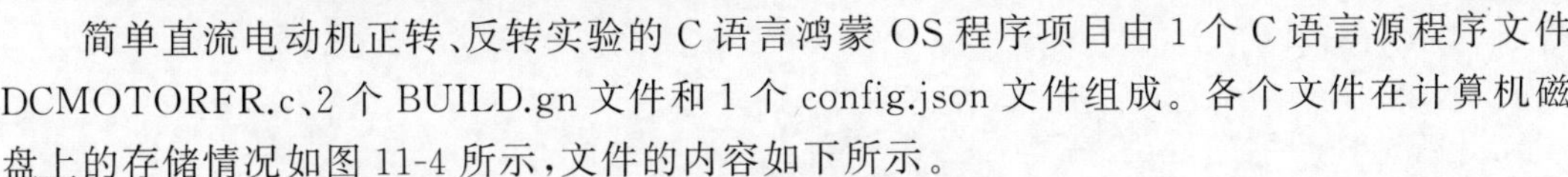

简单直流电动机正转、反转实验的 C 语言鸿蒙 OS 程序项目由 1 个 C 语言源程序文件 DCMOTORFR.c、2 个 BUILD.gn 文件和 1 个 config.json 文件组成。各个文件在计算机磁盘上的存储情况如图 11-4 所示，文件的内容如下所示。

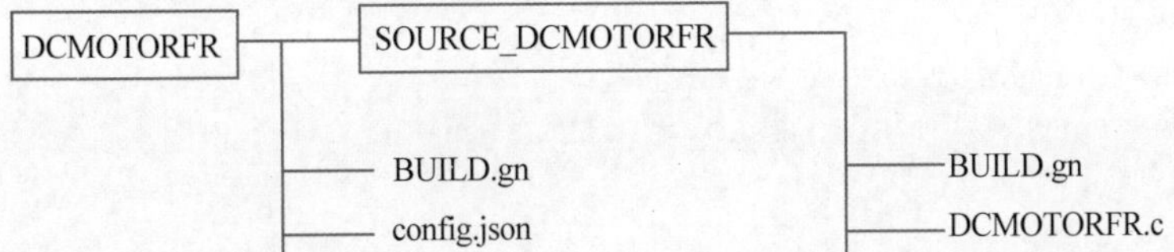

图 11-4　简单直流电动机正转、反转 C 语言鸿蒙 OS 程序项目结构和内容示意图

（1）DCMOTORFR 文件夹下的 BUILD.gn 文件内容。

```
group("DCMOTORFR")
{
    deps = [
           "SOURCE_DCMOTORFR:DCMOTORFR",
           "//device/bossay/hi3861_l0/sdk_liteos:wifiiot_sdk",
           "../common/iot_wifi:iot_wifi",
          ]
}
```

（2）DCMOTORFR 文件夹下的 config.json 文件内容。

```
{
    "product_name": "DCMOTORFR",
    从第 2 行开始，剩余内容跟前几章鸿蒙 OS C 语言设备开发项目的 config.json 文件从第 2
行开始的各行内容相同，在此不再赘述。
}
```

（3）SOURCE_DCMOTORFR 文件夹下的 BUILD.gn 文件内容。

```
static_library("DCMOTORFR")
{
    sources = [ "DCMOTORFR.c",  ]
    include_dirs = [
                "//utils/native/lite/include",
                "//base/iot_hardware/peripheral/interfaces/kits",
                "//device/bossay/hi3861_l0/iot_hardware_hals/include",
                "//device/bossay/hi3861_l0/sdk_liteos/include"
              ]
}
```

(4) SOURCE_DCMOTORFR文件夹下的DCMOTORFR.c文件内容。

```
#include <stdio.h>
#include "ohos_init.h"
#include "iot_gpio.h"
#include "iot_gpio_ex.h"
#include "iot_pwm.h"

void rev_entry()
{
 printf("rev_entry called \n");

 IoTGpioInit(7);
 IoTGpioSetDir(7,IOT_GPIO_DIR_OUT);
 IoTGpioSetFunc(7,IOT_GPIO_FUNC_GPIO_7_GPIO);

 IoTGpioInit(8);
 IoTGpioSetDir(8,IOT_GPIO_DIR_OUT);
 IoTGpioSetFunc(8,IOT_GPIO_FUNC_GPIO_8_GPIO);

 while(1)
 {
  printf("run ....");
  IoTGpioSetOutputVal(7,1);
  IoTGpioSetOutputVal(8,0);
  usleep(5*1000*1000);
  printf("rev ....");
  IoTGpioSetOutputVal(7,0);
  IoTGpioSetOutputVal(8,1);
  usleep(5*1000*1000);
 }
}
APP_FEATURE_INIT(rev_entry);
```

在11.1.1节提到使用GPIO07和GPIO08连接了电动机两端,所以只要调整这两个引脚的高低电平就可以实现电动机的正反转。

在代码中,首先对GPIO07和GPIO08进行初始化并设置为GPIO输出端口。随后在循环里设置GPIO#07高电平、GPIO、08低电平,使用usleep等待一段时间后将其翻转。这样电动机就会在正转和反转之间来回切换。在电路板上设计有指示灯,可以看到指示灯的亮灭也在来回切换。

2. 编辑、编译、烧录、运行启动直流电动机正转、反转程序

参照本书第4章网页编译的方法,将源程序DCMOTORFR.c的代码复制到网页进行编译,生成可执行目标代码;或参照第3章的方式,利用VS Code的DevEco工具建立读取按钮状态程序项目DCMOTORFR,编辑程序代码、编译生成可执行目标代码。然后使用USB-Type连线连接计算机和开发板,利用Hiburn工具烧录可执行目标代码到开发实验板(注:烧录程序时,先将带电动机的实验板从实验母板上拔下来,烧好程序后,再将带电动机的实验板插到母板上，否则实验板电动机会因母板内原有的程序运行从而影响烧录)，按下开发板 RESET 复位键运行直流电动机正转、反转实验项目程序，启动直流电动机正转、反转，可以看到电动机一会儿正转、一会儿反转，并发出嗡嗡的噪声。

11.1.4　直流电动机调速实验

11.1.4

1. 简单直流电动机调速实验的程序代码

简单直流电动机调速实验的 C 语言鸿蒙 OS 程序项目由 1 个 C 语言源程序文件 DCMOTORRE.c、2 个 BUILD.gn 文件和 1 个 config.json 文件组成。各个文件在计算机磁盘上的存储情况如图 11-5 所示，文件的内容如下所示。

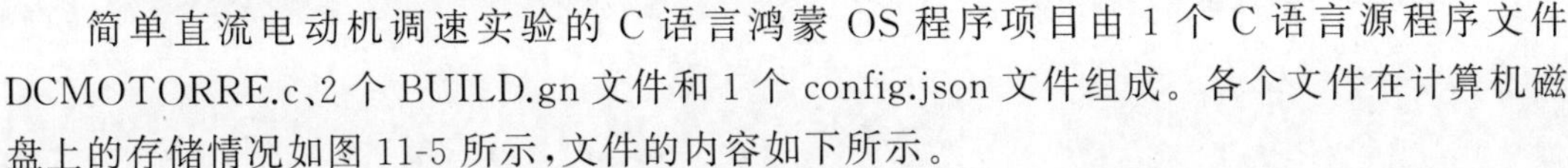

图 11-5　直流电动机调速 C 语言鸿蒙 OS 程序项目结构和内容示意图

(1) DCMOTORRE 文件夹下的 BUILD.gn 文件内容。

```
group("DCMOTORRE")
{
    deps = [
          "SOURCE_DCMOTORRE:DCMOTORRE",
          "//device/bossay/hi3861_l0/sdk_liteos:wifiiot_sdk",
          "../common/iot_wifi:iot_wifi",
         ]
}
```

(2) DCMOTORRE 文件夹下的 config.json 文件内容。

```
{
    "product_name": "DCMOTORRE",
    从第 2 行开始，剩余内容跟前几章 C 语言鸿蒙 OS 设备开发项目的 config.json 文件从第 2 行开始的各行内容相同，在此不再赘述。
}
```

(3) SOURCE_DCMOTORRE 文件夹下的 BUILD.gn 文件内容。

```
static_library("DCMOTORRE")
{
    sources = [ "DCMOTORRE.c",  ]
    include_dirs = [
              "//utils/native/lite/include",
              "//base/iot_hardware/peripheral/interfaces/kits",
              "//device/bossay/hi3861_l0/iot_hardware_hals/include",
              "//device/bossay/hi3861_l0/sdk_liteos/include"
            ]
}
```

(4) SOURCE_DCMOTORRE 文件夹下的 DCMOTORRE.c 文件内容。

在呼吸灯一节已经介绍了如何通过 PWM 来控制灯的亮度,这里控制电动机的转速也可以采用同样的方法。

```
#include <stdio.h>
#include "ohos_init.h"
#include "iot_gpio.h"
#include "iot_gpio_ex.h"
#include "iot_pwm.h"
void pwm_entry()
{
  printf("pwm_entry called \n");
  IoTGpioInit(7);
  IoTGpioSetDir(7,IOT_GPIO_DIR_OUT);
  IoTGpioSetFunc(7,IOT_GPIO_FUNC_GPIO_7_PWM0_OUT);
  IoTPwmInit(0);

  IoTGpioInit(8);
  IoTGpioSetDir(8,IOT_GPIO_DIR_OUT);
  IoTGpioSetFunc(8,IOT_GPIO_FUNC_GPIO_8_GPIO);
  IoTGpioSetOutputVal(8,0);

  int speed = 30;      //请修改这个值试一试是否能影响电动机的速度
  IoTPwmStart(0,speed,40000);
}
APP_FEATURE_INIT(pwm_entry);
```

代码中将 GPIO#07 初始化并设置为输出端口,将其功能设置为 PWM。将 GPIO#08 设置为 GPIO 输出,并输出 0。这样就控制了电动机的速度。在这个 IoTPwmStart 外部加入一个循环就可以得到类似呼吸灯的电动机代码 DCMOTORRE.c,如下所示。

```
#include <stdio.h>
#include "ohos_init.h"
#include "iot_gpio.h"
#include "iot_gpio_ex.h"
#include "iot_pwm.h"

void pwm_entry()
{
 printf("pwm_entry called \n");

 IoTGpioInit(7);
 IoTGpioSetDir(7,IOT_GPIO_DIR_OUT);
 IoTGpioSetFunc(7,IOT_GPIO_FUNC_GPIO_7_PWM0_OUT);
 IoTPwmInit(0);
  //IoTGpioSetOutputVal(7,1);

 IoTGpioInit(8);
```

```
    IoTGpioSetDir(8,IOT_GPIO_DIR_OUT);
    IoTGpioSetFunc(8,IOT_GPIO_FUNC_GPIO_8_GPIO);
    //IoTPwmInit(1);
    IoTGpioSetOutputVal(8,0);

    while(1)
    {
     for(int i=0;i<100;i++)
     { //i is speed
      IoTPwmStart(0,i,40000);
      usleep(1000 * 100);
     }
     for(int i=100;i>=0;i--)
     { //i is speed
       IoTPwmStart(0,i,40000);
       usleep(1000 * 100);
     }
    }
    //IoTPwmStart(0,speed,40000);
   }
  APP_FEATURE_INIT(pwm_entry);
```

2. 编辑、编译、烧录、运行启动直流电动机调速程序

参照本书第 4 章网页编译的方法，将源程序 DCMOTORRE.c 的代码复制到网页进行编译，生成可执行目标代码；或参照第 3 章的方式，利用 VS Code 的 DevEco 工具建立读取按钮状态程序项目 DCMOTORRE，编辑程序代码、编译生成可执行目标代码。然后使用 USB-Type 连线连接计算机和开发板，利用 Hiburn 工具烧录可执行目标代码到开发实验板（注：烧录程序时，先将带电动机的实验板从实验母板上拔下来，烧好程序后，再将带电动机的实验板插到母板上，否则实验板电动机会因母板内原有的程序而旋转而影响烧录），按下开发板 RESET 复位键运行直流电动机调速实验项目程序，可以看到电动机转速会发生快慢改变，并发出强弱不同的噪声。

11.2　步进电动机实验

11.2.1

11.2.1　步进电动机实验设备及其工作原理

直流电动机可以旋转，但很难精确控制电动机旋转的角度或者圈数。如果需要使电动机按照设定的角度进行精确的旋转，就要选用如图 11-6 所示的步进电动机。步进电动机的原理与直流电动机不同，四相步进电动机有 A、B、C、D 四个控制线。当 A 接通时，内部的转子被 A 形成的电磁场吸引转动到 A 的位置，随后 B 通电，转子旋转到 B 的位置，以此类推。要周期性地开关 ABCD 四个控制线，就可以实现步进电动机的旋转，一旦停止控制，电动机就会保持不动，所以步进电动机是一种可以进行精确控制旋转的旋转机械。

如图 11-7 所示，上面提到的依次供给 ABCD 以高电平的方式叫作 1 相励磁法，这种方

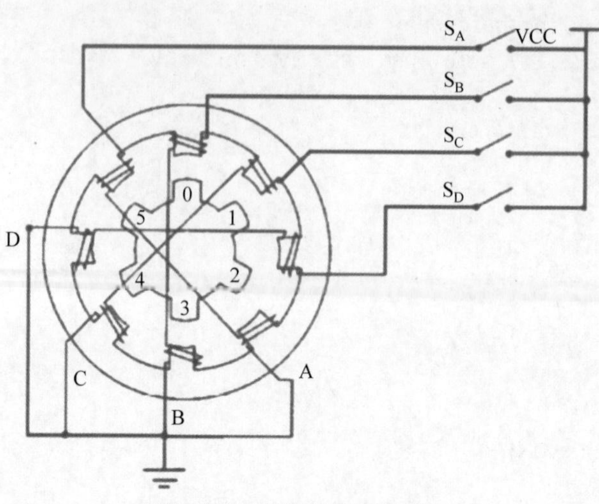

图 11-6　步进电动机示意图

法可能会有动力不足的情况,所以还出现了 2 相和 1-2 相励磁法。示例实验代码中使用 2 相励磁,大家可以尝试其他方式。

1 相励磁

步	A	B	C	D
1	1	0	0	0
2	0	1	0	0
3	0	0	1	0
4	0	0	0	1
5	1	0	0	0
6	0	1	0	0
7	0	0	1	0
8	0	0	0	1

2 相励磁

步	A	B	C	D
1	1	1	0	0
2	0	1	1	0
3	0	0	1	1
4	1	0	0	1
5	1	1	0	0
6	0	0	1	0
7	0	0	1	1
8	1	0	0	1

1-2 相励磁

步	A	B	C	D
1	1	0	0	0
2	1	1	0	0
3	0	1	0	0
4	0	1	1	0
5	0	0	1	0
6	0	0	1	1
7	0	0	0	1
8	1	0	0	1

图 11-7　步进电动机激励表

图 11-8 给出了步进电动机的驱动电路,Hi3861 芯片的 GPIO09-GPIO12 和 ULN2003 的 IN1～IN4 相连。ULN2003 是一种电动机驱动芯片,可以提供 7 路功率放大。同时这些输出还和四个指示灯相连,这样可以通过指示灯看到电平高低情况。

11.2.2　步进电动机实验程序

11.2.2

1. 步进电动机实验的程序代码

步进电动机实验的 C 语言鸿蒙 OS 程序项目由 1 个 C 语言源程序文件 STEPMOTOR.c、2 个 BUILD.gn 文件和 1 个 config.json 文件组成。各个文件在计算机磁盘上的存储情况如图 11-9 所示,文件的内容如下所示。

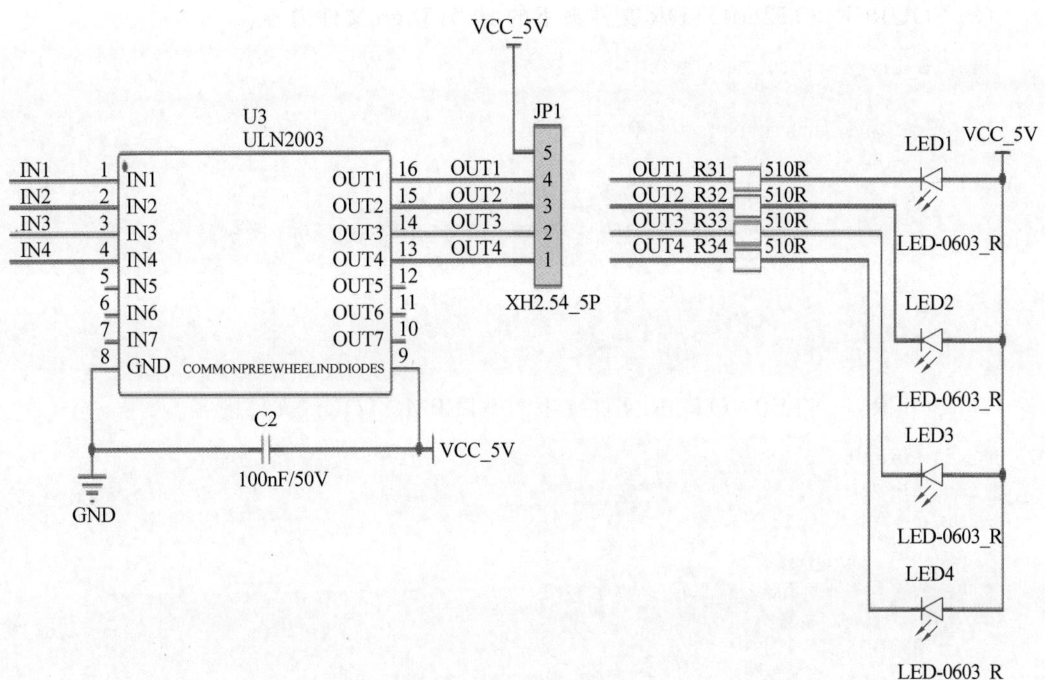

图 11-8　步进电动机驱动电路

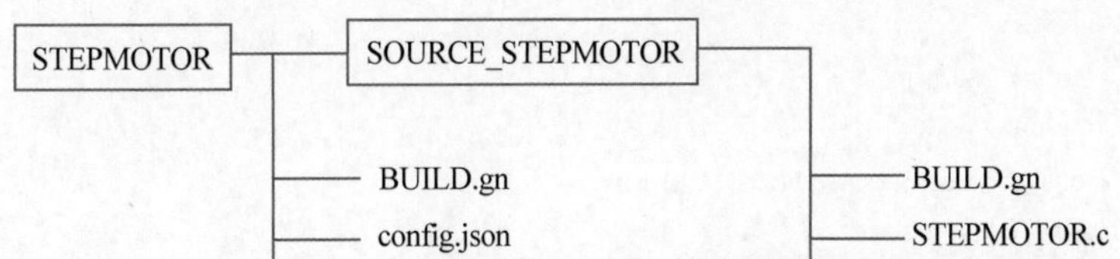

图 11-9　步进电动机 C 语言鸿蒙 OS 程序项目结构和内容示意图

(1) STEPMOTOR 文件夹下的 BUILD.gn 文件内容。

```
group("STEPMOTOR")
{
    deps = [
          "SOURCE_STEPMOTOR:STEPMOTOR",
          "//device/bossay/hi3861_l0/sdk_liteos:wifiiot_sdk",
          "../common/iot_wifi:iot_wifi",
         ]
}
```

(2) STEPMOTOR 文件夹下的 config.json 文件内容。

```
{
   "product_name": "STEPMOTOR",
   从第 2 行开始,剩余内容跟前几章鸿蒙 OS C 语言设备开发项目的 config.json 文件从第 2
行开始的各行内容相同,在此不再赘述。
}
```

(3) SOURCE_STEPMOTOR 文件夹下的 BUILD.gn 文件内容。

```
static_library("STEPMOTOR")
{
    sources = [ "STEPMOTOR.c",  ]
    include_dirs = [
                 "//utils/native/lite/include",
                 "//base/iot_hardware/peripheral/interfaces/kits",
                 "//device/bossay/hi3861_l0/iot_hardware_hals/include",
                 "//device/bossay/hi3861_l0/sdk_liteos/include"
               ]
}
```

(4) SOURCE_STEPMOTOR 文件夹下的 STEPMOTOR.c 文件内容。

```
#include <stdio.h>
#include "ohos_init.h"
#include "iot_gpio.h"
#include "iot_gpio_ex.h"
#include "cmsis_os2.h"
unsigned char CodeArr[8] =
{ //2 相励磁
  0xC, 0x6, 0x3, 0x9, 0xC, 0x6, 0x3, 0x9
};

void moto(void* args)
{
 int i;
 printf("moto thread running...");
 for(i=7;i<=12;i++)
 {
  IoTGpioInit(i);
  IoTGpioSetDir(i,IOT_GPIO_DIR_OUT);
  IoTGpioSetFunc(i,0);
  IoTGpioSetOutputVal(i,0);
 }
 //IoTGpioSetFunc(13,IOT_GPIO_FUNC_GPIO_13_GPIO);
 int c = 9;
 int idx = 0;
 while(1)
 {
  unsigned char code = CodeArr[idx];
  for(i = 9;i<=12;i++)
   {
    IoTGpioSetOutputVal(i,code & 0x1);
    code = code >> 1;
   }
  printf("sleep");
  usleep(1000);
  idx = (idx+1)%8;
 }
```

```
}

void moto_entry()
{
 printf("moto_entry called \n");
 osThreadAttr_t attr;
 attr.name = "thread_moto";
 attr.attr_bits = 0U;                    //如果为 1,则可以使用 osThreadJoin 函数
 attr.cb_mem = NULL;                     //控制快的指针
 attr.cb_size = 0U;
 attr.stack_mem = NULL;                  //栈内存指针
 attr.stack_size = 1024 * 4;             //栈大小
 attr.priority = 25;                     //优先级
 if (osThreadNew((osThreadFunc_t)moto, NULL, &attr) == NULL)
  {
   printf("Falied to create thread! \n");
  }
}
APP_FEATURE_INIT(moto_entry);
```

2. 步进电动机实验程序代码解析

程序代码中使用无符号字符数组 CodeArr 存储激励码,使用“code & 0x1”获取代码的最低位,使用“code = code>>1”将次低位变成最低位。通过这种方法取出了 code 的每一位并将其分别设置给了 9～12 四个端口。

代码“CodeArr[idx]”和“idx = (idx+1)%8”配合,实现了激励代码的逐个选取。

需要注意的是,该实验的代码入口为 moto_entry,这个函数调用了 osThreadNew 启动了一个新的线程,这个线程以 moto 函数为入口,moto 中实现了具体的功能。

这个启动线程的函数需要三个参数。第一个参数是一个“函数指针”。指针是存储内存地址的特殊变量,函数代码在运行时也存在于内存之中,所以用一个变量存储函数代码的地址就是函数指针,将函数指针传入 osThreadNew 函数就可以告知其线程的入口。第二个参数为传入这个入口函数(第一个参数指向的函数)的参数。第三个参数包括了栈大小和优先级等线程的属性。这里一般不需要对其做更改。

这种在入口中创建一个线程,在线程中做真正要做的事情的方法,是鸿蒙“设备驱动”开发的主流方式,当用户需要同时控制多个外设时这种写法尤其实用,因为可以为每个设备添加一个线程,这样多个设备都会得到实时处理。前面实验中没有采用这种方法是为了简化代码结构,降低学习难度。

3. 编辑、编译、烧录、运行启动步进电动机程序

参照本书第 4 章网页编译的方法,将源程序 STEPMOTOR.c 的代码复制到网页进行编译,生成可执行目标代码;或参照第 3 章的方式,利用 VS Code 的 DevEco 工具建立读取按钮状态程序项目 STEPMOTOR,编辑程序代码、编译生成可执行目标代码。然后使用 USB-Type 连线连接计算机和开发板,利用 Hiburn 工具烧录可执行目标代码到开发实验板(注:烧录程序时,先将带电动机的实验板从实验母板上拔下来,烧好程序后,再将带电动机

的实验板插到母板上,否则实验板电动机会因母板内原有的程序而运行而影响烧录),按下开发板 RESET 复位键运行步进电动机实验项目程序,可以看到步进电动机开始旋转,并发出轻微的噪声。

11.3 习 题

1. 请结合开发板按钮,实现单击按钮启动直流电动机旋转,再次单击按钮停止直流电动机旋转的功能。

2. 请结合开发板按钮,实现单击按钮直流电动机正转,再次单击按钮直流电动机反转的功能。

3. 请修改步进电动机程序,实现步进电动机旋转 30°后停止的功能。

4. 请结合开发板按钮,实现每次单击按钮使步进电动机旋转 10°的功能。

参考文献

[1] 许思维,冯宝鹏,程劲松,等.鸿蒙 OS IoT 设备开发实战[M].北京:电子工业出版社,2021.

[2] 夏德旺,谢立,樊乐,等.鸿蒙 OS 应用开发[M].北京:机械工业出版社,2022.

[3] 董良,宁方明.Linux 系统管理[M].北京:人民邮电出版社,2012.

[4] 谭浩强.C 程序设计教程[M].3 版.北京:清华大学出版社,2018.

[5] 和青芳.C 程序设计教程[M].5 版.北京:清华大学出版社,2018.

[6] 刘国成,常骥,倪丹,等.C 语言程序设计[M].2 版.北京:清华大学出版社,2019.

[7] 寻桂莲.物联网嵌入式程序设计[M].北京:机械工业出版社,2019.